新型职业农民培训系列教材

适度规模养鸭场建设及管理配套技术

曹授俊　李玉冰　主编

中国农业大学出版社
·北京·

图书在版编目(CIP)数据

适度规模养鸭场建设及管理配套技术/曹授俊,李玉冰主编.—北京:中国农业大学出版社,2014.12

新型职业农民培训系列教材

ISBN 978-7-5655-1114-1

Ⅰ.①适… Ⅱ.①曹…②李… Ⅲ.①鸭-饲养场-管理-技术培训-教材 Ⅳ.①S834

中国版本图书馆 CIP 数据核字(2014)第 258717 号

书　　名	适度规模养鸭场建设及管理配套技术
作　　者	曹授俊　李玉冰　主编

策划编辑	张　蕊　陈肖安	责任编辑	张　玉
封面设计	郑　川	责任校对	王晓凤
出版发行	中国农业大学出版社		
社　　址	北京市海淀区圆明园西路 2 号	邮政编码	100193
电　　话	发行部 010-62818525,8625	读者服务部	010-62732336
	编辑部 010-62732617,2618	出 版 部	010-62733440
网　　址	http://www.cau.edu.cn/caup	e-mail	cbsszs@cau.edu.cn
经　　销	新华书店		
印　　刷	北京俊林印刷有限公司		
版　　次	2014 年 12 月第 1 版　　2014 年 12 月第 1 次印刷		
规　　格	850×1 168　　32 开本　　10.375 印张　　258 千字		
定　　价	25.00 元		

图书如有质量问题本社发行部负责调换。

编审人员

前　言

　　农民是农业生产经营主体。开展农民教育培训,提高农民综合素质、生产技能和经营能力,是发展现代农业和建设社会主义新农村的重要举措。党中央、国务院高度重视农民教育培训工作,提出了"大力培育新型职业农民"的历史任务。在养鸭行业中,规模适度效益最高。由于受到资金、技术和场地等的限制,我国不可能建立众多的大型鸭场,适度规模饲养经营是今后相当长时间内商品鸭的主要饲养形式。适度规模鸭场是指适合目前社会经济条件,投资规模无需过大,但能够将鸭各生产要素进行最优组合,发挥规模经济效益的鸭饲养方式。在《国务院办公厅关于统筹推进新一轮"菜篮子"工程建设的意见》(国办发〔2010〕18号)文件精神指导下,国家相继出台了多项扶持鸭生产发展的政策。为了正确指导新型职业农民与从业人员科学合理地建设适度规模鸭场,避免场地选择不当、规划布局不合理、鸭舍建筑不科学、饲养管理技术落后、经济效益不高、环境污染严重等问题,为贯彻落实中央的战略部署,提高农民教育培训质量,同时也为各地培育新型职业农民提供基础保障——高质量教材,我们遵循农民教育培训的基本特点和规律,编写了《适度规模养鸭场建设及管理配套技术》一书。

　　《适度规模养鸭场建设及管理配套技术》是新型职业农民培训系列教材之一。为了使适度规模养鸭场建设及管理配套最新技术得到有效推广,作者在对多年来适度规模养鸭场建设管理生产实践经验加以总结的基础上,以技术问答方式编写了本书。全书以蛋鸭、肉鸭生产关键技术为主体,对最新的科学的养鸭关键技术进行了较全面的介绍,内容包括适度规模养鸭经营与经济效益分析、适度规模经营养鸭场建设、适度规模经营养鸭品种与选种、适度规模养鸭经营饲料配制技术、适度规模养鸭经营孵化与育雏技术、适度规模经营蛋鸭饲养管理技术、适度规模经营肉鸭饲养管理技术及适度规模经营鸭病防控与保健技术，涵盖了适度规模养鸭场建设及管理配套技术的各个环节和关键技术，通俗易懂，具有很强的针对性和实用性，既可作为养鸭生产一线的新型职业农民的培训教材，也可作为从事养鸭生产、管理人员及农业职业院校师生的学习参考用书。

本书由北京农业职业学院曹授俊、李玉冰担任主编，北京农业职业学院关文怡、雷莉辉、张玉仙、王明利、赵永国，北京市房山区琉璃河动物防疫站郭海龙，北京市房山区动物卫生监督所宋永杰，北京市怀柔区农业局王云霜，北京市延庆县农业局王喜顺，北京市怀柔区农业局高洋和北京市大兴区繁殖畜禽改良指导站高海燕参加编写。山东畜牧兽医职业技术学院徐建义教授、农业部科技教育司寇建平和原农业部农民科技教育培训中心陈肖安等同志对教材内容进行了审定，在此一并表示感谢。

由于编者水平有限，加之时间仓促，教材中不妥和错误之处在所难免。衷心希望广大读者提出宝贵意见，以期进一步修订和完善。

编　者
2014.7

目　　录

一、适度规模养鸭经营与经济效益分析 ………………… 1

  1.什么是适度规模养鸭经营？适度规模经营需要

    哪些条件？ ……………………………………………… 1

  2.适度规模养鸭的优点有哪些？ ………………………… 2

  3.影响适度规模养鸭因素有哪些？ ……………………… 3

  4.怎样确定鸭场经营的性质和规模是否适度？ ………… 4

  5.投资鸭场必须进行哪些方面的论证分析？ …………… 6

  6.如何进行鸭场的投资概算和效益预测？ ……………… 8

  7.肉鸭场的投资成本、生产成本包括哪些？ …………… 10

  8.肉鸭的饲养利润怎样计算？ …………………………… 11

  9.肉鸭养殖成本与利润是怎样的？ ……………………… 13

  10.蛋鸭养殖的经济效益是怎样的？ …………………… 14

  11.养鸭场的经营之道是怎样的？ ……………………… 15

  12.农户如何顺利地适度规模养鸭经营？ ……………… 16

  13.如何提高养鸭的经济效益？ ………………………… 17

二、适度规模经营养鸭场建设 ………………………………… 19

  14.选择建设鸭场场址的社会环境条件是怎样的？ …… 19

  15.选择鸭场场址的自然环境条件是怎样的？ ………… 20

  16.养鸭场规划的原则是什么？ ………………………… 22

  17.适度规模鸭场如何规划场区布局？ ………………… 24

  18.鸭舍设计的原则是怎样的？ ………………………… 25

  19.鸭舍类型有哪些？ …………………………………… 26

  20.鸭舍的基本结构主要由哪几部分组成？ …………… 27

  21.肉鸭舍建筑标准是怎样的？ ………………………… 29

22. 肉鸭舍的建筑结构是怎样的？ ……………………… 31

23. 养鸭的饲养工艺应该是怎样的？ ………………… 32

24. 如何设计育雏鸭舍？ ……………………………… 33

25. 如何设计育成鸭的鸭舍？ ………………………… 34

26. 鸭舍的建筑设计是怎样的？ ……………………… 35

27. 养鸭的饲养密度和建筑面积如何进行匹配估算？ ……… 41

28. 鸭舍的运动场如何设计？ ………………………… 41

29. 鸭场对水面的基本要求是怎样的？ ……………… 42

30. 哪些自然水面可以用于养鸭生产？ ……………… 43

31. 发酵床养鸭的鸭棚如何建设？ …………………… 43

32. 圈养鸭舍的发酵床结构是怎样的？ ……………… 45

33. 哪些原料可以作为圈养养鸭发酵床的垫料？ ……… 45

34. 圈养养鸭发酵床垫料的制作步骤是怎样的？ ……… 46

35. 圈养养鸭的发酵床如何进行日常维护？ ………… 47

36. 养鸭的喂料设备有哪些？ ………………………… 48

37. 养鸭的饮水设备有哪些？ ………………………… 50

38. 养鸭的供热加温设备有哪些？ …………………… 52

39. 养鸭的通风设施有哪些？ ………………………… 54

40. 养鸭的照明设备有哪些？ ………………………… 54

41. 养鸭的消毒设备与免疫接种用具有哪些？ ……… 55

42. 养鸭的饲养管理用具有哪些？ …………………… 55

43. 鸭舍内温度如何进行调控？ ……………………… 56

44. 鸭舍内湿度如何进行调控？ ……………………… 57

45. 鸭舍内通风如何进行设计调控？ ………………… 57

46. 鸭舍内光照如何进行调控？ ……………………… 59

47. 鸭舍内噪声如何进行控制？ ……………………… 59

48. 鸭舍内有害气体、粉尘如何控制？ ……………… 60

49. 鸭舍环境卫生如何控制？ ………………………… 61

50. 鸭场粪便如何进行无害化处理与利用？ ………… 62

51. 养鸭场污水处理工艺是怎样的？ ……………………… 63

三、适度规模经营养鸭品种与选种 …………………………… 66

52. 鸭有哪些习性？ ………………………………………… 66

53. 鸭有哪些生物学特性？ ………………………………… 67

54. 如何在生产上应用鸭的行为特性？ …………………… 69

55. 肉用型鸭代表品种有哪些？其生产性能是怎样的？ …… 74

56. 蛋用型鸭代表品种有哪些？其生产性能是怎样的？ …… 82

57. 肉蛋兼用型鸭种有哪些？其生产性能是怎样的？ ……… 92

58. 如何根据生产性能选择鸭的品种？ …………………… 97

59. 如何选择市场需求的鸭品种？ ………………………… 98

60. 如何在选育过程中选择优良种鸭？ …………………… 99

61. 如何选择蛋用种鸭？ …………………………………… 99

62. 如何选择肉用型种鸭？ ………………………………… 100

63. 怎样确定合适的配种年龄和配种比例？ ……………… 100

64. 种鸭的利用年限是多少？怎样确定鸭群结构比例？ … 102

65. 如何进行鸭的人工授精？ ……………………………… 102

66. 鸭的引种注意事项有哪些？ …………………………… 105

四、适度规模养鸭经营饲料配制技术 ……………………… 107

67. 鸭的饲养标准是怎样的？ ……………………………… 107

68. 鸭的营养需要有哪些？ ………………………………… 110

69. 养鸭所需饲料中谷类包括哪些？用量如何？ ………… 111

70. 养鸭所需饲料中糠麸类包括哪些？用量如何？ ……… 115

71. 养鸭所需饲料中豆类籽实饲料包括哪些？用量如何？ … 116

72. 养鸭所需饲料中饼（粕）包括哪些？用量如何？ …… 116

73. 养鸭所需饲料中青绿饲料包括哪些？用量如何？ …… 121

74. 养鸭所需饲料中牧草包括哪些？用量如何？ ………… 122

75. 养鸭所需饲料中水草包括哪些？用量如何？ ………… 126

76. 养鸭所需饲料中粗饲料包括哪些？用量如何？ …… 126

77. 养鸭所需饲料中钙源饲料包括哪些？用量如何？ …… 128

78. 养鸭所需饲料中磷源饲料包括哪些？用量如何？ …… 128

79. 养鸭所需饲料中其他矿物质饲料包括哪些？

　用量如何？ …………… 129

80. 养鸭所需饲料中添加剂都包括哪些？ …………… 130

81. 养鸭所需饲料中营养性添加剂包括哪些？用量如何？ …… 130

82. 什么是养鸭的配合饲料？配合饲料有哪些优点？ …… 133

83. 养鸭配合饲料的种类有哪些？ ………………… 134

84. 饲料是怎样进行分类的？ ………………… 135

85. 什么是鸭的全价日粮？ ………………… 135

86. 养鸭饲料配合的原则是什么？ ………………… 136

87. 如何控制配合饲料的质量？ ………………… 137

88. 养鸭场如何加工配合饲料？ ………………… 138

89. 如何鉴别配合饲料的品质好坏？ ………………… 139

90. 为什么要进行日粮的配合与调整？ ………………… 140

91. 如何设计鸭的日粮配方？ ………………… 141

92. 怎样配制肉鸭饲料？ ………………… 142

93. 肉鸭日粮配方是怎样的？ ………………… 143

94. 肉鸭采食量是怎样的？ ………………… 144

95. 蛋鸭的饲料配方是怎样的？ ………………… 145

96. 鸭饲料的加工调制方法如何？ ………………… 146

97. 鸭饲料的饲喂方法是怎样的？ ………………… 147

98. 肉鸭养殖如何节约饲料成本？ ………………… 148

五、适度规模养鸭经营孵化与育雏技术 ………………… 150

99. 鸭蛋孵化厂的设计与建设要求是怎样的？ …… 150

100. 如何进行鸭的孵化机孵化？ ………………… 151

101. 民间传统鸭的孵化方法有哪些？ ………………… 158

102. 如何收集和选择种鸭蛋？ ……………………………… 163

103. 如何消毒和保存种鸭蛋？ ……………………………… 166

104. 种鸭蛋孵化期中胚胎是怎样发育的？ ………………… 168

105. 种鸭蛋孵化的条件是怎样的？ ………………………… 171

106. 在鸭蛋的孵化过程中如何进行技术管理？ …………… 173

107. 什么是看胎施温技术？ ………………………………… 175

108. 种蛋在孵化过程中如何进行照蛋检查？ ……………… 178

109. 如何进行落盘与出雏处理？ …………………………… 182

110. 如何检查与分析孵化效果？ …………………………… 182

111. 怎样对雏鸭进行雌雄鉴别？ …………………………… 183

112. 鸭场如何确定育雏的时间？ …………………………… 184

113. 养鸭场如何确定育雏的数量？ ………………………… 185

114. 养鸭场育雏前应该做好哪些准备工作？ ……………… 185

115. 雏鸭有哪些生理特点？ ………………………………… 186

116. 雏鸭对环境温度有哪些要求？怎样观察环境温度是否
　　 适宜雏鸭的生长？ …………………………………… 187

117. 雏鸭对环境湿度有哪些要求？怎样观察环境湿度是否
　　 适宜雏鸭的生长？ …………………………………… 188

118. 如何控制雏鸭舍的通风换气？ ………………………… 188

119. 雏鸭饲养如何控制光照时间？ ………………………… 189

120. 怎样饲养管理好育雏鸭？ ……………………………… 190

121. 怎样才算把好育雏关？ ………………………………… 193

122. 怎样做好育雏期的管理？ ……………………………… 193

123. 怎样对雏鸭进行合理的喂饲？ ………………………… 194

124. 如何在育雏期选择种鸭？ ……………………………… 195

六、适度规模经营蛋鸭饲养管理技术 ………………………… 196

125. 产蛋鸭有哪些特点？ …………………………………… 196

126. 产蛋鸭对环境有哪些要求？ …………………………… 197

127. 怎样选择蛋鸭的育雏季节？ …………………………… 198

128. 蛋鸭的育雏方式是怎样的？ …………………………… 199

129. 如何选择蛋鸭的雏鸭？ ………………………………… 200

130. 蛋鸭育成鸭有哪些特点？ ……………………………… 200

131. 蛋鸭育成鸭的饲养方式有哪些？ ……………………… 201

132. 如何对蛋鸭育成鸭进行饲养管理？ …………………… 202

133. 什么是育成鸭限制饲喂？限制饲喂的具体方法
有哪些？ ………………………………………………… 205

134. 育成鸭的体重标准如何？体重及均匀度的控制要领是
怎样的？ ………………………………………………… 207

135. 育成鸭的日常管理需要做的工作有哪些？ …………… 209

136. 如何做好产蛋种鸭的饲养管理工作？ ………………… 209

137. 如何划分产蛋鸭的产蛋期？ …………………………… 213

138. 如何对产蛋鸭进行饲养管理？ ………………………… 213

139. 如何对圈养蛋鸭进行分期管理？ ……………………… 214

140. 不同季节蛋鸭的饲养管理技术有哪些？ ……………… 216

141. 对蛋鸭饲养管理日常操作规程是怎样的？ …………… 219

142. 如何管理好蛋鸭的产蛋箱和垫料？ …………………… 219

143. 如何测定蛋鸭的生产性能？ …………………………… 221

144. 如何淘汰低产蛋鸭？ …………………………………… 222

145. 如何人工强制母鸭换羽提高产蛋率？ ………………… 223

146. 肉种鸭各生长阶段如何划分？ ………………………… 224

147. 樱桃谷肉种鸭育雏期如何饲养管理？ ………………… 225

148. 樱桃谷肉种鸭育成期如何饲养管理？ ………………… 228

149. 樱桃谷肉种鸭在繁殖阶段管理要点如何？ …………… 231

150. 樱桃谷肉种鸭产蛋期如何进行饲养管理？ …………… 234

七、适度规模经营肉鸭饲养管理技术 …………………… 238

151. 肉鸭的生产特点有哪些？ ……………………………… 238

152. 肉鸭对环境温度有哪些要求？如何控制肉鸭养殖的环
　　 境温度？ ………………………………………………… 239

153. 肉鸭养殖过程中如何控制环境湿度？ ………………… 239

154. 肉鸭养殖过程中如何控制鸭舍的通风条件？ ………… 240

155. 如何控制肉鸭养殖密度？ ……………………………… 241

156. 如何控制肉鸭舍光照？ ………………………………… 241

157. 肉雏鸭常见的饲养方式有哪些？ ……………………… 242

158. 肉鸭饮水管理要点有哪些？ …………………………… 243

159. 肉鸭饲料管理要点是怎样的？ ………………………… 244

160. 肉鸭饲养管理程序是怎样的？ ………………………… 244

161. 肉鸭育雏期的饲养管理技术是怎样的？ ……………… 247

162. 肉鸭育肥期饲养管理技术是怎样的？ ………………… 248

163. 肉鸭网养育肥技术是怎样的？ ………………………… 251

164. 肉鸭实行"全进全出"制有哪些优点？ ……………… 254

165. 如何做好肉鸭夏季管理？ ……………………………… 254

166. 如何做好肉鸭冬季管理？ ……………………………… 255

167. 如何做好肉鸭防疫工作？ ……………………………… 255

168. 怎样改善肉鸭胴体品质？ ……………………………… 256

169. 放养肉鸭的饲养管理方法是怎样的？ ………………… 259

170. 稻鸭共育的养鸭技术是怎样的？ ……………………… 260

171. 塑料大棚养鸭技术是怎样的？ ………………………… 263

八、适度规模经营鸭病防控与保健技术 ………………… 268

172. 给鸭用药的方法都有哪些？ …………………………… 268

173. 怎样在现场对鸭病进行临床诊断？ …………………… 269

174. 如何做好鸭场的常规免疫工作？ ……………………… 272

175. 如何建立鸭场疫病预防体系？ ………………………… 273

176. 鸭群的免疫程序是怎样的？ …………………………… 274

177. 鸭群免疫的注意事项有哪些？ ………………………… 275

178. 给鸭接种疫苗的方法有哪些？ ………………………… 277

179. 弱毒冻干苗(活疫苗)与灭活苗(死疫苗)有何区别？ …… 279

180. 如何做好鸭场消毒工作？ ……………………………… 279

181. 鸭场消毒常用的消毒剂有哪些？
    使用方法是怎样的？ ………………………………… 281

182. 在消毒管理中消毒存在哪些问题？如何解决？ ……… 284

183. 如何对鸭饮水进行消毒？ …………………………… 285

184. 如何对鸭舍带鸭进行喷雾消毒？ …………………… 286

185. 如何做好肉鸭的药物预防和保健工作？ …………… 286

186. 商品蛋鸭的预防用药程序是怎样的？ ……………… 288

187. 如何防控鸭流感？ …………………………………… 289

188. 如何防控鸭瘟？ ……………………………………… 291

189. 如何防控鸭的三周病(细小病毒病)？ ……………… 294

190. 如何防控鸭病毒性肝炎？ …………………………… 295

191. 怎样防控鸭减蛋综合征？ …………………………… 297

192. 如何防控鸭大肠杆菌病？ …………………………… 298

193. 如何防控鸭传染性浆膜炎？ ………………………… 300

194. 如何防控鸭的禽霍乱？ ……………………………… 301

195. 如何防治多雨季节蛋鸭的球虫病？ ………………… 302

196. 如何防治鸭的绦虫病？ ……………………………… 303

197. 如何防治雏鸭慢性呼吸道病？ ……………………… 305

198. 如何防治鸭中毒病？ ………………………………… 306

199. 如何防治蛋鸭的软腿病？ …………………………… 307

200. 如何防控鸭的异食癖？ ……………………………… 308

201. 允许使用作饲料添加剂的兽药品种及使用规定是
    怎样的？ ……………………………………………… 310

202. 我国允许使用的饲料添加剂有哪些种类？ ………… 312

203. 目前我国政府禁止在畜禽饲料中使用的添加剂
    有哪些？ ……………………………………………… 315

参考文献………………………………………………………… 317

一、适度规模养鸭经营与经济效益分析

1. 什么是适度规模养鸭经营？适度规模经营需要哪些条件？

适度规模养鸭是因地制宜,根据当地资源、环境条件、养鸭生产经营单位的聚集程度、资金投入能力及生产经营水平等情况,形成的以标准化、集约化、规模化为特征的科学养鸭方式。在养鸭行业中,规模适度效益最高。适度规模鸭场是指适合目前社会经济条件,投资规模无须过大,但能够将鸭各生产要素进行最优组合,发挥规模经济效益。养殖户要依据肉鸭生产还是蛋鸭生产的生产经营的主体、鸭群品种、劳动力、资金投入、设备等生产要素确定适宜的生产规模,以便从最佳产出率中获得最大经济效益。

(1)市场条件。投资鸭场的目的是获得较好的资金回报,获得较高的经济效益。只有通过市场才能体现其产品的价值和效益高低。市场条件优越,产品价格高,销售渠道畅通,生产资料充足易得,同样的资金投入和管理就可以获得较高的投资回报,否则,不了解市场和市场变化趋势,市场条件差,盲目上马或扩大规模,就可能导致资金回报差,甚至亏损。

(2)资金条件。养鸭生产特别是专业化生产,需要场地、建筑鸭舍、购买设备用具和雏鸭,同时需要大量的饲料等,前期需要不断地资金投入,资金占用量大。如目前建设一个存栏万只蛋鸭的鸭场需要投入资金 50 万元左右,如果是种鸭,需要资金更多。如果没有充足资金或良好的筹资渠道,上马后出现资金短缺,鸭场就无法正常运转。

(3)技术条件。投资鸭场,办好鸭场,技术是关键。如鸭场和鸭舍的设计建筑、优良品种的引进选择、环境和疾病的控制、饲养管理和经营管理等都需要先进技术和掌握先进养鸭技术的人才。否则不利于科学饲养管理,难以维持良好的生产环境和有效地控制疾病,鸭群的生产性能不能充分发挥,严重影响经营效果。规模越大,对技术的依赖程度越强。

2.适度规模养鸭的优点有哪些?

(1)适度规模养殖能形成稳定的收益预期。传统的分散养殖,由于养殖规模小,经营水平低,生产效益不高。要吸引农户发展畜禽养殖,必须让农民对发展畜禽养殖有着较为稳定的收益预期,且预期收益不低于外出务工的收入。以1个农户2人外出打工,人均月收入2 000元计算,农民外出务工的年收入预期为48 000元。这也意味着从事畜牧业的预期收入要高于48 000元,才会有农民放弃外出打工,专业从事畜牧业生产。而适度规模养殖,由于养殖规模要高于普通的散养户,能形成较高的收益预期。

(2)适度规模养殖能有效降低风险。适度规模养殖能有效克服散养户所存在的信息不灵、防疫条件差等问题,有效降低养殖和市场风险。由于利益关联度高,规模养殖户对市场信息更为关注,能充分结合市场情况和自身实际订较为科学的生产计划,并根据计划开展标准化生产,在生产的调整上比较理性,追涨杀跌的非理性行为出现较少,能确保生产的稳定,从而减少市场风险。在历次价格波动中,规模养殖户往往能依托规模优势,做到市场虽滑坡,依然有赢利或减少亏损。在养殖场建设中,规模养殖户一般都会将疫病防控作为重点,着力改善疫病防控条件。在生产运营中加强管理,集中防控,疫病风险大幅降低。

(3)适度规模养殖能提高生产经营水平和经济效益。出于提高生产效率的需要,规模养殖户会更为积极的采用先进的生产和经营管理技术,从而较快地提升生产经营水平。在生产中,规模养殖户可以通过自繁自育方式来提供种畜禽,既能保证品质,又可大大减轻补栏资金压力;通过大量采购饲料原料获得较低价格,降低饲养成本;通过提高产品质量和生产效率,提高经济效益,因此,适度规模养殖与普通养殖户相比,饲养效益大大提高。

3. 影响适度规模养鸭因素有哪些?

(1)养殖成本及收益。鸭的养殖成本是指鸭生产过程中为生产该产品而投入的各项资金(包括实物和现金)和劳动力的成本,反映了为生产鸭而耗费的除土地外其他各种资源的成本。具体包括直接费用、间接费用和人工成本三部分。其中,直接费用中的鸭的进价、饲料费和人工成本是总成本的主要构成部分。鸭养殖收益是指鸭养殖给养殖户带来的经济利益,衡量指标是收入和利润。不同养殖规模的单位成本不同,单从成本的角度考虑,农户会选择单位成本最低的规模来饲养;从收益角度考虑,农户会选择收益最高的养殖规模。所以,养殖成本及收益是发展规模化养殖的重要影响因素之一,农户要综合考虑成本及收益,进而选择养殖规模。

(2)养殖技术。鸭的养殖技术决定能否发展规模化养殖。不同的养殖规模对技术的要求不同,大规模养殖需要现代化、先进的、生态的养鸭技术,而农户散养或小规模饲养则对技术要求相对不高。规模化养殖需要先进的养殖技术,科学的管理方式,农户选择养殖规模时,只能根据现有的技术水平、基础设施等条件来相应作出合适的选择。

(3)土地资源。适度规模养鸭场的建设需要大量的土地,所以,土地资源也是影响规模化养殖发展的又一重要因素。

(4)资金来源。发展适度规模化养鸭,需要有一定的资金支持。养鸭场的选址、建设、雏鸭的购买、饲料费用、养殖过程的人工成本等,每一个环节都需要投入大量的资金。因此,养殖户能否取得大量的资金来源,影响着规模化养殖的发展。

4. 怎样确定鸭场经营的性质和规模是否适度？

（1）鸭场性质。性质决定了鸭场的生产经营方向和任务,影响到鸭场的资金投入和经营效果。

①根据不同的代次划分。原种场（选育场,曾祖代场）,进行品种选育,杂交组合配套试验,生产配套系；种鸭场（祖代场和父母代场）,进行一级杂交制种和二级杂交制种生产父母代和商品代雏鸭；商品场,饲养配套杂交鸭,生产商品蛋和肉。

②按照鸭的经济用途划分。肉用鸭场饲养肉用型鸭,生产肉用雏鸭和商品肉鸭；蛋用鸭场饲养蛋用型鸭,生产蛋用种鸭和商品鸭蛋。

（2）鸭场规模。

①以存栏繁殖母鸭只（套）数来表示。这种表示方法常用于蛋鸭场和种鸭场。如一个商品蛋鸭场,有产蛋母鸭 5 000 只,其规模就是 5 000 只母鸭的鸭场；如父母代种鸭场存栏 30 套（1 套种鸭包括 110 只母鸭和 30 只公鸭）,其规模就是 3 300 只父母代种母鸭,900 只父母代种公鸭。

②以年出栏商品鸭只数来表示。用于商品肉用鸭场,如年出栏商品肉鸭 50 万只。

③以常年存栏鸭的只数来表示。如一个商品蛋鸭场,常年饲养有产蛋母鸭 50 000 只,饲养有育雏鸭 6 000 只,育成鸭 5 500只,其规模就是常年存栏 61 500 只鸭。

（3）鸭场性质和规模的确定。

①鸭场性质的确定。鸭场性质、鸭群组成、周转方式的不同,对饲养管理和环境条件的要求不同,采取的饲养管理措施不同,鸭场的设计要求和资金投入也不同。种鸭场担负品种选育和杂交任务,鸭群组成和公母比例都应符合选育工作需要,饲养方式也要考虑个体记录、后裔测定、杂交制种等技术措施的实施,对各种技术条件、环境条件要求也更严格,资金投入也多；商品鸭场只是生产

鲜蛋或鸭肉,生产环节简单,相对来说,对硬件和软件建设要求都不如种鸭场严格,资金投入较少。所以鸭场要综合考虑社会及生产需要、技术力量和资金状况等因素确定自己的经营方向(性质)。否则就可能影响投资效果。

②鸭场规模的确定。鸭场规模的大小也受到资金、技术、市场需求、市场价格以及环境的影响,所以确定饲养规模要充分考虑这些影响因素。资金、技术和环境是制约鸭场规模大小的主要因素,不应该盲目追求数量。养殖数量虽多,但由于技术、资金和管理滞后,环境条件差,饲养管理不善,环境污染严重,疾病频繁发生,也不可能取得好的饲养效果,应该注重适度规模。适度规模的确定方法如下。

综合评分法。此法是比较在不同经营规模条件下的劳动生产率、资金利用率、鸭的生产率和饲料转化率等项指标,评定不同规模间经济效果和综合效益,以确定最优规模。具体做法是先确定评定指标并进行评分,其次合理确定各指标的权重(重要性),然后采用加权平均的方法,计算出不同规模的综合指数,获得最高指数值的经营规模即为最优规模。

投入产出分析法。此法是根据动物生产中普遍存在的报酬递减规律及边际平衡原理来确定最佳规模的重要方法。也就是通过产量、成本、价格和盈利的变化关系进行分析和预测,找到盈亏平衡点,再衡量规划多大的规模才能达到多盈利的目标。

如中小型商品蛋鸭场固定资产投入 50 万元,计划 10 年收回投资。每千克蛋的变动成本为 6.2 元,鸭蛋价格 7 元/kg,每只存栏蛋鸭年产蛋 17 kg。分别求盈亏平衡时和盈利 10 万元时的规模:

①盈亏平衡时的规模。每年的固定成本为 500 000÷10＝50 000(元),盈亏平衡时的产销量是 50 000÷(7－6.2)＝62 500(kg),则盈亏平衡时蛋鸭存栏量是 62 500÷17＝3 676(只),盈亏平衡时的规模为蛋鸭存栏量 3 676 只;如果获得利润,存栏量

必须超过 3 676 只。

②盈利 10 万元时的规模。盈利 10 万元时的产销量是 $(50\ 000+100\ 000)\div(7-6.2)=187\ 500(kg)$，盈利 10 万元时的蛋鸭存栏量是 $187\ 500\div17=11\ 029(只)$，盈利 10 万元时的规模为蛋鸭存栏量 11 029 只。

5.投资鸭场必须进行哪些方面的论证分析？

建设投资鸭场，首先进行生产工艺设计，然后进行投资分析和其他评估以及可行性论证，最后筹资、投资和建设。

(1)生产工艺确定。鸭场生产工艺是指养鸭生产中采用的生产方式(鸭群组成、周转方式、饲喂饮水方式、清粪方式和产品的采集等)和技术措施(饲养管理措施、卫生防疫制度、废弃物处理方法等)。工艺设计是科学建场的基础，也是以后生产的依据和纲领性文件，所以，生产工艺设计要科学、实际、具体和详细。

鸭场的主要工艺参数主要包括鸭的划分及饲养日数和生产指标。种鸭场鸭群一般可分为雏鸭、育成鸭、成年母鸭、青年公鸭、种公鸭。靠外场提供种蛋和种雏的商品蛋鸭场，除不养公鸭外，其他鸭群与种鸭场相同。各鸭群的饲养日数，应根据鸭场的种类、性质、品种、鸭群特点、饲养管理条件、技术及经营水平等确定。

(2)饲养管理方式。

①饲养方式是指为便于饲养管理而采用的不同设备、设施(栏圈、笼具等)，或每圈(栏)容纳畜禽的多少，或管理的不同形式。饲养方式的确定，需考虑禽种类、投资能力和技术水平、劳动生产率、防疫卫生、当地气候和环境条件、饲养习惯等。蛋鸭的饲养方式主要是放养和地面圈养，现在北方也有笼养蛋鸭；育雏、育成鸭和肉鸭的饲养方式是地面平养。

②饲喂方式是指不同的投料方式或饲喂设备(如采用链环式料槽等机械喂饲)或不同方式的人工喂饲等。鸭场可采用人工饲喂，也可采用机械喂料。

③饮水方式。水槽饮水和各种饮水器(杯式、乳头式)自动饮水。水槽饮水不卫生,劳动量大;饮水器自动饮水清洁卫生,劳动效率高。

④清粪方式。清粪方式有人工清粪和机械清粪。

(3)鸭群的组成和周转。鸭场的生产工艺流程关系到隔离卫生,也关系到鸭舍的类型。鸭的一个饲养周期一般分为育雏、育成和成年鸭三个阶段。育雏期为0～4周龄,育成鸭为5～20周龄,成年产蛋鸭为21～76周龄。商品肉鸭可分为育雏期(0～4周龄)和育肥鸭(5周龄以上)。不同饲养时期,鸭的生理状况不同,对环境、设备、饲养管理、技术水平等方面都有不同的要求,因此,鸭场应分别建立不同类型的鸭舍(便于鸭群的周转),以满足鸭群生理、行为及生产等要求,最大限度地发挥鸭群的生产潜能。

(4)环境。鸭场环境参数包括温度、湿度、通风量和气流速度、光照强度和时间、有害气体浓度、空气含尘量和微生物含量等,为建筑热工、供暖降温、通风排污和排湿、光照等设计提供依据。

(5)人员组成。管理定额的确定主要取决于养殖场的性质和规模、不同禽群的要求、饲养管理方式、生产过程的集约化及机械化程度、生产人员的技术水平和工作熟练程度等。管理定额应明确规定工作内容和职责以及工作的数量(如饲养鸭的只数、鸭应达到的生产力水平、死淘率、饲料消耗量等)和质量(如鸭舍环境管理、卫生情况和产品质量等)。

(6)卫生防疫制度。疫病是养殖生产的最大威胁,积极有效的对策是贯彻"预防为主,防重于治"的方针,严格执行国务院发布的《家畜家禽防疫条例》和农业部制定的《家畜家禽防疫条例实施细则》。工艺设计应据此制定出严格的卫生防疫制度。此外,鸭场还须从场址选择、场地规划、建筑物布局、绿化、生产工艺、环境管理、粪污处理利用等方面注重设计并详加说明,全面加强卫生防疫,在建筑设计图中详尽绘出与卫生防疫有关的设施和设备,如消毒更衣淋浴室、隔离舍、防疫墙等。

(7)鸭舍种类、栋数和尺寸的确定。在完成了上述工艺设计步骤后，可根据鸭群组成、饲养方式和劳动定额，计算出各鸭群所需笼具和面积、各类鸭舍的栋数；然后可按确定的饲养管理方式、设备选型、鸭场建设标准和拟建场的场地尺寸，徒手绘出各种鸭舍的平面简图，从而初步确定每幢鸭舍的内部布置和尺寸；最后可按各鸭群之间的关系、气象条件和场地情况，做出全场总体布局方案。

(8)鸭舍的样式、构造、规格和设备。鸭舍样式、构造的选择，主要考虑当地气候和场地地方性小气候、鸭场性质和规模、鸭的种类以及对环境的不同要求、当地的建筑习惯和常用建材、投资能力等。

鸭舍设备包括饲养设备(笼具、网床、地板等)、饲喂及饮水设备、清粪设备、通风设备、供暖和降温设备、照明设备等。设备的选型需根据工艺设计确定的饲养管理方式(饲养、饲喂、饮水、清粪等方式)、鸭对环境的要求、舍内环境调控方式(通风、供暖、降温、照明等方式)、设备厂家提供的有关参数和价格等进行选择，必要时应对设备进行实际考察。各种设备选型配套确定之后，还应分别算出全场的设备投资及电力和燃煤等的消耗量。

(9)粪污处理利用工艺及设备选型配套。根据当地自然、社会和经济条件及无害化处理和资源化利用的原则，与环保工程技术人员共同研究确定粪污利用的方式和选择相应的排放标准，并据此提出粪污处理利用工艺，继而进行处理单元的设计和设备的选型配套。

6.如何进行鸭场的投资概算和效益预测？

(1)投资概算。投资概算反映了项目的可行性，同时有利于资金的筹措和准备。

①投资概算的范围。投资概算可分为三部分：固定投资、流动资金、不可预见费用。

固定投资。包括建筑工程的一切费用(设计费用、建筑费用、改造费用等)、购置设备发生的一切费用(设备费、运输费、安装费等)。

在鸭场占地面积、鸭舍及附属建筑种类和面积、鸭的饲养管理和环境调控设备以及饲料、运输、供水、供暖、粪污处理利用设备的选型配套确定之后,可根据当地的土地、土建和设备价格,粗略估算固定资产投资额。

流动资金。包括雏鸭、饲料、药品、水电、燃料、人工费等各种费用,并要求按生产周期计算铺底流动资金(产品产出前)。根据鸭场规模、鸭的购置、人员组成及工资定额、饲料和能源及价格,可以粗略估算流动资金额。

不可预见费用。主要考虑建筑材料、生产原料的涨价,其次是其他变故损失。

②投资概算计算方法。

鸭场总投资=固定资产投资+产出产品前所需的流动资金+不可预见费用。

(2)效益预测。按照调查和估算的土建、设备投资以及引种费、饲料费、医药费、工资、管理费、其他生产开支、税金和固定资产折旧费,可估算出生产成本,并按本场产品销售量和售价,进行预期效益核算。一般常用静态分析法,就是用静态指标进行计算分析,主要指标公式如下。

投资利润率=(年利润率÷投资总额)×100%

投资回收期=投资总额÷平均年收入

投资收益率=(收入-经营费用-税金)÷投资总额×100%

【例】10 000只蛋鸭场的投资分析。

①投资估算。固定资产投资420 000元,包括鸭场建筑投资和设备购置费;土地租赁费每亩每年2 000元,共6亩,为12 000元/年;新蛋鸭培育费包括雏鸭购置费,培育的饲料费、医药费、人工费、采暖费、照明费等,平均每只20元,以11 000只新蛋鸭计算,共220 000元。

总投资是 420 000＋12 000＋220 000＝652 000（元）。

②效益预测。每只鸭年产蛋 18 kg，每千克售价 7.5 元，淘汰鸭每只 16 元，年淘汰 9 000 只。

a.总收入。总收入＝出售鲜蛋收入＋出售淘汰鸭收入

$$＝18×7.5×10 000＋16×9 000$$
$$＝1 494 000（元）$$

b.总成本是 1 376 000 元，有如下几项。

鸭舍和设备折旧费。鸭舍利用 10 年，年折旧费 40 000 元；设备利用 5 年，年折旧费 4 000 元。合计 44 000 元。

年土地租赁费 12 000 元。

新蛋鸭培育费以每只 20 元计，11 000×20＝220 000（元）。

饲料费用以每只鸭 50 kg，每千克 2.2 元计，50×10 000×2.2＝1 100 000（元）。

人工费、电费等用副产品抵销。

c.年收入。年收益＝总收入－总成本＝1 494 000－1 376 000＝118 000（元）。

d.资金回收年限。资金回收年限＝投资总额÷年收益＝625 000÷118 000≈5.3 年。

e.投资利润率。年利润÷投资总额×100%＝118 000÷625 000×100%＝18.9%。

7.肉鸭场的投资成本、生产成本包括哪些？

（1）肉鸭场的投资成本。

①固定投资成本。主要包括肉鸭场场房、饲养设备、运输工具、动力机械及生活设施等有关的一切费用，其特点是使用周期长，以完整的实物形态参加多次生产过程，并可以保持其固有的物质形态，随着养鸭生产不断进行，其价值逐渐转入到鸭产品当中，并以折旧费用方式支付。固定投资成本除上述设备折旧费用外，还包括土地税、利息、工资、管理费用等。

②可变投资成本。是肉鸭场在生产和流通过程中使用的资金,主要包括雏鸭、饲料、兽药、疫苗、燃料、水电、临时工工资等。其特点是只参加一次养鸭生产过程即被全部消耗,价值全部转移到鸭产品当中,而且随着生产规模、产品产量而变化。

(2)肉鸭场的生产成本。

①固定资产维修费。为保持鸭舍和专用设备的完好所发生的一切维修费用,一般占年折旧费的 5%～10%。

②固定资产折旧费。指鸭舍和专用机械设备的折旧费。房屋等建筑物一般按 10～15 年折旧,专用设备一般按 5～8 年折旧。

③工资。所有直接参与饲养、免疫、运输、检疫、清理鸭舍等工作人员的工资、福利等总和的费用。

④饲料费。指在生产过程中实际耗用的各种饲料原料、预混料、饲料添加剂和全价配合饲料等的费用及其运杂费。饲料费随料肉比和饲料价格的变化而变化。

⑤疫病防治费。每批鸭用于免疫、治疗、消毒、杀虫等用途的药品等费用的总和。

⑥燃料及动力费。指直接用于生产的燃料、动力、水电费等。

⑦低值易耗品费用。指低价值的工具、材料、劳保用品等易耗品的费用。

⑧期间费用。包括鸭场的管理费、财务费和销售费用等。

8. 肉鸭的饲养利润怎样计算?

商品肉鸭场每批肉鸭的出栏时间通常是根据场区的生产周转计划来安排的。在正常情况下,饲养到一定周龄,平均体重符合要求时就安排计划出栏销售,只要能盈利,一般不再做过细的核算。但若能认真进行生产成本保本线分析,找出肉鸭出栏的最佳时间,使每批肉鸭都能获取更多的利润,使肉鸭场的全年总利润必将更为可观,计算公式如下:

$$\text{肉仔鸭保本价格(元/kg)} = \frac{\text{本批肉仔鸭饲料费用(元)}}{\text{饲料费用占总成本的比率}}$$

$$\div \text{出售肉鸭总活重(kg)}$$

$$\text{上市肉鸭保本体重(kg/只)} = \frac{\text{平均料价(元/kg)} \times \text{平均耗料量(kg/只)}}{\text{饲料费用占总成本的比率}}$$

$$\div \text{活鸭售价(元/kg)}$$

上市肉鸭的保本体重是指在活鸭售价一定的情况下,为实现不亏损必须达到的上市体重要求。如果实际体重低于保本体重就会出现亏损,要想盈利就必须继续饲养下去或进一步改进饲养管理措施,使实际平均体重超过上市肉鸭的保本体重。

例如,某商品肉鸭场相关资料:该鸭场饲养商品肉鸭 20 000只,出栏时间 43 日龄,成活率 96%,出栏时平均体重 2.12 kg/只,市场活鸭销售价格为 8.97 元/kg。0~21 d 使用肉鸭Ⅰ号料,料价 2.95 元/kg,耗料 16 400 kg。22~35 d 使用肉鸭Ⅱ号料,料价 2.90 元/kg,耗料 29 700 kg。36~43 d 使用肉鸭Ⅲ号料,料价 2.83 元/kg,耗料 20 400 kg。本批肉鸭的饲料费用占总成本的比率为 72%。

(1)计算肉鸭保本价格。

本批肉鸭饲料费用 $= 16\ 400 \times 2.95 + 29\ 700 \times 2.90 + 20\ 400 \times 2.83 = 192\ 242$(元)

出售肉鸭总活重 $= 20\ 000 \times 96\% \times 2.12 = 40\ 704$(kg)

$$\text{肉鸭保本价格} = \frac{\text{本批肉鸭饲料费用(元)}}{\text{饲料费用占总成本的比率}} \div \text{出售肉鸭总活}$$

$$\text{重(kg)} = \frac{192\ 242}{72\%} \div 40\ 704 = 6.56 \text{(元/kg)}$$

上述计算出的肉鸭保本价格为 6.56 元/kg,也就是每千克活鸭的实际成本。当前市场活鸭销售价格为 8.97 元/kg,表明该批肉鸭盈利,每千克活鸭的利润为:$8.97 - 6.56 = 2.41$(元)。该批肉鸭的总利润为：$2.41 \times 40\ 704 = 98\ 097$（元）。

（2）计算肉鸭保本体重。

$$平均料价 = \frac{本批肉鸭饲料费用（元）}{本批肉鸭总耗料量（kg）}$$

$$= \frac{192\ 242}{66\ 500} = 2.89（元/kg）$$

$$平均耗料量 = \frac{本批肉鸭总耗料量（kg）}{肉鸭只数（只）}$$

$$= \frac{66\ 500}{20\ 000} = 3.325（kg/只）$$

$$肉鸭保本体重 = \frac{平均料价（元/kg）\times 平均耗料量（kg/只）}{饲料费用占总成本的比率} \div$$

$$活鸭售价（元/kg）= \frac{2.89 \times 3.325}{72\%} \div 8.97$$

$$= 1.50（kg/只）$$

上述计算结果表明，在市场活鸭销售价格为 8.97 元/kg 的情况下，为实现不亏损必须达到 1.50 kg/只的体重要求。如果实际体重低于 1.50 kg/只，就会出现亏损，要想盈利就必须继续饲养下去或进一步改进饲养管理措施，使实际平均体重超过上市肉鸭的保本体重。因该批肉鸭出栏时平均体重为 2.12 kg/只，超过了上市肉鸭保本体重，所以该批肉鸭是盈利的。

9. 肉鸭养殖成本与利润是怎样的？

以每个养殖场每批饲养 1 万只肉鸭计算。

（1）建设投资。

①每平方米饲养 4 只，需要大棚实用面积 2 500 m²。

②每个大棚 850 m² 左右，需要 3 个大棚，每个大棚长 85 m、宽 10 m。

③全部占地面积是大棚实用面积的 3 倍左右，因为大棚之间

需要有适当间隔,鸭还需要有运动场地,则全部占地面积在7 500 m²(11 亩)左右。

④简易建设:地面平整不硬化,以 3 m 为一隔间,四周墙体用水泥砌块或砖垒出柱子,顶棚由内向外分别为一层塑料薄、一层草帘、一层塑料薄膜、一层牛毛毡,共四小层。建设成本 25 元/m²左右,则每个棚建设成本大约为 2.2 万元,3 个棚全部建设成本约为6.6 万元。

(2)饲养成本。

①雏鸭购进全年平均每只需要 3.5 元左右。

②以饲养 38～39 d 的合同计算,每只大约需要饲料 7 kg,料重比为 2.15∶1,全部饲料成本大约为 15 元。

③每只鸭全程用药成本 0.4 元、水电成本 0.2 元、煤炭成本0.2 元,大约为 1 元。

以上全部成本每只合计约为 19.5 元,1 万只肉鸭成本为 19.5 万元。

(3)销售收入。以肉鸭生长到 40 d,体重 3.25 kg,每千克毛鸭 6.6 元,销售收入每只为 21.45 元,1 万只肉鸭销售收入为21.45 万元。

(4)养殖利润。

①每只肉鸭饲养成本为 19.5 元,销售收入为 21.45 元,利润为 1.95 元,1 万只肉鸭利润为 1.95 万元。

②建设成本收回需要饲养 4 批肉鸭,以每年饲养 5～7 批,平均 6 批计算,当年便可收回建设投资,并有 5.1 万元的利润。

10.蛋鸭养殖的经济效益是怎样的?

要养殖 3 000～5 000 只蛋鸭前期投钱大概要在 10 万～12 万元,前期过后也得预留 5 万元做周转。投资大概要 15 万～17 万元鸭场就可以办起来了。先购进蛋雏鸭 500～1 000 只,每只按目前市场价 3～5 元计,需 1 500～5 000 元;饲养 3 个多月就可产蛋;3 个多月需消耗谷类、菜类、配合饲料 15 000～32 000 元;平均日

产蛋 400～800 枚,按 13 枚 1 kg,每千克 7 元计,日收 215～430
元,除去饲料成本(每天每只 0.2 kg,每千克 0.80 元)0.32 元/
(只·天)共 128～256 元,每天收益 90～180 元;按产蛋 450 d 计,
毛利 4 万～8 万元;减去产蛋前进苗费、饲料费可获利 2.35 万～
4.5 万元(不计算工资、劳力、基建等费用)。一只蛋鸭从出壳养到
开产,所需成本不到 20 元,一个产蛋周期一只鸭的饲料平均要
105 元,而一个产蛋周期,每只蛋鸭可产 320 枚,约有 21 kg 鸭蛋,
以每千克 8 元算都可卖到 170 元。淘汰老鸭每只可卖 16 元。

11. 养鸭场的经营之道是怎样的?

(1)商品肉鸭场一般采用单一经营的方式,种鸭场既可采用综
合经营方式,也可采用单一经营方式。有条件的养鸭场可以参加
养鸭联合体,实行产业化经营,即将种鸭场、孵化厂、饲料厂、商品
肉鸭场(户)、技术服务部和鸭食品加工厂组建成一个养鸭联合体,
由联合体实施产前、产中、产后系列化服务。

(2)开办一个养鸭场,必须进行可行性研究,遵循"分析形势、
比较方案和择优决策"的三步决策程序,充分进行市场调研,在对
投入、风险和效益等方面进行反复比较分析的基础上,确定好办场
方向、鸭场规模、经营方式等。

(3)养鸭场的计划管理是通过编制计划和执行计划来实现的,
其中主要有长期计划、年度计划和阶段计划,三者构成计划体系,
相互联系和补充,各自发挥本身作用。长期计划是从总体上规划
养鸭场若干年内的发展方向、生产规模、进展速度和指标变化等,
以此对生产建设进行长期全面的安排,避免生产的盲目性。年度
计划是养鸭场每年编制的最基本的计划,根据新的一年的实际可
能性制订的生产和财务计划,反映新的一年里养鸭场生产的全面
状况和要求。阶段计划是在年度计划内一定阶段的计划,一般按
月编制,把每月的重点工作如进雏、转群工作等预先安排组织好,
提前下达,要求安排尽量全面。

(4)养鸭场的生产管理是通过制订各种规章制度和方案,作为生产过程中管理的纲领或依据,使生产能够达到预定的指标和水平。如制定养鸭场兽医卫生防疫制度、养鸭技术操作规程、岗位责任制等。制定好各项规章制度及操作规程后,就必须严格按照执行。

(5)养鸭场的财务管理,首先要把账目记载清楚,做到账账相符、账物相符,日清月结。其次,要深入生产,实际了解生产过程,加强成本核算,通过不断地经济活动分析,找出生产及经营中存在的问题,研究并提出解决的方法和途径,做好企业的参谋,以不断提高经营管理水平,从而取得最好的经济效益。

12.农户如何顺利地适度规模养鸭经营?

近几年随着鸭产品在市场上走俏,我国的养鸭业也开始不断升温,这主要是因为国内外的消费者对畜禽产品的要求已向低脂肪、低胆固醇、高蛋白、营养均衡、安全保健方向发展,而鸭产品恰恰符合了消费者的需求,鸭产品的市场占有率也在逐渐增长,因此,越来越多的农户已把养鸭作为自己首选的致富项目。虽然说养鸭的市场前景看好,许多养殖户也靠养鸭挣了钱,但是要想真正养好鸭可并不是一件容易的事。它需要从以下几个方面着手准备,才能保证您的养殖效益。

(1)考察好市场的需求。要您看所在的地区是否有鸭加工的龙头企业来消化鸭的产品,如果没有,鸭的销路问题就很难解决,最后造成产品积压,鸭价格下降,养鸭效益就无法得到保证。同时要看当地或周边地区是否有鸭的消费潜力。在我们国家鸭本身属于滋补食品,对人类的健康各方面都是比较好的,但是因为生活习惯和饮食习惯的原因,您需要通过某些方式去宣传和引导这种消费,以提高产品的销量。

(2)选择合适的品种。我国鸭品种资源非常丰富,不仅有肉鸭、蛋鸭品种,而且还有肉蛋兼用型品种。那么您应该根据市场的需求来选择既具有市场潜力又符合当地消费者饮食习惯的品种。

要想提高养殖效益,选择真正适销对路的品种是非常重要的。农户选择养鸭品种,最好的方式是能和当地鸭产品加工龙头企业联合,采取"公司+农户"的形式,由龙头企业提供种鸭,农民来饲养,然后企业负责回收,这样农民的养殖效益才能得到很好的保障。

(3)注意养殖环节。首先改进养殖方式能够提高养鸭的经济效益,养鸭传统的养殖方式是散养,这种散养对环境危害相对比较大;如果把散养完全变成舍饲,饲料消耗量大,增加了养殖成本,所以最好的方式是舍饲加放养相结合,既能改善环境,又能提高养鸭的经济效益。其次还要注意提高饲养技术,降低饲料费用等养殖成本,因为饲料成本占整个养殖成本的75%,降低饲料成本,养鸭的利润空间将会增加。要降低饲料成本,一要考虑鸭的采食量,二是结合当地实际情况选择饲料,发展种草养鸭,节省其他饲料,从而降低鸭的养殖成本。此外,提高育雏的技术水平,保证雏鸭的成活率,重视鸭群疫病防治,也是养殖户提高经济效益的重要环节。

13. 如何提高养鸭的经济效益?

从饲料资源的利用看,蛋鸭料蛋比通常2.7:1,肉鸭料肉比2.5:1。因此养鸭具有饲料报酬高、产品品质优的特点。大力发展养鸭业,是农民增收的重要内容之一。规模化饲养肉鸭只平均可获2元纯利,蛋鸭近年只效益15～20元,而放牧加补料的(冬天圈养,春、夏、秋放牧)只平均效益可达25～30元。

从目前农村经济条件和管理水平的实际情况出发,应坚持适度规模,放牧饲养以每群150只左右、圈养400只左右较为合适。这种规模头半价养鸭所需投资小、见效快,年盈利在5 000～10 000元之间,同时栏舍简便,放牧既可丰富饲料种类,又可降低饲养成本,应提倡圈养与放牧结合的饲养方式。

加强饲养管理,创建适合鸭生长的舒适的生产环境,有利于发挥鸭优良的生产性能,提高养殖效益。鸭是水禽,喜欢在水中游泳、觅食、嬉戏,在清洁干燥的环境中休息。如果鸭舌泥泞潮湿,很容易引起疾病的发生。因此要选择地势较高、有一定坡度的场地作为鸭场。当舍内潮湿时,可用石灰粉拌沙撒于地面,既能消毒又能吸湿。平时要加强疫病防治,及时进行免疫接种。

二、适度规模经营养鸭场建设

14. 选择建设鸭场场址的社会环境条件是怎样的？

（1）要有良好的隔离条件。在选择场址时，首先考虑要远离其他畜禽饲养场和各种污染源。相互距离保持在300 m以上。

畜禽屠宰场、制革厂、化工厂所产生的废弃物和排出的污水也是重要的污染源，鸭场不仅要与之远离，而且还不能位于其下游，以避免受其污染。

远离人员来往频繁的地方建场是鸭场搞好隔离的重要保证。鸭场与居民点的间距应在500 m以上，与国道、省际公路相距500 m以上，主要公路300 m以上。否则不利于卫生防疫，而且环境杂乱，容易引起鸭的应激。

（2）交通相对便利。规模化鸭饲养场运输任务繁重（饲料、产品等）。因此，鸭场要修建专用道路与公路相连，道路应该较为坚实、平坦。放牧饲养通向放牧地和水源的道路不应与主要交通线交叉。

（3）电力供应稳定。鸭的饲养管理对电的依赖性较大。照明、孵化、饲料加工、供水都离不开电。因此，在鸭场选址时必须考虑保证正常的电力供应，尽量靠近输电线路，减少供电投资，集约化饲养场应有备用电源。

（4）符合保护环境的要求。鸭场选地应参照国家有关标准的规定，避开水源防护区、风景名胜区、人口密集区等环境敏感地区，远离村镇、城市边缘。还要考虑鸭场污水的排放条件，对当地排水系统进行调查。污水去向、纳污地点、距居民区水源距离、是否需要处理后排放,这些都会影响到生产成本。场址选择应考虑当地土地利用发展计划和村镇建设发展计划,符合环境保护的要求。在水资源保护区、旅游区、自然保护区等绝不能投资建场,以避免建成后的拆迁造成各种资源浪费。鸭场不得建在饮用水源、食品厂上游。

(5)远离噪声。鸭场应尽量选择在安静的地方,避免鸭群受到应激影响,鸭场要远离飞机场、飞机起飞后通过的区域,距离铁路、公路、炮兵营、靶场要有至少 500 m 的距离。

15.选择鸭场场址的自然环境条件是怎样的?

(1)水源充足,水面波浪小,水质良好。鸭具有喜水的天性,保证每天在水中有一定的活动时间是维持鸭健康和高产的重要条件。鸭日常活动都与水有密切联系,水上运动场是完整鸭舍的重要组成部分,所以养鸭的用水量特别大,要有廉价的自然水源,才能降低饲养成本。选择场址时,水源充足是首要条件,即使是干旱的季节,也不能断水。鸭舍一般应建在河流、沟渠、水塘和湖泊的附近,水面尽量宽阔,水面波浪小,水深为1~2 m。如果是河流交通要道,不应选主航道,以免骚扰过多,引起鸭群应激。大型鸭场,最好场内另建深井,以保证水源和水质。

水质良好,澄清,水体中的微生物、有毒有害物质含量应尽可能低,以保证鸭的健康和鸭蛋中不含对人有害的物质。水岸不应过于陡峭,以免坡度过大,鸭上岸、下水都有困难。水源附近应无屠宰场和排放污水的工厂。

(2)地势地形。虽然鸭喜欢在水中活动,但其休息和产蛋的场所要求保持相对干燥,否则会使鸭的健康和产蛋受到不良影响。鸭舍要求建在地势较高的地方,在河堤、水库、湖泊边建场时,地基要高出历史洪水的最高线,避免在雨季舍内进水、潮湿。山区建场场地应高出当地最高水位1~2 m,以防涨水时被水淹没,但不宜选在昼夜温差过大的山顶。平原地区建舍应特别注意,地下水位应低于建筑物地基 1 m 以下,禽舍地面要高出舍外地面 20～30 cm。

地形要求有一定的坡度,坡面向阳,开阔整齐。北方禽场的方位以朝南或略偏东南为理想,背风向阳,使禽舍冬暖夏凉,一般在河、渠水源的北坡建场。为了能达到场内合理布局,便于卫生防疫,场地不要过于狭长或边角太多。

(3)地质土壤。鸭场地土壤以地下水位较低的沙壤土最理想,适于鸭地面平养。这种沙壤土透水、透气性好,病原菌、寄生虫卵、蚊蝇等不易繁殖和生存,沙壤土下雨后运动场不会泥泞,易于保持适当干燥,还可以防止病原菌、寄生虫卵、蚊蝇等繁殖和生存,且不易产生硫化氢、氨气等有害气体。

(4)气候与空气质量。气候因素主要考虑建场地的海拔高度、年平均气温、1 月与 7 月的平均气温、年降雨量、主导风向、最大风力、日照情况等。作为种鸭场应选择气候温和的地区建场,有利于提高生产性能,降低比产成本。例如高海拔地区容易造成缺氧性疾病的发生,寒冷地区建场将增加防寒建筑投资与运行燃料费用。养鸭场周围环境、空气质量应符合《畜禽场环境质量标准》(NY/T 388)的要求。

场址周围 5 km 内,绝对不能有禽畜屠宰场,也不能有排放污水或有毒气体的化工厂、农药厂,并且离居民点也要在 5 km 以上,鸭场所使用的水必须洁净,每 100 mL 水中的大肠杆菌数不得超过 5 000 个;溶于水中的硝酸盐或亚硝酸盐含量如超过 $50×10^{-6}$,对鸭的健康有损害,针对以上情况由于目前还缺乏有效的消除办法,应另找新的水源。尽可能在工厂和城镇的上游建场,以保持空气清新、水质优良、环境不被污染。

(5)占地面积。鸭养殖场,如果每批饲养 3 000 只,只要 1 个鸭舍就足够,鸭舍面积为 500 m²(每平方米 6 只),加上鸭台前后空地,约需要 1 000 m²。如果养 3 000 只蛋鸭,鸭舍面积需要 600 m²,运动场 1 000 m²,水沟 100 m²,空地 300 m²。

(6)朝向以坐北朝南最佳。鸭舍的位置要放在水面的北侧,把鸭滩和水上运动场放在鸭舍的南面,使鸭舍的大门正对水面向南开放,这种朝向的鸭舍,冬季采光面积大、吸热保温好;夏季又不受太阳直晒、通风好,具有冬暖夏凉的特点,有利于鸭的产蛋和生长发育。在找不到朝南的合适场址时,朝东南或朝东的也可以考虑,但绝对不能在朝西或朝北的地段建造鸭舍,因为这种西北朝向的房舍,夏季迎西晒太阳,使舍内闷热,不但影响产蛋和生长,而且还会造成鸭中暑死亡;冬季迎西北风,舍温低,鸭耗料多、产蛋少。所以朝西北向的鸭舍养鸭,在同样条件下,比朝南的鸭舍,投入要多一成,产出要减少一成,经济效益相差也大,生产者千万要注意这一点。

在沿海地区,要考虑台风的影响,经常遭受台风袭击的地方和夏季通风不良的山岙,不能建造鸭舍;电源不稳定或尚未通电的地方不宜建场。此外,鸭场的排污、粪便废物的处理,也要通盘考虑,做好周密计划。

16. 养鸭场规划的原则是什么?

(1)因地制宜、因场而异。养鸭场的场区规划应根据养鸭场的生产性质(育种场、种鸭场、商品场和综合性养鸭场)、生产任务以及生产规模等不同情况,合理进行规划布局。对于商品场或小规模饲养场,生产任务单一,采用农村闲置房舍饲养,对场区规划没有严格的要求,只要做到隔离饲养即可,而规模化的种鸭场、育种场,因场地较大,需要合理规划布局,才能稳定生产,可持续发展。生产区内各类鸭舍之间的规模比例也要配套协调,与生产需要相适应,避免建成闲置房舍。

(2)隔离饲养。规划时应考虑尽可能避免外来人员和车辆接近或进入生产区,减少病原体的侵入,与外界能较好地隔离。生产区应设置围墙,形成独立的体系,入口处设置消毒设施,如车辆消毒池、洗澡更衣间、人员消毒池等。生产区内的布局要考虑各阶段鸭群的抗病能力、粪便排泄量、病原体排出量，一般要求按照地势高低、风向从上到下依次为雏鸭饲养区、青年鸭饲养区、种鸭饲养区。如果是一个较大的综合性养鸭场，种鸭舍应该建在商用的较高地势和上风处。最后，尸体、污物处理区要设在场区围墙外，与场内隔离。生产区中要有净道和污道的划分，污道区域进行粪便清运、病死鸭处理，净道进行饲料、产品的运输；此外，各区之间最好应有用围墙隔开，并设置绿化带，尤其是生产区，一定要有围墙，以利于卫生防疫工作。

（3）便于生产管理。成年鸭群的房舍应靠近生产区大门，因为其饲料消耗量比其他鸭群大，而且每天生产出的种蛋、商品蛋便于运出。饲料仓库或调制室应接近鸭舍，方便饲喂。

（4）便于生产环境条件控制。环境条件是影响鸭群健康、生产力水平发挥和产品质量的重要因素，夏季高温、冬季严寒、舍内潮湿、通风不良等都对鸭群生产极为不利。养鸭场的位置应该避开当地的风口地带，在气温较低的季节可以防止房舍内外温度过低。

（5）有利于生活改善。规模化、综合性养鸭场要有独立的生活区，生活区内建有宿舍、食堂、生活服务设施等，建筑规模要和人员编制及生产区的规模相适应。一般生活区紧靠生产区，但应保持一定距离，方便生产。为了减少生活区空气污染，提高生活质量，生活区要设在生产区的上风向，而贮粪场应设在生产区的下风向。职工家属区人员密集，距生产区应有 1 000 m 以上、形成独立区域。生活区应留有绿地面积，搞好绿化，美化环境。

（6）隔离区。隔离区主要包括养鸭场病鸭舍、粪便处理设施等。

鸭场内各功能区及建筑物的合理布局是减少疾病和有效控制疾病的基础。在进行场地规划时，主要考虑人、鸭卫生防疫和工作方便，根据场地地势和当地每年主风向（向当地气象部门了解），顺序安排各区。

17. 适度规模鸭场如何规划场区布局？

鸭场内各功能区及建筑物的合理布局是减少疾病和有效控制疾病的基础。在进行场地规划时，主要考虑人、鸭卫生防疫和工作方便，根据场地地势和当地每年主风向（向当地气象部门了解），顺序安排各区（图1）。

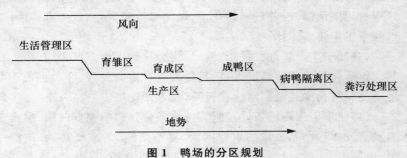

图 1　鸭场的分区规划

生活管理区也可以细分为两个区：职工生活区和生产技术管理区。职工生活区主要布置职工的宿舍、浴室、娱乐室、医务室以及食堂等建筑。生产技术管理区布置包括办公室、接待室、会议室、技术资料室、化验室、职工值班室、厕所、传达室、警卫值班室以及围墙和大门，外来人员第一次更衣消毒室和车辆消毒设施等办公管理用房。

生活管理区与生产区间要设大门、消毒池和消毒室。管理区设在场区常年主导风向上风处及地势较高处，主要包括办公设施及与外界接触密切的生产辅助设施，设主大门，并设消毒池。

生产区可以根据养鸭场规模、生产功能等可以分成孵化室、雏鸭舍、种鸭舍、商品肉鸭舍和鸭体解剖与尸体处理区等不同小区，它们之间的距离在 300 m 以上，每个小区内可以有若干栋鸭舍，鸭舍间距离为鸭舍高度的 3～5 倍。生产区中各小区的布局应考虑当地的主风向，孵化室最好设置在与鸭舍并列风向上，雏鸭舍安排在主导风向的上风区域，商品肉鸭舍和鸭体解剖与尸体处理场安排在下风向,粪便污物处理场最好设在场外。孵化室最好设置在与鸭舍并列风向上,避免互相影响。

生产辅助区主要是由饲料库、饲料加工车间和供水、供电、供热、维修、仓库等建筑设施组成。很多鸭场都设有自己的饲料加工厂,一些鸭场还设有产品加工企业。这些企业如果规模较大时,应在保证与各场联系方便的情况下,独立组成生产区。

隔离区设在场区下风向处及地势较低处,主要包括兽医室、隔离鸭舍、粪便处理设施等。为防止相互污染,与外界接触要有专门的道路相通。场区内设净道和污道,污道与后门相连,两者严格分开,不得交叉混用。

场区绿化是肉鸭场规划建设的重要内容,要结合区与区之间、舍与舍之间的距离、遮阴及防风等需要进行。可根据当地实际种植能美化环境、净化空气的树种和花草,但不宜种植有毒、飞絮的植物。

18.鸭舍设计的原则是怎样的?

(1)卫生防疫原则。鸭舍设计要充分考虑卫生要求,能够有效地与外界隔离,减少外来动物和微生物的进入,同时便于舍内的清洗消毒和卫生防疫措施实施。

(2)环境调节原则。鸭舍应该具有挡风遮雨、遮阳防晒、有效缓解外界不良气候对鸭的影响。南北方气候差异明显,北方要求尽量做到防寒保暖,窗户与地面面积比例较小,一般为1∶(10~12)。南方则要求通风良好,能有效降低舍内湿度,窗户与地面面积比例为1∶(6~8)。鸭育雏舍的保温性能要高于成年鸭舍。

(3)耐用原则。鸭舍的建造相对简单,但是在建造时必须充分考虑其耐用性,这一方面能够保证正常生产过程中禽群的安全,另一方面通过延长使用年限以降低每年的房舍折旧费用。

(4)节约投资原则。规模较小的鸭场或养殖户建造简易棚舍,充分利用树枝、草秸等当地资源,舍内可以用砖柱或木柱支撑屋顶,减少大梁的使用。

(5)方便管理原则。鸭舍的设计应充分考虑便于人员在舍内的操作,便于供水供料,便于垫料的铺设和清理,便于蛋的收集和蛋的品质保持。

19.鸭舍类型有哪些?

(1)简易棚舍。在南方地区,为了节省开支,可以修建简易棚舍饲养各种类型的鸭。常见简易棚舍为拱形,就地取材,用竹木搭建,也可用旧房舍改造而成。棚高度为 1.8~2.5 m,便于饲养者出入;宽为 3~4.5 m,便于搭建;长度可根据地形和饲养数量而定,但中间要用栅栏或低墙隔开,分栏饲养。棚顶用芦苇席覆盖,上面再盖上油毛毡或塑料布,防止雨水渗漏。夏季开放式饲养,棚舍离地面 1 m 以上改为敞开式,以增加通风量;冬季要加上尼龙编织布、草帘等防风保暖材料遮挡寒风。为了防止舍内潮湿,在棚舍的两侧设排水沟、水槽,或饮水器放置在排水沟上的网面上。简易棚舍一般用于 4~10 月饲养商品肉鸭。

(2)小规模鸭舍。小规模鸭舍适合北方冬季寒冷地区的小型饲养场和专业户,饲养种鸭和商品鸭均可。房舍为砖木结构,要求防寒保暖,舍内地面要高出运动场 25~30 cm,舍内为水泥地面、砖地或三合土地面。作为育雏室,一般采用地下烟道供暖,供暖效果好,运行成本低。

房舍高度为 2.0~2.5 m,跨度为 4.5~5 m,单列式饲养,排水沟设在房舍一侧,单间隔开(低墙或栅栏),行间 3.5~4 m,饲养种鸭 60 只。运动场为三合土打实压平,面积为舍内面积的 2~3 倍。连接运动场和水面的鸭滩为一斜坡,坡度以 30°为宜,为了防止滑倒,在上可以铺设草垫。

(3)规模化鸭舍。规模化鸭舍适合大型饲养场,便于进行规模饲养和现代化管理。规模化鸭舍包括各种类型房舍,为框架结构,水泥地面便于消毒,经久耐用,投资较大,环境控制较好。包括育雏舍、育成舍、种禽舍等。禽舍高度一般为 3～3.5 m，跨度为 6～8 m。双列式饲养，排水沟设在房舍中央。育雏期可以进行笼养或网上平养。

20. 鸭舍的基本结构主要由哪几部分组成？

鸭舍分临时性简易鸭舍和长期性固定鸭舍两大类。我国农村早期的小型鸭场大都用简易鸭舍，近几年创建的大中型鸭场大都是固定鸭舍。生产者可根据自己的条件和当地的资源情况选择一种合适的鸭舍。完整的平养鸭舍，通常由鸭舍、鸭滩（陆上运动场）、水围（水上运动场）三个部分组成（图2）。

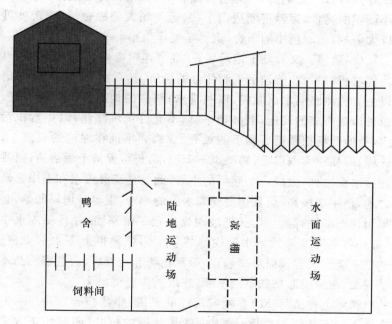

图2 鸭场侧面及平面

（1）鸭舍。最基本的要求是遮阳防晒、阻风挡雨、防寒保温和防止兽害。商品蛋鸭舍每间的深度 8～10 m，宽度 7～8 m，近似于方形,便于鸭群在舍内做转圈活动,绝对不能把鸭舍分隔成狭窄的长方形,否则鸭进舍转圈时,极容易踩踏致伤。通常养1 000～2 000只规模的小型鸭场,都是建2～4间(每间养500只左右),然后再在边上建3个小间,作为仓库、饲料室和管理人员宿舍。

建筑面积估算:由于鸭的品种、日龄及各地气候不同,对鸭舍面积的要求也不一样。因此,在建造鸭舍计算建筑面积时,要留有余地,适当放宽计划;但在使用鸭舍时,要周密计划,充分利用建筑面积,提高鸭舍的利用率。

使用鸭舍的原则是,单位面积内,冬季可提高饲养密度,适当多养些,反之,夏季要少养些;大面积的鸭舍,饲养密度适当大些,小面积的鸭舍,饲养密度适当小些;运动场大的鸭舍,饲养密度可以大一些,运动场小的鸭舍,饲养密度应当小一些。

(2)鸭滩。又称陆上运动场,一端紧连鸭舍,一端直通水面,可为鸭群提供采食、梳理羽毛和休息的场所,其面积应超过鸭舍1倍以上。鸭滩略向水面倾斜,以利排水;鸭滩的地面以水泥地为好,也可以是夯实的泥地,但必须平整,不允许坑坑洼洼,以免蓄积污水,有的鸭场把喂鸭后剩下的贝壳、螺蛳壳平铺在泥地的鸭滩上,这样,即使在大雨以后,鸭滩也不会积水,仍可保持干燥清洁;鸭滩连接水面之处,做成一个倾斜的小坡,此处是鸭群入水和上岸必经之地,使用率极高,而且还要受到水浪的冲击,很容易坍塌凹陷,必须用块石砌好,浇上水泥,把坡面修得很平整坚固,并且深入水中(最好在水位最低的枯水期内修建坡面),使鸭群上下水很方便。此处不能为了省钱而草率修建,否则把鸭养上以后,会造成凹凸不平现象,招致引起伤残事故不断,造成重大经济损失。

鸭滩上种植落叶的乔木或落叶的果树(如葡萄等),并用水泥砌成1 m高的围栏,以免鸭入内啄伤幼树的枝叶,同时防止浓度很高的鸭粪肥水渗入树的根部致使树木死亡。在鸭滩上植树,不仅能美化环境,而且还能充分利用鸭滩的土地和剩余的肥料,促进树木和水果丰收,增加经济收入,还可以在盛夏季节遮阳降温,使鸭舍和运动场的小环境比没有种树的地方温度下降 3~5℃,一举多得,生产者对此要高度重视。

(3)水围。即水上运动场,就是蛋鸭洗澡、嬉耍的运动场所。其面积不少于鸭滩,考虑到枯水季节水面要缩小,如条件许可,尽量把水围扩大些,有利于鸭群运动。

在鸭舍、鸭滩、水围这三部分的连接处,均需用围栏把它围成一体,使每一单间都自成一个独立体系,以防鸭互相走乱混杂。围栏在陆地上的高度为 60~80 cm,水上围栏的上沿高度应超过最高水位 50 cm,下沿最好深入河底,或低于最低水位 50 cm。

21. 肉鸭舍建筑标准是怎样的?

(1)肉鸭舍的走向以坐北朝南为宜,具体朝向以利通风又能避暑为主。

(2)肉鸭舍长度、高度和跨度:肉鸭舍长度根据地势确定,双坡式肉鸭舍屋顶高 4.2 m,屋檐高 3 m,肉鸭舍两面屋檐滴水之边墙内宽 8 m,两边为网床,网床宽 6.8 m,中间设走道,走道宽 1.2 m。鸭舍栋与栋之间距离为 8~14 m。

(3)墙体的处理:根据外墙设置不同,鸭舍可分为敞篷式鸭舍、开放式鸭舍、半开放式鸭舍、窗式鸭舍、无窗式鸭舍等多种样式(图 3 至图 7)。

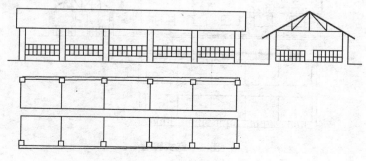

图 3　敞篷式鸭舍

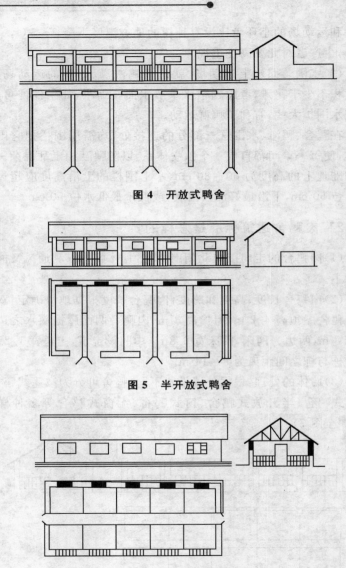

图 4　开放式鸭舍

图 5　半开放式鸭舍

图 6　窗式鸭舍

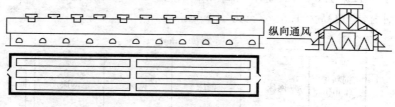

图 7　无窗式鸭舍

内外墙用水泥砂浆抹平,墙高 3 m,在两侧墙体(离地 1.5 m)上各安装四面窗户,便于采光,窗户规格为 1.5 m×1.5 m。

(4)肉鸭舍地面的处理:肉鸭舍地面高出舍外 15 cm 以上,先铺一层地膜,再用水泥沙浆抹面,高出地面 0.6～0.8 m 铺一层架空的金属网作为鸭床,网眼的宽度为 13 mm 左右,建筑层数为一层,地面沿蓄粪池方向成 1% 的坡度,便于清洗。

22. 肉鸭舍的建筑结构是怎样的?

肉鸭舍剖面结构与舍内平面布局见图8、图9。

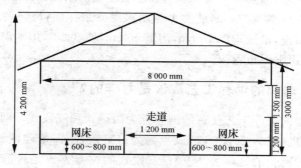

图 8　肉鸭舍剖面图

(1)屋顶。肉鸭舍屋顶采用人字形钢架结构作为屋梁;肉鸭舍屋顶铺盖蓝色夹心彩钢,泡沫厚度为 3 cm 以上,一是有利于炎热夏季防暑降温;二是有利于冬季保暖。

(2)门、窗。肉鸭舍门可分为双扇门和简易木门,双扇门高

2.1 m,宽1.6 m,简易木门高2.1 m,宽0.9 m;肉鸭舍窗户采用钢窗,窗户高为1.5 m,宽为1.5 m。

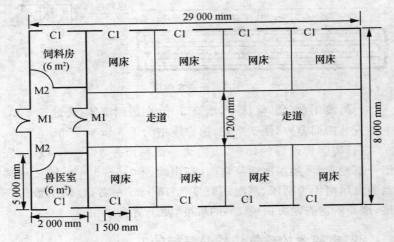

图9　肉鸭舍平面布局

（3）排水沟及污水沟。肉鸭舍左右屋檐滴水处建排水沟,最浅沟深20 cm,沟宽3 cm,坡度15°,用水泥砂浆抹面;肉鸭舍左右墙角建排污沟,最浅沟深15 cm,沟宽50 cm,坡度20°,用水泥砂浆抹面,构面用水泥板盖沟。

23.养鸭的饲养工艺应该是怎样的?

不同的饲养工艺使鸭的饲养分为两段式和三段式。两阶段饲养即是育雏成为一个阶段,成年鸭为另一阶段,需修建两种鸭舍,一般两种鸭舍的比例为1∶2。三段式的饲养方式是育雏、育成、成年鸭均分舍饲养。三种鸭舍的比例为1∶2∶6。根据生产鸭群的防疫要求,生产区最好也采用分区饲养,因此三阶段饲养分为育雏区、育成区、成鸭区;两阶段分为育雏育成区、成鸭区,雏鸭区应放在上风向,依次为育成区和成鸭区。

24.如何设计育雏鸭舍？

育雏鸭舍建筑要求保温性能好、通风好、采光好、防鼠害。育雏舍设计，要求檐高2～2.5 m，舍内设天花板，以增加保温性能。窗户与地面面积比例一般为1∶(8～10)，寒冷地区为1∶(10～15)，兼顾采光和保温。北方只在向阳一面留窗户，相对一面安装排风扇，横向通风，气流速度不能太快。南方可在南北两侧留窗，窗户下沿离地1～1.2 m。所有窗户与下水道口要装上铁丝网，防止老鼠进入舍内。墙壁采用厚实砖体，地面要铺水泥或三合土，向一边或中间倾斜，以利排水，育雏舍内要设置加温设施，北方多用炕道、煤炉加温，南力多用育雏伞结合自温育雏。采用地面炕道加热方式必须注意防止火道漏烟、舍内温度升降平稳，靠近炉灶附近的火道应埋于地下稍深处，以防止该处地面温度过高灼伤水禽脚部或引燃垫草。

育雏舍地面最好用水泥或砖铺成，便于清扫消毒，并向一侧倾斜，以利于排水。在较低的一侧设排水沟，盖上网板，上面放置饮水器，饮水时溅出的水漏入排水沟中，排出舍外，确保舍内干燥；育雏舍前应有4～5 m宽的运动场，晴天无风时也可在运动场上喂料、饮水。运动场要求平坦且向外倾斜，避免雨天积水。运动场外接人工水浴池，但水面不宜太深，应经常更换池中水，保持清洁。

育雏舍内有效面积40 m²，可以饲养3周龄以内雏鸭1 000只，4周龄雏鸭800只。育雏舍内要用铁丝网、竹篱笆分成若干个圈栏，每一圈栏饲养80～100只，保证采食均匀，生长一致。

(1)地面平养鸭育雏舍。一般采用有窗式单列带走廊的育雏舍。鸭舍宽度为8～10 m，舍内分隔成若干小间，鸭舍南墙开通向运动场的门，南北墙均设窗，每侧上下两排窗，下排窗不但可以保证通风保温，还可供鸭群出入运动场。在鸭舍北面修建排水沟，上铺设铁丝网或木栅栏，网上放置饮水器或修建饮水槽。鸭舍南面为运动场和戏水池，运动场上要搭设遮阴棚或种植苦怜树、牵牛花等以备遮阴。

(2)网上平养育雏舍。分为立体式网上平养和单层式网上平养(图10、图11)。网上育雏可以采用有窗式双列单走廊雏鸭舍,其宽度为8～10 m。走廊设在中间,宽度为1～1.2 m,走廊两侧架设金属网或漏缝的竹、木条地板作为鸭床,网面上可以铺设塑料胶网,网孔大小为1.0 cm×1.0 cm。地面须为水泥地面,网下修建排污沟,两侧坡度为30°,利于粪便冲洗。

图10　立体式网上平养

图11　单层式网上平养

25.如何设计育成鸭的鸭舍?

育成阶段鸭的生活能力较强,对温度的要求不如雏鸭严格。

因此,育雏舍的建筑结构简单,基本要求是能遮雨挡风、夏季通风、冬季保暖、室内干燥。

(1)临时鸭棚:临时鸭棚用竹木、草席、稻草搭建,建造成本低,适合 4～6 周龄育肥阶段肉鸭。在南方和北方炎热、温暖季节育肥效果良好、一般檐高 1.8 m 左右、便于操作,顶部"A"形,有利于排水,无须设置天花板。棚舍四周用围栏围起,围栏高度 50 cm。地面用水泥或砖铺平,中央高,两边低。两侧设置排水沟,饮水器放置在排水沟上的网面上,防止舍内潮湿。

(2)半开放式育肥鸭舍:北方地区春季和冬季比较寒冷,采用半开放式育肥鸭舍能提高肉鸭成活率,节约饲料,有利于快速育肥。一般为砖木结构,檐高 2～2.2 m,设有运动场和水浴池,运动场与舍内面积比为 1：1,白天气温高时在运动场上活动喂食。

26.鸭舍的建筑设计是怎样的?

鸭舍一般分育雏舍、肉鸭舍和蛋鸭舍几种类型。

(1)育雏舍。分平养雏鸭舍和网上饲养雏鸭舍。不论何种方式,一般屋顶要有隔热层(如天花板),墙壁要厚实,以利保温。寒冷地区要设双层玻璃,室内能够安装加温设备,并有稳定的电源。鸭舍地面面积与南窗面积的比例为 8：1 左右,北窗为南窗的1/2;南窗离地面高 60～70 cm,并设气窗,便于调节室内空气,克服通风和保温的矛盾。北窗离地面高 1 m 左右。育雏室必须严防鼠害,因此地面要铺水泥或三合土,地面向一边或中间倾斜,以利于排水,窗上要装铁丝网,以防兽害。平养育雏舍雏鸭直接养在地面上,舍内隔成若干小区,一般在南墙设有供温设施,北墙设置宽1 m 左右的工作道,工作道与雏鸭区用围篱隔开。靠走道一侧有一条排水沟,沟上盖铁丝网,网上放饮水器,使雏鸭饮水时溅出的水通过铁丝网漏到沟中,再排出舍外,以保持育雏舍的干燥。网养育雏舍以平地或凹坑的房舍为基础,舍内建造架空的金属网或漏缝的竹条木板作为鸭床,网眼或板条缝隙的宽度为鸭 13 mm 左右。地面必须是水泥地面，有一定坡度，排水良好，便于清洗。网养育雏舍又分低床和高床两种。高床的网底离地 1.8 m，清粪便操作方便，低床网底离地 0.7 m 左右。网养雏鸭舍比平养雏鸭舍卫生条件好，干燥，节约垫草和能源，雏鸭生长好，但投资费用较大。

（2）肉鸭舍。肉鸭舍选择南向坡地为宜。鸭舍可以是砖瓦结构房舍，也可建成简易的毛竹和油毛毡结构。鸭舍地面选材主要有三种：一是用砖铺设地面；二是用水泥地面；三是用石灰、红土、炉灰渣，按 1∶1∶2 夯实的三合土地面。

肉鸭舍网床制作。网面可采用软质塑料网、镀锌钢丝网、木栅网、竹片（竿）栅网。框架可用直径 5 cm 的竹竿或相应规格的木料按可利用空间制作。当用竹竿或木栅网时，亦可直接固定在砖砌的短墙上。框架支撑用水泥预制件、砖垛、短墙皆可。高度以使网面距地面 80～120 cm 为宜。网床安装时，过道一侧围以塑料网或木栅，高度为 30～40 cm。网床过长时，可用网片分隔成小的区块。0～14 日龄用网眼大小为 1.7～3.5 cm 的塑料网，15 日龄后用网眼大小为 2.0～4.0 cm 的塑料网。塑料网的交接处用竹片或木片钉好压实。栅网用直径 1.0～1.5 cm 的竹竿或 1.0～1.5 cm 宽的木条、竹劈，按 1.5～2.0 cm 的间隙钉制成栅网。肉鸭 22 日龄进入生长育肥期，这个时期肉鸭对外界环境适应能力较强，可因陋就简搭盖成本很低的肉鸭舍，要求通风透气。地面平养需要配备运动场。饮水位置应设在运动场外端，以保持舍内干燥。肉鸭舍不用建水池，以减少肉鸭活动，利于育肥。采用网上饲养，网床的结构与网上育雏相似，只是网眼应大些，2 cm×2 cm 左右。

（3）蛋鸭舍。有单列式和双列式两种，双列式鸭舍必须两边都有戏水池或水上运动场。

①蛋鸭舍建筑设计。

a. 鸭舍面积：若带有运动场，按每平方米饲养 3～4 只鸭设计；若不设运动场，在舍内或密闭式饲养，按每平方米饲养 2.5 只鸭设计。每平方米按 3 只计算,需该种鸭舍 26 栋(每舍 12 m×270 m=840 m²),最大存养量 64400 只。为了便于观察鸭群、方便生产操作及管理,一般来说在鸭舍的一端建造值班室和贮藏室。

b. 鸭舍的长度与跨度:跨度在 8 m 的鸭舍,鸭舍的长度 80 m 左右;跨度在 10 m 时,鸭舍的长度 90~100 m;若鸭舍的跨度为 12 m 时,鸭舍的长度 120 m 左右。

c. 种鸭舍的高度:鸭舍的高度取决于鸭舍的跨度,一般跨度在 8~9 m 时,鸭舍的高度 2.2 m;若鸭舍的跨度在 12 m,鸭舍的高度 2.5~2.7 m。

d. 门窗:鸭舍一般可设两个门,通常设在两端山墙上。宽约为 1.2 m,高约为 1.8 m,以方便手推车出入。后侧墙的窗户宽为 0.8~1.0 m,高度为墙高的 30% 左右,每间房设 1 个,窗台距舍内地面不低于 0.6m。前墙外面是运动场及水面。其窗户与后墙相似,但是每个窗户下设 1 个地窗供鸭群出入鸭舍,其宽度约为 0.6 m,高度约为 0.6 m(不低于鸭行走时的头顶高度)。地窗数量也可以依据鸭群大小而定,群量大时每间可设置多个地窗。地窗应该安装挡门,门向外开。

e. 舍内地面:要求进行硬化处理以便于清理和冲洗消毒,舍内两侧地面稍高、中间略低,并应在舍中间设置一条排水沟,宽度约为 20 cm,上面用铁丝网覆盖,饲养过程中水盆放在上面。如果在鸭舍一侧设置水槽,水槽可以靠墙而设,在水槽外侧约为 20 cm 处设置排水沟并加盖网。

f. 种鸭舍的间距:种鸭舍的间距,主要从我国土地资源、防疫和防火要求,一般为 3~4 m 比较合理。

g. 鸭舍运动场:就是种鸭舍的间距,种鸭舍跨度的 1.5 倍以上最好,如果运动场的面积过小,不利于种鸭运动,地面污染也比较严重。15°坡的运动场地面最好制成水泥地面,有利于粪便的清理和地面消毒,但要求地面的表面一定平滑,防止使用时间不长,表面露出锋利的石子,使鸭易患蹼囊肿。

h. 洗浴池：一般设计为方形或长方形,洗浴池的深度 30 cm,水面深度不低于 20 cm,水面深度过浅,不利于种鸭在水内交配。在设计洗浴池时,注意排水管道要低于洗浴池底面,有利于排水即可。

i. 饮水槽：舍内一般使用普拉松饮水器,而在运动场上设计的饮水槽,其水槽的位置有的在运动场的前面横向设计,有的与隔墙平行,水槽的长度为 2～3 m,高度 15cm 左右,水槽的宽度为 20 cm。

j. 饮水岛：饮水岛宽度一般为 50 cm,为防止鸭嬉水时弄湿垫料,要设计一定的隔护,饮水岛地面用竹排铺垫并设计有排水沟,为清洁卫生,定期清理饮水岛内的粪便。

②蛋鸭舍的建设。鸭舍保温性能要求较高,屋顶要有天花板或加隔热装置,北墙不能漏风,屋檐高 2.6～3.0 m,窗与地面面积比例为 1：(8～10),南窗的面积可比北窗大 1 倍,南窗离地高 60～70 cm,北窗离地高为 1.0～1.2 m,并设有气窗。为使夏季通风良好,北边可开设地脚窗,不用玻璃,寒冷季节可以用油布或塑料布封住,以防漏风、雨。鸭舍内四周修建产蛋槽,宽度为 25～30 cm,产蛋槽内部添加木屑、米糠等作为垫料,或者用产蛋箱,产蛋箱宽为 30 cm,长为 40 cm,用木板订成,无底,底部填加厚垫料,供产蛋用。产蛋箱前面较低,高度为 5～10 cm,其他三面高度为 35 cm,每个产蛋箱可供 3～4 只鸭产蛋。种鸭舍要修建运动场、水上运动场或戏水池,戏水池宽为 2.5～3 m,深度为 0.5～0.8 m,池底要向排水口倾斜,便于污水清理(图 12 至图 15)。

种鸭舍除设置排水沟外(要求与雏鸭舍相同),还要有供种鸭晚间产蛋的处所。单列式种鸭舍,走道在北边,排水沟紧靠走道旁,上盖铁丝网或木条,饮水器放在铁丝网上,南边靠墙的一侧,地势略高,可放置产蛋箱,箱底垫木屑或切短的干净垫草,每只箱子可供 4 只肉用型种鸭使用。我国东南沿海各省饲养蛋鸭,都不用产蛋箱,直接在鸭舍内靠墙壁的一侧,把干草垫高垫宽(40～50 cm),可供种鸭夜间产蛋之用,这种垫草必须保持干净,而且要高于舍内的地面。

双列式种鸭舍,走道在中间,排水沟分别紧靠走道的两侧,在排水沟对面靠墙的一侧,地势稍高,放置产蛋箱或厚垫干草,供种鸭夜间产蛋之用。

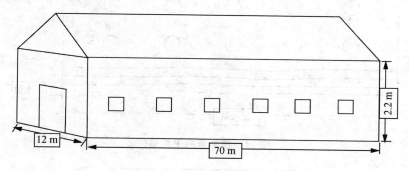

图 12　封闭式种鸭舍

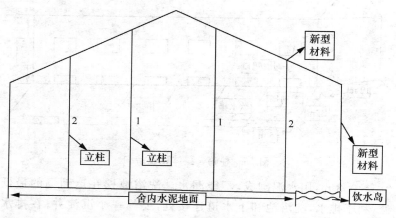

图 13　种鸭舍结构

种鸭舍必须具有配套的水围供种鸭交配、洗澡之用,如果不具备水面条件,特别是双列式种鸭舍,常常一边是河道或湖泊,另一边是旱地,在这种条件下,需要挖一条人工的洗浴池,洗浴池的大小和深度根据鸭群数量而定。一般洗浴池宽 2.5～3.0 m,深

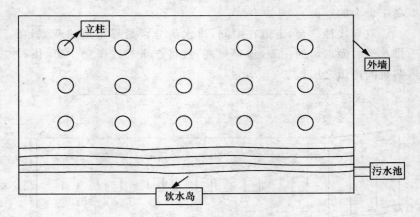

图 14　种鸭舍内平面结构

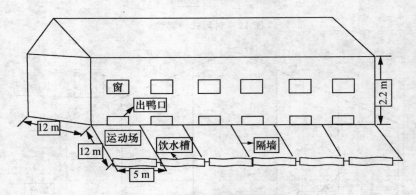

图 15　种鸭舍整体建设结构

0.5～0.8 m，用水泥砌成，不能漏水。洗浴池挖在运动场的最低处，利于排水，洗浴池和下水道连接处，要修一个沉淀井；在排水时，可将泥沙、粪便等沉淀下来，免得堵塞排水道。种鸭的运动场，如尚未种植遮阴的树木，应搭建凉棚，凉棚的面积与鸭舍面积相似，把在舍外饲喂的料槽放在凉棚下，以防饲料雨天被淋。

27.养鸭的饲养密度和建筑面积如何进行匹配估算？

不同日龄或生长阶段，饲养密度也不同，当然与饲养品种、季节也有关，所以要在建筑鸭舍时留有余地，周密计划。一般原则是，单位面积内，冬季可以多养些，夏季少养些，舍外运动场大的鸭舍大些，运动场小的鸭舍小些（表1）。

表1　肉用型鸭不同周龄时的饲养密度（只/m² 舍内面积）

周龄	地面平养	网上平养
1	20～25	25～30
2	10～15	15～20
3	7～10	10～15
4	—	4～8
5～7	—	4～5
育成期	3～3.5	—
产蛋期	3～3.5	—

28.鸭舍的运动场如何设计？

运动场是鸭群活动的场所，应该安排在鸭舍靠水面的一侧，以方便鸭群下水活动及从水中出来后晾晒羽毛，从卫生和管理角度看每个鸭舍都应有各自的运动场。

运动场的面积一般为鸭舍内面积的 1.5～2.5 倍，场地的地面要平整，可以在朝向水面的方向稍有斜坡便于雨后及时排除积水。修整时要注意清除尖锐的物体以防止刺伤鸭的脚蹼。

鸭滩连接水面之处，做成一个倾斜的小坡，此处不能为了省钱而草率修建，因为这里是鸭群入水和上岸的必经之地，使用率高，而且还会受到水浪的冲击，容易坍塌凹陷，必须修得很平整坚固，并且深入水中。

运动场的两侧应砌 0.8～1 m 高的隔墙用于防止鸭群外逃和阻挡外来人员及其他动物接近鸭群。靠近侧墙处可以搭设几个凉棚,一方面可以供鸭群遮阳避雨,另一方面也可以在舍外喂饲。从夏季遮阳避暑考虑,在运动场内及其周围应该栽植一些阔叶乔木。运动场的两侧可以砌设一两个砖池,里面放置一些干净的沙粒,让鸭自由采食以帮助消化。

29. 鸭场对水面的基本要求是怎样的?

(1)水面大小:种鸭场在进行场址选择时,水面越大越好,从长远来看有利于扩大饲养规模。对于一般商品鸭场,可因地制宜。合理利用各种不同大小的水面,提高养殖效益。通常来说,流动的水面和深水面单位面积的载鸭量大于死水和浅水面。水库放养需要有小船用于收拢鸭群,因为水库离岸较远的地方野生饲料资源缺乏,鸭长时间在水中活动既消耗体能又不能充分觅食。湖泊放养要设置水围,限制鸭群在一定区域活动。一般来说,每 1 000 只蛋鸭所需的水面、池塘应有 2 亩以上、水库应有 15 亩左右、河渠应有 1 亩以上。种鸭需要更大的水面,是商品蛋鸭的 1.5 倍。肉仔鸭和番鸭可以旱养,但必须满足清洁饮用水全天供应。

(2)水深:水深与水的自净和清洁度有关,水越深,越能保持清洁。但太深的水库、湖泊不利于鸭在水中觅食。一般 1 m 左右的水深对鸭最为适宜,有利于采食和完成交配,对于河流来说,由于流动性大,水质好,30 cm 以上就可放养,但种鸭必须在深水区域完成交配。

(3)鸭坡:鸭坡是连接陆上运动场和水上运动场的通道。鸭通过鸭坡完成下水前的准备工作和上岸后的梳理工作。鸭坡一般用砖块或水泥铺设,要防滑,便于行走。鸭坡要有合适的坡度,坡度太大,鸭很难上岸,坡度太小,加大鸭坡长度,而且不利于从身上抖落水流入水面。鸭坡的坡度根据场地大小,一般角度为 20°～30°,鸭坡要延伸到水下运动场的水面下 10 cm 即可。

30. 哪些自然水面可以用于养鸭生产？

合适的水面是养好鸭，特别是种用鸭的重要条件。生产上利用的水面有以下几种：

（1）池塘。以较大面积的池塘为宜，这样由于水体大，消纳能力强，水质不容易腐败，对保持鸭群的健康有益。利用鱼塘进行鱼鸭（鹅）混养，如果处理得当可以通过鸭（鹅）粪肥塘。为鱼提供充足的食物，减少鱼的饲养成本。但是，如果塘小鸭多且在水中活动时间长则容易造成水质过肥，溶氧减少。甚至塘水变质而导致鱼的死亡。

（2）河流。流动的水体不容易出现腐败变质问题。有利于保持鸭的健康。但是，利用河流时必须考虑要让鸭在水流缓慢的区段游水、觅食，这些区段水生动物和水草较多，可以充足采食，而且体力消耗较少。利用河流时还必须考虑雨季洪水的危害问题，以免造成损失。

（3）湖泊及水库。在这种大水面放养鸭，需要配备小船以便于收拢鸭（鹅）群，并尽可能让鸭（鹅）群在靠近岸边处活动。如果有条件可以在岸边附近的浅水中设置围网，围定鸭的活动区域。

31. 发酵床养鸭的鸭棚如何建设？

（1）鸭棚根据自己养殖需求来建设，南北走向，宽 6～8 m、长 20 m 至不限。

（2）建设鸭棚考虑通风。调节室内温度和湿度，能够正常保证温度 15～20℃。

（3）地上式的更为简单一些，也适用于旧鸭舍的改造，只需要在旧鸭舍内的四周，用相应的材料（如砖块、土坯、土埂、木板或其他当地可利用的材料）做 30～40 cm 高的挡土墙即可（其实是遮挡垫料），地面要求是泥地（使用水泥地面改造要在每平方米面积钻 6～10 个直径为 4 cm 的孔），垫料 30～40 cm 的垫料，加入菌种即可。

(4)也可以采用半地下式的,即把鸭棚中间的泥地挖一点,如挖 15 cm 深,挖出的泥土,可以直接堆放到大棚四周,作为挡土墙之用,起到了就地取材的作用(图 16)。

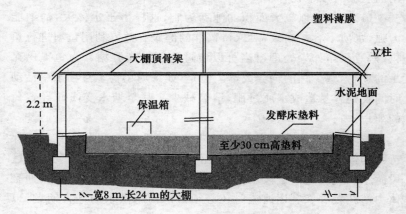

图 16 发酵床鸭棚

建设简单的大棚,以 24 m×8 m 的大棚为例,面积为 192 m²,造价不到 8 000 元,如封底使用简单柱子、水泥瓦为结构的发酵床养鸭棚 200 m² 面积全部成本仅为 1 万元左右,而建设相应的标准砖瓦结构鸭舍,需要 3 万元左右。

充分利用阳光的温度控制:大棚上覆薄膜、遮阳网,配以摇膜装置,棚顶每 5 m 或全部设置天窗式排气装置,天热可将四周裙膜摇起,达到充分通风的目的。冬天温度下降,则可利用摇膜器控制裙膜的高低,来调控舍内温、湿度。冬天可将朝南遮阳网提高,以增加阳光的照射面积,达到增温和消毒的目的。使用寿命可达到 6～8 年。

大棚发酵床养鸭的通风:可以使用传统的风机进行机械通风,或者自然通风。

垂直通风:大棚顶部,必须每隔几米留有通气口或天窗,可以由两块塑料薄膜组成,一块固定,另外一块为活动状态,打开通风口时,拉动活动的塑料薄膜,露出通风口,发酵产气可以直接上升排走,并起到促进空气对流的作用,并可垂直通风。在夏天可以利用这一通风模式。

纵向通风:利用摇膜器,掀开前后的裙膜可横向通风;把鸭棚两端的门敞开,可实施纵向通风。自然通风不需要通风设备,也不耗电,是资源节约型的。

发酵床鸭舍内,设定相应的育雏箱,育雏箱由三个不同温度而连接在一起的整体箱组成,即休息室、采食槽、饮水槽。由休息室至饮水槽的距离不可低于 60~80 cm,随着雏鸭的逐渐长大,迫使雏鸭每天至少行走 50~60 次。其实在发酵床养鸭舍中,雏鸭会更愿意、更早地离开保温箱,到发酵床中活动和戏耍,啄食垫料,刨地等,从而促进鸭只健康和锻炼消化道能力。

32. 圈养鸭舍的发酵床结构是怎样的?

鸭舍发酵床分地上和地下两种方式,地下式发酵床应该下挖40 cm 左右,铺上垫料后与地面平齐,地上的则需要在周围砌矮墙。发酵床用土地面即可,既省钱又能通气,圈舍一般应尽量做成封闭式。鸭舍的结构总体上讲可以根据自身特点采取多种多样的结构,但也要注意几个要点:一是顶部要有隔热层,避免冬季温度过低夏季温度过高,同时也能更好地维护发酵床的运行。二是鸭舍要有良好的通风,良好的通风是发酵床正常运行的保证,否则就会造成局部发酵不正常或者厌氧发酵。三是要将鸭的饮水设施放到一侧并在下面加上"余水引流槽",避免过多的水分进入床面影响发酵床的运行。

33. 哪些原料可以作为圈养养鸭发酵床的垫料?

鸭舍发酵床垫料以锯末为最佳,因为锯末的吸附性、透气保水性都是最好的,而且是碳氮比最高的物质,用于发酵床使用周期则最长。若当地不好找锯末或者锯末价格比较高，也可以采用稻壳、木屑、花生壳、玉米芯、秸秆、米糠、稻草、树叶等碳氮比较高的物质代替。

由于鸭的体积及排泄量与猪相比都要小很多，所以在垫料厚度和饲养密度上要有所区分，鸭舍发酵床的厚度以 40 cm 为最佳，饲养密度也可以保持在 7～10 只/m²。

34. 圈养养鸭发酵床垫料的制作步骤是怎样的？

(1)选择发酵剂。一般发酵剂主要成分为乳酸菌、酵母菌、枯草芽孢杆菌、粪链球菌等，有效活菌含量大于 100 亿/g。

(2)生物床垫料准备。垫料成分一般为：稻壳(或玉米秸秆、花生壳和树叶)40%～50%，锯末 40%～50%，新鲜畜禽粪便 10%，米糠 1%。

(3)添加发酵剂。每立方米垫料加 0.1～0.2 kg 的发酵剂，添加前用 5 kg 水搅匀发酵剂，如有条件可添加适量红糖，效果更好。

(4)制备生物床。将垫料和发酵剂按比例混合均匀，调节物料水分为 35%～40%(以用手握物料成团不滴水，置于地面能散开为宜)，再将物料堆积，铺上草苫或麻布袋，2～3 d 后，在物料快速升温时翻堆，以使物料发酵完全，在 4～5 d 后，即可将物料在鸭舍内铺开使用，要求厚度不低于 40 cm。一般 7～10 d 翻动一次，一批主料制备后，中途需视垫料质地，根据相应配比添加部分配料和发酵剂，可连续使用 3 年。

(5)确定垫料厚度。垫料厚度不宜太厚，一般冬季 40 cm，夏季 30 cm。

(6)计算材料用量根据不同夏冬季节、鸭舍面积大小，以及与所需的垫料厚度计算出所需要的谷壳、锯末、秸秆的使用数量。

(7)物料堆积发酵(以 10 m³)。

垫料：谷壳、锯末、秸秆粉搅拌均匀，准备 5 cm 的细致干净的锯末备用。

一级发酵:先将 50 kg 米糠或麸皮加入 1 kg 固体菌种均匀搅拌。

二级发酵:用 51 kg 一级发酵料加 1 m³ 垫料充分搅拌。

三级发酵:用 1 m³ 二级发酵料和其余的谷壳和锯末充分混合搅拌均匀,在搅拌过程中用一要洒一定的水,使垫料水分保持在 25%～35%,(其中水分多少是关键,一般 30% 比较合适,现场实践是用手抓垫料来判断,鉴别方法:手抓可成团,松手即散,指缝无水渗出),再均匀压实铺在圈舍内,用编织袋草苫子覆盖,夏天 5～7 d,冬天 10～15 d 即可(有发酵的香味和蒸汽散出)。发酵好的垫料摊开铺平,再用 3～5 cm 的稻草覆盖上面整平,然后等待 24 h 后方可进鸭。

如鸭在圈中跑动时,表层垫料太干,出现扬尘,说明垫料干燥,水分不够,应根据情况喷洒些水分,便于鸭正常生长。因为整个发酵床中的垫料中存在大量的微生物菌群,通过微生物菌群的分解发酵,为鸭的健康生长提供了一个优良环境。

35. 圈养养鸭的发酵床如何进行日常维护?

进鸭 1 周内为观察期,防止垫料表面扬尘。此周内一般不用特殊管理,主要观察鸭排粪拉尿区分布情况,鸭活动情况,发现有无异常现象,做好相关记录。

1 周后,一般每周根据垫料湿度和发酵情况调整垫料 1～2 次。若垫料太干,有扬尘出现,应根据垫料干湿情况喷洒些水,可以提高土壤微生物的活力,加快对排泄物的降解、消化速度;用叉子把特别集中的鸭粪分散开来;在特别湿的地方按垫料制作比例加入适量锯末、谷壳等新垫料原料;用叉子或便携式犁耕机把比较结实的垫料翻松,把表面凹凸不平之处弄平。

从进鸭之日起每 30 d,大动作地翻垫料一次。在鸭舍内用叉子或耙子等工具,在粪便较为集中的地方,把粪尿分散开来,并从底部反复翻弄均匀;水分很多的地方添加一些锯木粉末、谷壳等垫料原料;看垫料的水分决定是否全面翻动。如果水分偏多,氨臭较浓,应全面上下翻弄一遍。看情况可以适当补充些有营养的垫料原料和发酵菌种。

夏季垫料的维护与其他季节不同,首先夏季垫料深度可适当调低一些,但最基本的高度在 25 cm 以上是必要的,一般 30 cm 深的垫料比较合适,在保证发酵的同时还能避免发酵产热太多。其次,夏季垫料一般不进行翻扒工作,不用将粪便均匀散开,让鸭只排粪尿自然形成一个排粪尿区。由于夏季气温相对高,其本身及附近区域发酵效率相当高。如有粪便堆积,可顺势向后堆积,其他区域由于发酵营养源的缺乏,其发酵效率得到抑制而使垫料表面凉爽。再次,当用常规降温措施均不太理想时,如当天最低气温高于 25℃时可考虑向垫料滴水降温。由于滴水使滴水区域垫料水分过大而达到抑制该区域及周边区域发酵菌的发酵,同时受高温气候影响该区域形成较大的水分蒸发区,由于水分蒸发而带走周边热量而达到降温效果。

36. 养鸭的喂料设备有哪些?

鸭喂料设备主要有开食盘、料槽、料桶和料盆。

(1)塑料布和开食盘。喂鸭的工具式样很多,最简单的如塑料布,用于饲喂雏鸭,也可以用竹席、草席代替,1 000 只鸭需备用 6~7 张席子。较大的青年鸭和种鸭可用无毒的塑料盆作为食盆。1 000 只成年鸭需要 15~20 只食盆。一般料桶高 40 cm,直径 30 cm,料盘底部直径 40 cm,边高 3 cm。每 50 只鸭需 1 个喂料器。塑料布和开食盘用于雏鸭开食,塑料布反光性弱,易于雏鸭发现饲料。开食盘为浅的塑料盘(图 17)。

(2)料槽。料槽由木板或塑料制成。其长度可以根据需要确定,常用的有 1 m、1.5 m 和 2 m 的,也可以将几个料槽连接起来以增加其长度。农户使用的多是用木板钉制成的。不同种类、不同日龄由于体型大小有所差异,料槽的深度和宽度应有区别,料槽

图 17　开食盘

太浅容易造成饲料浪费,太深影响采食。育雏期料槽的深度一般为 5 cm 左右,青年鸭和成年鸭料槽深度分别约为 8 cm 和 12 cm。各种类型料槽底部宽度为 12～20 cm,上口宽度比底部宽 10～15 cm。

(3)料桶。料桶主要用于育雏鸭的饲养(图 18)。

图 18　料桶

(4)料盆。料盆口宽大,适合鸭采食,是使用较普遍的喂料设备。一般都使用塑料盆,价格低,便于冲洗消毒。育雏期料盆直径30～35 cm,高度 8～10 cm,四周加竹围,防止雏鸭进入料盆。40日龄以后可不用竹围,盆直径 40～45 cm,盆高度 10～12 cm,盆底可适当垫高 15～20 cm,防止饲料浪费。成年鸭料盆直径 55～60 cm,盆高 15～20 cm,离地高度 25～30 cm。

（5）喂料箱。料箱一般用用木板或水泥做成（图19），长度为1.5～2.0 m，像一间小屋，上有盖，下有槽，四周有壁，用木板制成可以活动，清洗方便好用，用水泥做成的可以充分利用屋檐和矮墙，在屋檐下修建，操作也较为方便。在喂料箱下可以用塑料布（或竹匾），可节约5%～10%的饲料。

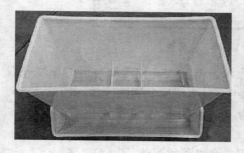

图19　喂料箱

（6）料车。料车用于在饲料库和鸭舍之间运送饲料，也可以在鸭舍内用于向料箱或料桶内添加饲料时的运送。用铁皮焊接制成，下面有轮子，前面有扶手（图20）。

图20　料车

37.养鸭的饮水设备有哪些？

鸭常用饮水设备有水槽、水盆、真空饮水器和吊塔式饮水器。

（1）水槽。水槽在鸭成年期和育肥期常用，多是用砖和水泥砌成的，设在鸭舍内的一侧，其底部宽度为 20 cm 左右，深度约为 15 cm，水槽底部纵轴有 2°的坡度，便于水从一端流向另一端。为了防止鸭进入水槽，可以在水槽的侧壁安设金属或竹制栏栅，高度为 50 cm，栅距约为 6 cm。目前，一些肉鸭养殖场制作饮水槽的时候，使用直径 150 mm 的 PVC 塑料管，每间隔 1.5 m 将塑料管的上 1/3 部分切除，下 2/3 部分做水槽。每隔 1.5 m 留 10 cm 宽的部分保持完整以维持水槽不变形（图 21）。

（2）水盆。为了防止鸭跳入水盆，可以在盆外罩一个上小下大的圆形栏栅。

（3）真空饮水器。真空饮水器为塑料制品，规格有多种，使用方便、卫生，可以防止饮水器洒水将饲料弄湿（图 22）。

图 21　自动饮水槽

图 22　真空饮水器

以 3 000 只鸭为例的肉鸭标准鸭舍饲养设备使用标准见表 2。

表 2　肉鸭标准鸭舍饲养设备使用标准

日龄	真空饮水器/个	开食盘/个	料桶/个	料槽/m	饮水器/个	水槽/m
0～3	38	38	2	0	0	0
4～7	25	25	50	30	20	30
8～12	12	0	100	72	26	72

续表2

日龄	真空饮水器/个	开食盘/个	料桶/个	料槽/m	饮水器/个	水槽/m
13～16	0	0	150	80	30	90
17～21	0	0	200	110	36	110
22～28	0	0	200	120	50	120
29～36	0	0	200	120	60	120
36 至出栏	0	0	200	120	60	120

38. 养鸭的供热加温设备有哪些?

(1)火炕(火墙、烟道)加温。火炕加温是养禽常用的加温方法之一,把火炕直接建在育雏舍内,炉灶的火口设在育雏室北墙的墙外,一个火炕设一个烧火口。火炕的大小一般是 $6\sim8$ m^2 (4.5 m×1.5 m),可饲养雏鸭 $200\sim250$ 只。根据育雏舍大小可以修建 $1\sim2$ 个火炕,烟囱要高于屋顶,使出烟畅通,火炕一般用干燥的土坯砌成,利于吸热和保温。火炕在靠近烧火口的一端设置保温架,保温架高 $40\sim50$ cm,用竹竿或木条做成支架,上盖麻袋或帆布,棚下温度较高,可供雏鸭休息,待雏鸭稍大,根据需要,可以让雏鸭自由进出。进雏前,提早 1 d 烧炕,使室内预热,达到需要的温度。

烟道育雏与火炕育雏原理基本相同,具体砌法:加热的地炉砌在外间,地炉走烟的火口直接和室内烟道相连,地上烟道靠近墙壁 10 cm,距地面高 $30\sim40$ cm,由热源向烟囱方向稍有坡度,使烟道向上倾斜。烟道上下宽为一砖,两侧高为一砖,上面覆盖保温架(保温伞),控制架下温度达到育雏温度即可。以上两种方法加温,热量从地面上升,非常适于雏鸭习性,整个育雏舍内温度较好。地面干燥,室内空气质量好,育雏效果较好。缺点是浪费空间,房舍利用率不高。

(2)育雏伞。根据供热能源不同又分为电热育雏伞、燃气育雏伞和火炉育雏伞,各鸭场可根据自身条件,合理选用(图23)。

图23　电热育雏伞

①电热育雏伞:伞面用铁皮或纤维板制成,内侧顶端安装电热丝。连通一胀缩柄装量以控制温度,伞四周可用20 cm高护板或围栏圈起,随日龄增加扩大面积。每个电热育雏伞可育雏鸭200只。可放置于地面或悬挂。

②燃气育雏伞:形状同电热育雏伞,伞体用铝板滚压制成,内侧设喷气嘴,燃料为天然气、液化石油气、沼气等。燃气育雏伞悬挂高度为0.8～1.0 m。

③火炉育雏伞:可以自行设计,由伞体、火炉、烟道等组成。伞体由铁皮制作而成,火炉内壁涂一层5～10 cm厚黄泥,防止过热。距火炉15 cm要设置铁丝网,防止雏鸭靠近炉体,火炉下要垫一层砖,防止引燃垫草。

(3)热风炉。热风炉的炉体安装在舍外,由管道将热气输送入舍内,主要燃料为煤。热风炉使用效果好,但安装成本高。热风炉由专门厂家生产,不可自行设计,防止煤气中毒。

(4)红外线灯。灯泡规格为250 W,有发光和不发光两种,悬挂高度离地面40～60 cm,随所需温度进行升降调节。用红外线灯育雏,温度稳定,垫料干燥,效果好,但耗电多,灯泡寿命不长,增加饲养成本(图24)。

图 24　红外线灯

39. 养鸭的通风设施有哪些？

通风的主要目的是用舍外的清新空气更换舍内的污浊空气，降低舍内空气湿度、夏季可以缓解热应激。通风方式可分为自然通风和机械通风。自然通风是靠空气的温度差、风压通过鸭舍的进风口和排风口进行空气交换的。机械通风由进风门和排风扇组成，也有使用吊扇的。排风扇的类型很多，目前在鸭舍的建造上使用的主要是低压大流量轴流风机，国内外不少企业都可以生产。

低压轴流风机所吸入的和送出的空气流向与风机叶片轴的方向平行。其优点主要有：动压较小、静压适中、噪声较低，流量大、耗能少、风机之间气流分布均匀。在大、中型鸭舍的建造中多数都使用了这种风机。

吊扇的主要用途是促进鸭舍内空气的流动，鸭舍在夏季可以考虑安装使用。

40. 养鸭的照明设备有哪些？

养鸭生产中照明的目的在不同的生长阶段是不一样的，雏鸭阶段是为了方便采食、饮水、活动和休息，青年期主要是控制性成熟期，成年阶段则主要是刺激生殖激素的合成和分泌，提高繁殖性能。在自然光照的基础上，有的时期需要延长照明时间，有的时期需要限制照明时间。

（1）人工照明设备。

①灯泡：生产上使用的主要是白炽灯泡，个别有使用日光灯的。日光灯的发光效率比白炽灯高，40 W 的日光灯所发出的光相当于 80 W 的白炽灯。但是，日光灯的价格较高，低温时启动受影响。

②光照自动控制仪：也称 24 h 可编程序控制器，根据需要可以人为设定灯泡的开启和关闭时间，免去了人工开关灯所带来的时间误差及人员劳动量大的问题。如果配备光敏元件，在鸭舍需要光照的期间还可以在自然光照强度足够的情况下自动关灯，节约电力。

（2）自然光照控制。生产中有的时候自然光照时间长（如10～15 周龄的青年鸭处于夏季时）或强度大，需要调整。一般的控制方法是在鸭舍的窗户上挂上深色窗帘。

41. 养鸭的消毒设备与免疫接种用具有哪些？

（1）喷雾器。喷雾器有多种类型，一般有农用喷雾器或鸭舍专用消毒喷雾器等，主要用于鸭舍内外环境的喷洒消毒。此外，在大型鸭场生产区入口处的人员或车辆消毒室内多位点安装雾化喷头，当人员和车辆出入时可以对其表面进行较为全面的消毒。

（2）高压喷枪。高压喷枪由高压泵、药槽、水管等组成，可以用于地面、车辆的冲洗。

（3）免疫接种用品。在养鸭生产中，使用的主要是连续注射器和普通注射器，用于皮下或肌内注射接种疫苗。

（4）卫生用品。卫生用品主要有清理粪便、垫草及打扫卫生用的铁锹、扫帚、推车；清洗料盆、水盆、水槽用的刷子等。

42. 养鸭的饲养管理用具有哪些？

饲养管理用具包括蛋筐、蛋箱、蛋托，饲养雏鸭用的浅水盘、竹篮（筐）；运动场及水面分区用的围网，捕捉使用的竹围、鸭群周转及运输用的周转笼等。

围栏是鸭大群饲养必需的设备,用来控制鸭的活动范围,便于分栏,小群饲养,提高生长的一致性。育雏阶段围栏可以用纤维板,有利于保温。青年期、成年期围栏一般用竹篱、铁丝网做成,有利于透气通风。另外在水库、湖泊中放养的鸭,要设置水围,限制其在水面上的活动范围。水网用尼龙网做成,要深入水面 1 m 以下,水面以上高度为 0.6～1 m。

43. 鸭舍内温度如何进行调控?

(1)温度对鸭的影响。鸭羽绒发达,一般能够抵抗寒冷,缺乏汗腺,对炎热的环境适应性较差。当温度超过 30℃时,饮水增加,采食量减少,常常出现排稀粪或导致病理性拉稀,使雏鸭增重减慢,成年鸭产蛋数和蛋重下降,而且鸭蛋的蛋壳质量也下降,破蛋率提高,蛋白稀薄,脏蛋增加。炎热气候条件下,种蛋的受精率和孵化率也要下降。一般来说,成年产蛋鸭适宜的温度为 5～27℃,而最适宜温度为 13～20℃,使产蛋率、种蛋受精率、饲料转化率都处于最佳状态。

(2)控温设计。控温设计主要考虑冬季的防寒和夏季的防暑问题。

①防寒设计:北侧和西侧向风的墙壁应该适当加厚,墙内外及屋椽下应该用草泥或砂石灰浆抹匀,防止冬季冷风通过墙缝进入舍内。北侧和两侧墙壁上的门窗数量及大小应小于南墙和东墙,而且要有良好的密闭性能。

屋顶可以使用草秸或在石棉瓦的上面铺草秸,与单一的石棉瓦屋顶相比,草秸屋顶的保温和隔热效果更好。屋顶表面还可以用草泥糊一层,既可以加固屋顶以防止风将草秸吹掉,又可以提高保温和防火效果。

②防暑设计:屋顶设计对夏季舍内温度的影响最大,其要求可以参照屋顶的防寒设计和房屋的朝向。

44. 鸭舍内湿度如何进行调控?

(1)湿度对鸭的影响。尽管鸭是水禽,但是舍内潮湿对于任何生理阶段、任何季节鸭群的健康和生产来说都是不利的。鸭在饮水时,很容易将水洒到地面。在鸭舍设计时应该充分考虑排水防潮问题。在寒冷的冬春季节,舍内潮湿的垫料会影响正常的生产,种鸭会造成种蛋污染。炎热的夏季,潮湿的空气会造成饲料霉变,甚至羽毛上也会生长霉菌,造成霉菌病的暴发,夏季垫料潮湿也会霉变。

(2)防潮设计。防潮设计可以从以下几个方面考虑:鸭舍要建在地势较高的地方,因为低洼的地方受地下水和地表水的影响经常是潮湿的;舍内地面要比舍外高出 30 cm 以上,有利于舍内水的排出和避免周围雨水向舍内浸渗;屋顶不能漏雨;舍内要设置排水沟,以方便饮水设备内洒出水的排出;如果用水槽供水则水槽边缘的高度要适宜,从一端到另一端有合适的坡度,末端直接通到舍外。

45. 鸭舍内通风如何进行设计调控?

(1)通风对鸭的影响。通风对于水禽饲养意义重大。合理的通风可以有效调节舍内的温度和湿度,在夏季尤为重要。通风在保证氧气供应的同时,清除了舍内氨气、硫化氢、二氧化碳等有害气体,而且使病原微生物的数量大大减少。

(2)通风设计。一年四季对舍内的通风要求(通风量、气流速度)有很大区别,在鸭舍的通风设计上应充分考虑到这一点。通风包括自然通风和机械通风两种方式。自然通风依靠舍内外气压的不同,通过门窗的启闭来实现。机械通风则是鸭舍通风设计的主要方面。机械通风有正压通风和负压通风两种形式,按气流方向还可以分为纵向通风和横向通风。不同的通风方式各有特点,分别适用于不同类型的鸭舍以及不同的季节。现将有关机械通风的方式介绍如下。

①负压纵向通风设计：这种通风方式是将鸭舍的进风口设置在一端（禽场净道一侧）山墙上，将风机（排风口）设置在另一端（污道一侧）的山墙上。当风机开启后将舍内空气排出而使舍内形成负压，舍外的清新空气通过进风口进入舍内。空气在舍内流动的方向与鸭舍的纵轴相平行。这种通风方式是大型成年鸭舍中应用效果最理想、最普遍的方式，它产生的气流速度比较快，对夏季热应激的缓解效果明显。同时，污浊的空气集中排向鸭舍的一端，也有利于集中进行消毒处理，还保证了进入鸭舍的空气质量。这种通风方式在鸭舍长度 60～80 m、宽度不大于 12 m、前后墙壁密封效果好的情况下应用比较理想。

风机的选配以夏季最大通风量为前提，将大小风机结合应用以适应不同季节的通风需要。以宽 10 m、长 70 m、一端山墙面积 30 m² 的成年鸭舍为例，此鸭舍可以饲养成年蛋鸭 4 000 只，按夏季每只鸭每小时通风量 12 m³ 计算，每小时总通风量应该达到 4.8 万 m³，如果考虑通风效率为 80%，则总通风量应该达到 6 万 m³。

另外一种设计方法是以舍内气流速度为依据的，要求夏季舍内气流速度可以达到 1～1.2 m/s。舍内的过流面积为 30 m²，设计气流速度为 1.2 m/s，则总的通风量应达到 36 m³/s。

进风口设计时要尽可能安排在前端山墙及靠近山墙的两侧墙上，进风口的外面用铁丝网罩上以防止鼠雀进入。进风口的底都距舍内地面不少于 20 cm，总面积应是排风口总面积的 1.5～2 倍。

风机的安装应将大小型号相间而设，可以多层安设，安装的位置应该考虑山墙的牢固性。下部风机的底部与舍外地面的高度不少于 40 cm，为了防止雨水对风机的影响，可以在风机的上部外墙上安装雨搭；风机的内侧应该有金属栅网以保证安全，风机外面距墙壁不应该少于 3 m 以免影响通风效率。每个风机应单独设置闸刀，便于控制。

②负压横向通风设计：即将进风口设置在鸭舍的一侧墙壁上，

将风机(排风口)设置在另一侧墙壁上,通风时舍内气流方向与鸭舍横轴相平行,这种通风方式气流平缓,主要用于育雏舍。

进风口一般设置在一侧墙壁的中上部,可以用窗户代替,风机设置在另一侧墙壁的中下部,其底壁距舍内地面约 40 cm,内侧用金属栅网罩死。所用的风机都是小直径的排风扇。

③正压通风:即用风机向鸭舍内吹风,使舍内空气压力增高而从门窗及墙缝中透出。使用热风炉就是这种通风方式的典型代表,夏季用风机向鸭舍内吹风也是同一原理。

46.鸭舍内光照如何进行调控?

(1)光照对鸭的影响。光照与鸭的采食、活动、生长、繁殖息息相关,尤其是对鸭性成熟的控制上,光照和营养同样重要。雏禽为了满足采食以达到快速生长的需要,要求光照时间较长,除了自然光照以外,还需要人工补充光照。育成期鸭一般只利用自然光照,防止过早性成熟。产蛋期每天 16~17 h 的长光照制度,有利于刺激性腺的发育、卵泡的成熟、排卵,提高产蛋率。

(2)采光设计。鸭舍内的采光包括自然照光和人工照明。自然照明是让太阳的直射光和散射光通过窗户、门及其他孔洞进入舍内,人工照明则是用灯泡向舍内提供光亮。一般鸭舍设计主要考虑人工照明,根据鸭舍的宽度在内部安设 2~3 列灯泡,灯泡距地面高约 1.7 m,平均 1 m^2 地面有 3~5 W 功率的灯泡即可满足照明需要。另外,在鸭舍中间或一侧单独安装 1 个 25 W 的灯泡,在夜间其他灯泡关闭后用于微光照明。

47.鸭舍内噪声如何进行控制?

鸭长期生活在噪声环境下,会出现厌食、消瘦、生长不良、繁殖性能下降等不良反应。突然的异常响动会出现惊群、产蛋率突然下降。超强度的噪声(如飞机低飞)会造成鸭突然死亡,尤其是高产鸭。

鸭场内噪声的来源有：工作人员的喊叫，汽车鸣笛，机械运行发出的声响，刮风时门的晃动，舍内工具被碰倒、雷鸣和鞭炮等发出的声响等。对鸭危害最严重的是突发的、异常的声响，它是生产中造成鸭群精神紧张或惊群的主要因素。有报道认为，对鸭群播放音乐可使鸭表现安静，并有利于生产性能的提高。

合理选择场址是降低噪声污染最有效的措施，鸭场要远离飞机场、铁路、大的工厂。另外，饲养管理过程中尽量减少人为的异常响动。

48.鸭舍内有害气体、粉尘如何控制？

（1）鸭舍内有害气体控制。鸭舍内有害气体含量应控制在允许含量之内。实际生产中鸭舍的氨气浓度不允许超过 2×10^{-5}，硫化氢不超过 1×10^{-5}，二氧化碳不超过 0.15％。除合理进行鸭舍通风外，还应采取以下措施：

①及时清除粪便。粪便中有机物分解是氨和硫化氢的产生之源，减少粪便在舍内的积存，可以显著降低舍内有害气体浓度。

②定期更换垫料。在采用地面垫料平养的鸭舍中，垫料中混有粪便、饲料、微生物，在温度和湿度适宜的条件下，也会发酵产生有害气体。

③保持舍内相对干燥。当粪便、垫料含水量低的时候，其中有害气体的产生也明显减少。舍内潮湿会在房舍内壁及物体表面吸附大量的氨气和硫化氢，当舍温上升或舍内变干燥时，就会挥发到舍内空气中。

④尽量不在舍内生火炉。有时为了使舍温升高需要采取加热措施，在舍内生火炉，这种方式对空气质量会造成不良影响。一方面排烟设施不好时易造成舍内一氧化碳含量升高；另一方面当煤在燃烧时，会较多地消耗氧气而造成空气中氧气含量不足。

⑤饲料中使用特殊的添加剂。保持日粮营养平衡，并添加复合酶制剂，可有效地降低粪便中营养成分的含量。日粮中添加沸

石粉或木炭渣,可降低粪便的含水量和臭味;添加丝兰提取物,也可减少粪便中的氨气产生,一些微生态制剂也有类似效果。

⑥对垫料及粪便的处理。在地面先撒适量的过磷酸钙或磷酸氢钙、磷酸、硼酸等,然后再铺垫料,可使垫草保持酸性,抑制细菌活动,减少氨气产生,并可与氨发生结合反应。在粪便中混入某些微生态制剂也可减少氨的生成。

(2)鸭舍内粉尘的控制。粉尘的控制,除合理调节舍内气流速度外,还可采取以下措施:

①搞好场区绿化。在道路的两侧、鸭舍周围种草、植树,减少裸露地面,减小风速,形成小气候环境。

②清扫地面前适当洒水。

③使用粉状料时,原料粉碎不宜太细,加料速度也不要太快。

④保持适宜的饲养密度。

⑤搞好垫料管理,保持垫料适宜的湿度,及时更换或清除垫料。

49.鸭舍环境卫生如何控制?

控制鸭舍环境卫生的措施主要包括饮水系统卫生、清洁消毒、垫料管理、粪便处理等,只有综合全面执行这些措施,才能发挥其效益。

(1)饮水系统的卫生。水质、水源是养好鸭的关键环节。水质的好坏直接关系到鸭群的健康与否,很多疾病如大肠杆菌病、鸭传染性浆膜炎、禽霍乱等就是通过饮水传播的。饮水主要注意以下几个方面:一是尽量使用自来水或深井水;二是经常检测水质,定期消毒;三是经常检查水池、水源,防止污染。

(2)鸭舍的清洁卫生。鸭舍的卫生要注意,经常对运动场进行清理、消毒,鸭舍至少每周消毒一次,经常换消毒药;用具也要经常进行清理、消毒,可以用2%～3%的氢氧化钠溶液或其他消毒药物先浸泡、洗干净,再喷洒消毒;种鸭完成一个周期,淘汰后,要对鸭舍进行彻底的清理、消毒,空舍 15～30 d 再进鸭群。

(3)垫料的管理。垫料要求干燥,无霉变、无污染,不含硬质杂物;根据具体情况增加垫料;垫料使用前在阳光下曝晒,利用紫外线杀灭其中的病原微生物;随时注意产蛋箱或产蛋槽中垫料的厚度,且垫料质量要好,防止破蛋率的增加。

50.鸭场粪便如何进行无害化处理与利用?

一只鸭平均每天排出鲜粪 100 g,每万只鸭每天产粪达 1 000 kg。一个年存栏 3 万只鸭的鸭场,每年产生粪便 3 000 t,这些源源不断排出的粪便处理成为现代化鸭场必须探讨的问题。传统的粪便处理方案带来诸多问题,例如需要大面积的粪便堆积场;需要大量的垫料;散发臭气,滋生蚊蝇,影响鸭场防疫。

规模化的鸭场粪便处理,首先要对传统的养鸭棚舍设施、饲养模式进行改革,增加饲养密度,创造机械化收集条件,提高经济效益。改革的途径可以设想为:一是将开放式舍外散养改为舍内饲养,将鸭粪集中棚舍内,便于收集,减少冲洗用水,减轻对环境的污染;二是饲养中由容器喂水或长流水改为全方位乳头式饮水,保持棚舍干燥,降低粪便含水量,是鸭粪机械收集的重要前提;三是由传统的地面垫草饲养改为全网饲养。鸭粪处理可采用如下两种方法:

(1)鸭粪沉淀法。在每个戏水池或几个戏水池下游修建三级沉淀过滤池,通过逐级沉淀法使处理过的污水基本清亮,不过沉淀过滤池的大小可根据具体情况而定,要定期清理沉淀池中的粪便,粪便晾干可做肥料、沼气原料等。

(2)小球藻生态治理污水。利用小球藻治理养殖场污水,是一种利用生态环境,经过各个工艺流程的特殊处理后,再经小球藻培养吸收消化,将畜禽排泄物中的营养物转化成小球藻和干净的水,可实现零排放和水循环利用,以降低饲养成本和净化环境作用。

通过治理污染所产生的藻,是一种富含蛋白质的极好饲料原料,其干粉蛋白质含量可达 63%,可替代豆粕或鱼粉,经初加工后也可作为微生物添加剂,以 2%~5%替代饲料,拌料饲喂畜禽,可提高畜禽抗病力,提高增重、产蛋率、受精率和乳化率,效果极佳。鸭粪的利用主要有以下几种:

①用做生产沼气的原料。鸭粪一直被认为是制备沼气的好原料,根据报道,每千克鸭粪可以产生沼气 $0.094 \sim 0.125 \text{ m}^3$。鸭粪经过沼气发酵后,不仅能生产廉价、方便的沼气,而且发酵后残留物是一种优质有机肥料。

②用做水产养殖饲料。在草、鳊、鲤鱼等饲料中搭配一定比例鸭粪,可以降低饲料成本 30%左右,这是鸭粪再利用中最简便有效的出路之一。

③用做肥料。鸭粪中 N、P、K 含量丰富,是见效迅速的优质肥料。

51. 养鸭场污水处理工艺是怎样的?

养鸭场污水主要来自鸭舍的冲洗排水,另外还有部分的职工生活废水。一般建场时养鸭规模较小,污水产生量较少,只建了沉淀池,污水在沉淀池中经消毒处理后就可达到较好的排放水平,但是污泥(主要成分是养鸭粪便)只是在场边堆放,没有得到良好的利用。随着养鸭规模的加大,污水数量增多,需要对污水进行无害化处理工艺。

污水处理工艺流程主要包括预处理工艺、气浮物化工艺、水解酸化工艺、活性污泥好氧生化处理和深度处理工艺(图 25)。

(1)预处理工艺。来自场区的混合废水经格栅去除污水中的大块漂浮物及纤维状物质,保证后段处理污染物的正常运行及有效地减轻处理负荷,为系统的正常提供保证。格栅设置一道栅隙为 3 mm 机械格栅。经格栅处理后污水经加药混合进入调节池,调节池中设预曝气装置,充氧搅拌,调节水量、均匀水质,防止调节池中的污泥淤积。

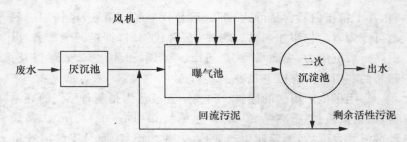

图 25　活性污泥法的基本工艺流程

（2）气浮物化工艺。废水经调节后用泵提升到气浮池，由计量容器连续投加絮凝剂（聚合氯化铝），投加量由进水水质确定，使废水中的胶体发生凝聚，同时采用溶解空气释放法，通过溶气释放器形成微小气泡作为载体，在上升过程中遇到污水中已经凝聚的悬浮物，微气泡附在悬浮物上，使之很快上浮，这样污水中的悬浮物全部浮于水面，然后通过气浮上部的刮沫机把它们刮去排到污泥池中，而池底部通过处理的废水排出到水解酸化池，经过气浮装置处理，可以大大降低 COD_{cr}、BOD_5、SS、油脂。

（3）水解酸化工艺。气浮出水自流到水解池，污水在厌氧的条件下，利用厌氧菌或兼氧菌酸化水解过程，将污水中的大分子、难降解的有机物进一步酸化分解成小分子的有机物，从而使废水的可生化性条件得到进一步的提高，其中，含碳有机物被水解为单糖，蛋白质被水解为肽和氨基酸，脂肪被水解为甘油脂肪酸。

（4）活性污泥好氧生化处理工艺。水解池的污水自流到曝气池，曝气池分预反应区和主反应区两部分。在预反应区内，微生物能通过酶的快速转移机理迅速吸附污水中大部分可溶性有机物，经历一个高负荷的基质快速积累过程，这对进水水质、水量、pH和有毒有害物质起到较好的缓冲作用；随后在主反应区经历一个较低负荷的基质降解过程。曝气池活性污泥好氧生化处理工艺集反应、沉淀、排水于一体，对污染物的降解是一个时间上的推流过程，微生物处于好氧、缺氧、厌氧周期性变化之中，具有较好的脱氮、除磷功能,同时在缺氧、好氧状态下交替操作进行微生物筛选,对丝状菌的生长起到抑制作用,可有效防止污泥膨胀。

(5)深度处理。采用活性炭吸附工艺,曝气池出水自流至消毒池,废水与消毒剂混合后可达标排放。

回用水部分由泵提升至砂过滤池和活性炭过滤池而得到进一步净化,过滤池出水进入回用水池回用。

经深度处理的出水已达到无色透明的程度,其 COD 值达到 70 mg/L 以下,达到国家规定的污水排放要求。

(6)污泥处理。由气浮池和曝气池产生的污泥经泵提至污泥池,经浓缩后由污泥泵提升至带式压滤机,脱水后泥饼外运出售。

三、适度规模经营养鸭品种与选种

52．鸭有哪些习性？

（1）喜水性。鸭善于在水中觅食、嬉戏。鸭的尾脂腺发达，能分泌含有脂肪、卵磷脂、高级醇的油脂，鸭在梳理羽毛时常用喙压迫尾脂腺，挤出油脂，再用喙将其均匀地涂抹在全身的羽毛上，来润泽羽毛，使羽毛不被水浸湿，有效地起到隔水防潮、御寒的作用。但鸭喜水不等于鸭喜欢潮湿的环境，因为潮湿的栖息环境不利于鸭冬季保温和夏季散热，并且容易使鸭腹部的羽毛受潮，加上粪尿污染，导致鸭的羽毛腐烂、脱落，对鸭生产性能的发挥和健康不利。

（2）合群性。鸭的祖先天性喜群居，很少单独行动，不喜斗殴，所以很适于大群放牧饲养和圈养，管理也较容易。鸭性情温驯，胆小易惊，只要有比较合适的饲养条件，不论鸭日龄大小，混群饲养时都能和睦共处。但在喂料时一定要让群内每只鸭都有足够的吃料位置，否则，将会有一部分弱小个体由于吃不到料而消瘦。

（3）杂食性。鸭是杂食动物，食谱比较广，很少有择食现象，加之其颈长灵活，又有良好的潜水能力，故能广泛采食各种生物饲料。鸭的味觉不发达，对饲料的适口性要求不高，凡无酸败和异味的饲料都可成为它的美味佳肴，并且对异物和食物无辨别能力，常把异物当成饲料吞食。鸭的口叉深，食道宽，能吞食较大的食团。鸭舌边缘分布有许多细小的乳头，这些乳头与嘴板交错，具有过滤作用，使鸭能在水中捕捉到小鱼虾。鸭的肌胃发达，其中经常贮存有沙砾，有助于鸭磨碎饲料。所以，鸭在舍饲条件下的饲料原料应尽可能地多样化。

(4)生活有规律。鸭有较好的条件反射能力,可以按照人们的需要和自然条件进行训练,并形成一定的生活规律,如觅食、戏水、休息和产蛋都具有相对固定的时间。放牧饲养的鸭群一天当中一般是上午以觅食为主,间以戏水或休息;中午以戏水、休息为主,间以觅食;下午则以休息居多,间以觅食。一般来说,产蛋鸭傍晚采食多,不产蛋鸭清晨采食多,这与晚间停食时间长和形成蛋壳需要钙、磷等矿物质有关,因此,每天早晚应多投料。舍饲鸭群的采食和休息根据具体的饲养条件有异。

(5)耐寒性。成鸭因为大部分体表覆盖正羽,致密且多绒毛,所以对寒冷有较强的抵抗力。现代科学技术研究表明,鸭脚骨髓的凝固点很低,鸭即使长期站在冰冷的水面上仍然能保持脚内体液流畅而不使脚蹼冻伤,故鸭在严寒的冬季只要饲料好,圈舍干燥,有充足的饮水,仍然能维持正常的体重和产蛋性能。相反,鸭对炎热环境的适应性较差,加之鸭无汗腺,在气温超过25℃时散热困难,只有经常泡在水中或在树荫下休息才会感到舒适。

(6)无就巢性。就巢性(俗称抱窝)是鸟类繁衍后代的固有习性。但鸭经过人类的长期驯养、驯化和选育,已经丧失了这种本能,从而延长了鸭的产蛋期,而种蛋的孵化和雏鸭的养护就由人们采用高效率的办法来完成。不过,生产实践中仍有少部分鸭在日龄过大或气候炎热时出现就巢现象。

(7)群体行为。鸭良好的群居性是经过争斗建立起来的,强者优先采食、饮水、配种,弱者依次排后,并一直保持下去。这种结构保证鸭群和平共处,也促进鸭群高产。

53.鸭有哪些生物学特性?

(1)鸭全身长有羽毛,保温性强。成年鸭的大部分体表与鸭一样覆盖着正羽,这类羽毛能阻碍皮肤表面的蒸发散热,具有良好的保温性能,因而鸭不怕严寒。同时由于腹部还有绒毛,所以鸭在严寒的冬季仍能下水游泳,耐寒性能高于鸭。

(2)新陈代谢旺盛。鸭与其他家禽一样,新陈代谢十分旺盛。鸭的正常体温高达 41.5～43℃(表3);鸭的心跳较快,每分钟达 160～210 次;呼吸每分钟 16～26 次,对氧气的需要量大。鸭的活动性强,有发达的肌胃,消化力也强,因而需要大量的饲料和频繁的饮水,对饥渴比较敏感。但鸭的消化道短,消化道内不分泌消化粗纤维的酶,对粗纤维的消化率很低。所以,应当让鸭充分吃饱,饲料中的粗纤维含量不宜过高。

表3 鸭的标准体温与其他家禽和家畜的比较   ℃

畜禽的种类	鸡	鸭	鹅	猪	马	牛	山羊	绵羊
标准体温	41.5	42	41.2	39.7	37.8	39.0	40.0	39.9

(3)生长快,成熟早。肉用鸭增重快,在良好的饲养条件下,50日龄时体重即可达到 3 kg,相当于初生重的 60 倍。我国的蛋用鸭成熟早,一般在 100～120 d 就开始产蛋,一只蛋用型种鸭年产蛋 250～300 枚。因此,鸭的生产周期短,在较短的时间内就能获得显著的经济效益。

(4)繁殖力强,饲料报酬高。鸭的繁殖力强,蛋用鸭年产蛋可高达 300 枚左右。公鸭配种能力也很强,一只公鸭可配母鸭 20～25 只。由于鸭适于放牧饲养,能觅食大量天然饲料,因而饲养成本低。鸭的饲料报酬也比鸡高。

(5)特殊生物学特性。鸭的骨骼细,有些骨骼是气动的,前肢演变成了翅膀,家鸭已失去飞翔能力。由于骨骼细,因而在放牧饲养时,切不可乱赶乱踢。

鸭没有牙齿,饲料的磨碎加工基本在肌胃中进行。但鸭具有很多沿着舌边缘分布乳头,这些乳头与嘴板交错,具有过滤作用,使鸭能在水中捕食小鱼虾,并且有助于鸭对饲料加以适当磨碎。

鸭没有汗腺,因而抗暑能力差。但鸭有许多气囊,可用来加强和改善呼吸过程。鸭除用呼吸来散热外,还可以进入水中,通过传导散热,因而鸭的抗暑能力稍强于鸡。

鸭没有膀胱,泌尿汇集在输尿管形成白色的尿酸盐结晶体,与粪便同时排出体外。

54. 如何在生产上应用鸭的行为特性?

行为是鸭个体对外界刺激的反映,是鸭心理状态情绪的直接表现,鸭的某些行为是可遗传的,有些行为是在成长过程中逐渐养成的。

(1)胚胎行为与孵化。鸭胚胎有自身的行为活动,也能对外界刺激作出反应。俗称"八沉""九浮""十动""闪毛""起喙"等,都是胚胎发育到一定阶段表现出的被动与主动行为,依此可进行生物学检查,以便正确进行孵化管理。

(2)雏鸭早期行为与育雏。

①雏鸭的生理特点。雏鸭主要有三个生理特点。一是生长发育迅速;二是调节体温机能弱,难适应外界环境;三是消化器官体积小,消化能力弱。

②准备工作。首先要备足新鲜优质的全价饲料;其次,育雏室、饲养用具和必要设施要配备齐全,保证每羽雏鸭都能吃到饲料和饮水;再次,育雏室、饲养用具等要用 25% 烧碱水进行消毒,干燥后用清洁水冲洗干净,最后,育雏室熏蒸消毒。

③先饮水后开食。雏鸭出壳后没有饥饿感,在出壳后 24 h 后雏鸭绒毛已干,活泼好动,常发出"嘎嘎"的叫声,并开始活动互啄,这时就要先喂水后开食。若雏鸭精神倦怠,眼睛半开半闭,不愿活动,此时已超过开食时间。雏鸭开食过早,容易损伤消化器官,影响雏鸭健康;开食过迟,营养供应不上,不利于生长发育。因此雏鸭开食的最好时间是在出壳后 14~24 h 之间。

要先饮水再开食。在饮水中加适量葡萄糖或维生素 C,能促进肠胃蠕动清理肠胃,促进新陈代谢,加速吸收剩余卵黄,增进食欲,增强体质。若在饮水中加入 1/1 000 的高锰酸钾,还可起到肠胃消毒作用。

④饲喂方法与次数。雏鸭的消化机能不健全,故而饲喂雏鸭时,每次不宜过多,只喂六七成饱,若一次喂得过饱,易造成消化不良,雏鸭胃肠容积小,而消化速度快,如果喂食次数过少,使雏鸭饥饿时间长,就会影响雏鸭的生长发育。

2周龄内的雏鸭在自由采食的情况下,采食的食糜5 min就可达到十二指肠,2 h开始排粪,4 h排空,喂食间隔时间超过4 h,雏鸭就处于饥饿状态。一般地说,雏鸭越小,食量越少,喂食次数越多。在育雏初期(即1周内)要做到少喂料、勤添料,日喂6~8次,加喂夜餐1~2次,以促使雏鸭活动。

⑤如何保温。温度是育雏鸭的主要技术措施,只有温度适宜,雏鸭的体热消耗少,生长发育快,成活率才高。1~3日龄34~32℃,4~6日龄30~28℃,7~10日龄26~24℃,11~13日龄22~20℃。温度逐渐降低,每天温度变化不超过2℃。

不同的气候条件下升温或降温要以雏鸭的行为表现为准,尽量满足雏鸭对最佳温度要求的反应。例如:在温度过低时,雏鸭怕冷,会靠近热源扎堆,互相取暖,往往造成压伤或窒息死亡;温度过高时,雏鸭远离热源,张口喘气,饮水量增加;温度正常时,雏鸭精神饱满,活泼,食欲良好,饮水适度,绒毛光亮,伸腿伸腰,分布均匀,静卧无声,吃食、饮水、排泄正常。

⑥饲养密度和分群。雏鸭的饲养密度要适宜,饲养密度过大,会造成鸭舍潮湿、空气污浊,引起雏鸭生长不良等后果;密度过小,则浪费场地、人力等资源,使效益降低。网上育雏时较合理的密度是:1周龄25~30只/m²,2周龄15~25只/m²,3周龄10~15只/m²,4周龄8~10只/m²。地面育雏密度应降低1倍。同时注意冬季密度大些,夏季密度可小些。

分群:按每群200~300只进行分群饲养,同时对小鸭、弱鸭、病鸭挑出来单独精心管理。

通风换气:这是因为雏鸭新陈代谢旺盛,鸭排出的二氧化碳及粪便和残料分解产生的氨气、硫化氢等有害气体浓度过高就会危害雏鸭健康,严重时会造成雏鸭氨中毒而大批死亡,因此,要随时保持育雏室的空气流通,合理的通风换气,保持室内空气清新,排除室内多余水分,保持鸭舍干燥清洁,改善鸭群生活环境,达到促进鸭只健康快速生长的目的。

(3)采食行为与饲养。鸭凭视觉观察饲料颜色、外观和质地选择饲料,防止采食异物;通过味觉选择可食物质,并可区别甜、咸、酸、苦味。因此,许多调味品用来增进鸭的采食量,提高增重速度和饲料报酬。自由采食情况下,鸭能区别不同浓度的盐溶液。大多数鸭不喜欢高浓度盐液,配制鸭日粮时应将盐浓度控制在0.25%～0.5%。

鸭喜食颗粒饲料,不爱吃过细的黏性饲料,一般先采食比较熟悉的饲料。饲养肉鸭时用颗粒料可明显提高适口性,有益于增重,种鸭用全价饲料,可避免过肥,鸭有先天的辨色能力,喜欢采食换色饲料,在多色饲槽中吃料较多,喜在蓝色水槽中饮水。鸭愿饮凉水,不愿饮高于体温的水,也不愿饮黏性度很大的糖水。

鸭在早晨和天黑来临时采食较多,中午较少;产蛋的种鸭傍晚采食多,不产蛋种鸭清晨采食多,这与晚间停食时间长和形成蛋壳需要钙、磷多有关,因此早晚应多投料。人工光照的鸭舍不要突然灭灯,人工模拟黄昏降临,渐暗而灭,能进一步刺激食欲,有利于肉鸭增重和种鸭产蛋。

(4)群体行为与管理。鸭具有合群性,也有争斗性。鸭良好的群居性是经过争斗建立起来的,这就是啄斗顺序。两性鸭间各有自己的优胜关系,形成各自独立的啄斗顺序:强者优先采食、饮水、配种,占据鸭群最高地位,并承担出战入侵者、保卫群体、调解和限制群内攻击行为的职责,弱者依次排后,每个成员都有自己确定的位置。在鸭群成员固定的情况下,已经确立起来的等级关系一直保持下去,这种结构保证鸭群和平共处,也促进鸭群高产。干扰和破坏已经形成的啄斗顺序,会引起新的争斗。在合群、并笼、更换鸭舍或调入新成员时,应在开产前几周完成,使其有足够时间重新建立群序。

啄斗顺序的建立，鸭从 2 周龄开始，3～5 周龄达到高峰，公鸭在 6～8 周龄，母鸭在 11～12 周龄基本结束。争斗行为在采用垫料地面饲养时较多，公鸭间的啄斗比母鸭间多。一天中啄斗从 8:00,12:00 增加，随日龄增加啄斗减少。

鸭群中啄斗顺序的形成是不可避免的，只能通过创造最适宜的密度、光照、供水及小气候环境管理条件，缓解啄斗顺序形成过程中的应激反应和不必要的损失。鸭可通过姿态、呼叫互相联系，根据羽毛特征及外貌特点彼此相识，一只鸭可识别 50 多只同类，但记忆力有限，离群两周后再放回原群，会产生新的啄斗。群体小，接触机会多，能强化记忆，形成的群序较稳定，产蛋量比大群高 10% 左右。

鸭在生理发生变化的时期啄斗会加剧，4 周龄脱换绒羽，肉种鸭在 11 周龄性器官开始发育，21 周龄为第二性征形成旺期，25 周龄时开始产蛋，这些阶段攻击性最强，尤其要加强管理。降低照明度，采用红光能减少啄斗。

（5）性行为与种鸭繁殖。处于优势地位的公鸭有较强的性活动和较高交配成功率，其后代的繁殖力也高，受精比地位较低者高 16.8%，产蛋量高 17.5%，孵化率高 5.9%。地位较低的母鸭比地位较高者更乐于接受公鸭的交配，其种蛋受精率比地位高者高 18.8%，出雏率高 29.2%，后代的产蛋率高 31.2%。要充分利用优势公鸭和地位较低的母鸭，提高鸭的繁殖力。无论公鸭还是母鸭，交配行为随年龄增长而降低，观察发现公鸭每长 100 d，交配次数减少 7.6～8.2 次，母鸭减少 1～1.4 次。所以要充分利用青年公鸭，淘汰老龄鸭，不断更新鸭群，保持良好的繁殖能力和种用价值。

一天之中，交配行为以傍晚较多，上午占 15%，午后 85%，熄灯前 2～3 h 交配频率最高。垫料地面是安全的交配场所，80%～90% 的交配行为发生在垫草地面，实行垫料地面平养或混合养有利于提高受精率。

无论公鸭母鸭，都有择偶性，喜欢与相识者交配，在已经建立了群序的鸭群中放入新公鸭，母鸭会拒绝交配而影响受精率；公鸭间为争配会引起新的争斗，战败者或造成伤亡，或处于生理性阉割状态而失去竞配能力。配种季节应经常观察鸭群，并及时更换无配种力的公鸭。

(6)产蛋行为与集蛋。鸭产蛋具有定巢性，即鸭的第一个蛋产在什么地方，以后就一直到什么地方产蛋，如果这个地方被别的鸭占用，该鸭宁可在巢门口静立等待也不进旁边的空窝产蛋。由于排卵在产蛋后半小时左右，鸭产蛋时等待的时间过长会减少其日后的产蛋量。一旦等不及，几只鸭为了争一个产蛋窝，就会相互啄斗，被打败的鸭便另找一个较为安静的去处产蛋，结果造成窝外蛋和脏蛋增多。因此，在蛋鸭开产前应设置足够的产蛋窝。另外，鸭产蛋具有喜暗性，昏暗安静的地方产蛋有安全感，产蛋也顺利，在设置产蛋箱时应背光放置或遮暗。一天中鸭产蛋时间较为集中，多集中在后半夜至凌晨，所以在产蛋集中的时间应增加收蛋次数，防止破蛋、吃蛋和把蛋冻破。

(7)反常行为与疾病。反常行为是鸭对觉察到的威胁及挑战的回答，是环境不适引起的各种异常表现。鸭的同类相啄、食羽癖等就是常见的反常行为。群体不定，密度过大，自由运动受阻，不适当的热环境等，均可引起心理、生理不适，产生群体应激反应，应激反应的过程一般为警备期、抵御期和衰竭期三个阶段，视个体强弱、应激因素轻重和各阶段长短而不同，当抵御成功，便获得适应，进入恢复期；如果应激因素强且作用时间长，不能抵御时，便机能衰竭，直至死亡。日常生活中的抓鸭、转群、疫苗注射、换料、停水、噪声、光照变换、新奇的颜色、飞鸟窜入、老鼠穿行、长途运输、剧烈运动、过冷过热，都可引起鸭群骚乱而发生应激，使机体的生理和心理平衡遭受破坏，有的兴奋紧张，惊恐乱撞，疲劳衰竭，甚至内脏出血死亡；有的心跳加快，血压升高，食欲降低，生长减缓，性机能减退,产软蛋或停产;有的则抗病力降低。争斗群体里的鸭对鸭病毒性肝炎、禽霍乱、出血性肠炎的抵抗力下降。加强管理,保持环境条件相对稳定,协调有序,尽量避免人为应激或累加应激发生,把鸭饲养在舒适的环境中,是提高鸭健康水平和生产力的有效办法。

55. 肉用型鸭代表品种有哪些? 其生产性能是怎样的?

(1)北京鸭。

①产地与分布。北京鸭原产于我国北京近郊。它具有丰富的遗传基础,使之既可向产肉多、脂肪低方向培育,还可用作母系向产蛋方向选育。现代世界著名鸭种均有其血缘,加之生长快、胴体美观、肉质上等、易饲养、适应性广,早被美、英等国引进列为标准品种,并作为主要育种素材,育成新的鸭种。北京鸭现已扩展至五大洲,成为蜚声世界的标准的肉用鸭品种,也就是说北京鸭对世界肉鸭业的发展起了积极的推动作用。

②体形外貌。北京鸭体形硕大丰满,挺拔美观。头大,眼睛大而明亮,颈粗而中等长,体躯呈长方形,前躯抬起与地面呈 30°。背宽平,胸部丰满突出,前胸高平,腹部深广下垂但不擦地,后腹稍向下倾斜。双翅较小,紧贴体侧,后部钝齐,微向上翘,公鸭尾部有 4 根卷起的性羽。羽毛丰满、紧凑,羽色纯白而带有奶油色光泽。腿粗短有力,蹼宽厚,喙、胫、蹼橘黄色或橘红色。由于体躯笨重,腿短,行动迟缓,适宜圈养(图 26)。

③生产性能。传统的北京鸭 70 d 体重达到 2 kg;国内外于近年来采用家系繁殖,品系繁育,经配合力检测,组合了好几个配套系,生产水平大有提高。例如中国农科院畜牧研究所培育的北京鸭 Z1 系与 Z2 系取得良好效果。北京鸭与任何鸭种杂交,都有很高的配合力与杂交优势。

一是生长速度:我国及国外选育的高产系肉用仔鸭 7 周龄体重可达 3 kg 以上。其大型父本品系公鸭体重 4～4.5 kg,母鸭

图 26　北京鸭

3.5～4 kg;母本品系的公、母鸭体重稍好些。

二是产肉性能:经过选育的品系鸭,在自由采食的情况下,7 周龄的全净膛率公鸭为 77.9%,母鸭为 76.5%。北京鸭肌肉纤维细致,富含脂肪,并且脂肪在皮下和肌肉间分布均匀,肉的风味较好,是制作烤鸭的优质原料。另外,北京鸭与番鸭杂交生产的半番鸭生长速度快、肉质好、饲料利用率高,而且肥肝性能良好,填饲2～3 周,每只可产肥肝 300～400 g。

三是繁殖性能:北京鸭的繁殖性能较强,开产日龄为 150～180 d,经选育的大型父本品系需 190 d 开产。年产蛋数在 200 枚左右。平均蛋重 90 g,蛋壳白色。为了提高种蛋质量和利用第2 个产蛋年,目前采用人工强制换羽技术,可使母本品系在第 1 个产蛋期产蛋 200 枚,第 2 个产蛋期产蛋数 100 枚以上。公母鸭配种比例为 1:5,种蛋受精率达 90% 以上,受精蛋孵化率为80%～90%。

(2)樱桃谷鸭。

①产地与分布。樱桃谷鸭是英国樱桃谷公司以我国的北京鸭和埃里斯伯里鸭为亲本,经杂交育成的优良肉鸭品种。该品种共有 9 个品系,其中 5 个为白羽系,其余为杂色羽系。世界上已有60 多个国家和地区引进该鸭种,我国曾先后引进樱桃谷 12 型商

品代和 Sm 系超级肉鸭,目前,樱桃谷鸭在我国各省市均有分布。

②体形外貌。由于樱桃谷鸭的血缘来自北京鸭,所以体形外貌酷似北京鸭,属大型北京鸭型肉鸭。体型较大,头大额宽,颈粗短,胸部宽深,背宽而长,从肩到尾部稍倾斜,几乎与地面平行。翅膀强健,紧贴躯干。脚粗短。全身羽毛洁白,喙橙黄色,胫、蹼橘红色(图 27)。

图 27　樱桃谷鸭

③生产性能。

生长速度与产肉性能:父母代成年公鸭体重 4～4.5 kg,母鸭 3.5～4 kg。商品代 6 周龄平均体重达 3 kg 以上,最重达 3.8 kg,料肉比为 2.89∶1,半净膛率为 85.55％,全净膛率为 71.81％,瘦肉率为 26％～30％,皮脂率为 28％,SM 系超级肉鸭,商品代肉鸭 46 日龄上市活重 3 kg 以上,料肉比(2.6～2.7)∶1。

繁殖性能:种鸭开产日龄为 180 d 左右,平均产蛋数为 195～210 枚,平均蛋重 80 g。每只母鸭提供初生雏 153～168 只。SM 系超级肉鸭,其父母代群 66 周龄产蛋 220 枚,每只母鸭可提供初生雏 155 只左右。

(3)瘤头鸭。

①产地与分布。瘤头鸭又称麝香鸭、番鸭、疣鼻栖鸭,商品名称为肉鸳鸯、鸳鸯鸭、红面鸭等。海南称为加积鸭,台湾称为巴巴里

鸭。原产于南美洲,分布于南美洲和中美洲亚热带地区,是不太喜欢水的森林禽种,适合旱地舍饲。260年前引入我国福建省饲养,经过长期驯化已经非常适应我国南方各省的自然环境,目前在广东、江西、广西、江苏、安徽、浙江及湖南、台湾等省区饲养较为普遍。

②体形外貌。按照瘤头鸭的毛色可以分为白色、黑色、黑白花色瘤头鸭。

白色瘤头鸭:是目前饲养最多的一种瘤头鸭,由于屠宰后皮肤上不会残留有色毛根,屠体外观比较好。这种瘤头鸭全身羽毛白色,喙部为粉红色,面部皮瘤为红色,而且比较大,成串珠状排列。虹彩为浅灰色,胫、蹼为橘黄色。另外有一些种群的羽毛为白色,但是在头顶上有一小片黑色羽毛(也称为黑顶鸭),有些个体的喙部、胫、蹼部位也有黑点或黑斑(图28)。

图28 瘤头鸭

黑色瘤头鸭:这类鸭比较少,全身羽毛为黑色,而且有光泽,皮瘤为黑红色,比较小,喙部颜色为红色,有黑斑,虹彩为浅黄色,胫、蹼多为黑色。

黑白花色瘤头鸭:这类型的鸭目前饲养量也较大。其体躯上白毛和黑毛的比例在不同个体间差别很大,多数是黑白羽毛相间,有的是白羽多、黑羽少,也有的足黑羽多、白羽少。三点黑的鸭比较多见,即头顶、背部和尾部羽毛为黑色,其他部位羽毛为白色。

③生产性能。

产蛋性能:开产期为 180～270 日龄,年产蛋数为 80～120 枚,蛋重 70～80 g。蛋壳玉白色。

生长速度与产肉性能:成年公鸭体重 3.5～4 kg,母鸭 2～2.5 kg。雏鸭初生重为 40 g,我国福建省农业大学经过测定证明,3～10 周龄是雏鸭增重的最快时期,10 周龄时公鸭体重为 2.78 kg,母鸭为 1.84 kg,料肉比为 3.1:1,公鸭全净膛率为 76.3%,母鸭全净膛率为 77%。瘤头鸭 10 周龄时经填饲 2～3 周,公鸭平均产肝 350 g,母鸭产肝 300 g,料肝比为(30～32):1。采用公瘤头鸭与母家鸭杂交生产的半番鸭或骡鸭,具有生长快、肉质好、饲料报酬高、抗逆性强的优点;在南方,特别是福建和台湾饲养半番鸭的较多。如用公瘤头鸭和母北京鸭杂交生产的半番鸭,生长速度较快,60 日龄平均体重达 2.16 kg。用瘤头鸭、北京鸭、金定鸭进行三元杂交,得到"番北金"杂种鸭,十月龄平均体重 2.24 kg。这类杂交是不同属间的远亲杂交,所以受精率低,这是目前推广中的最大困难。

(4)狄高鸭。

①产地与分布。狄高鸭是由澳大利亚狄高公司利用中国北京鸭,采用品系配套方法选育而成的优质肉用鸭种。该品种具有生长速度快、早熟易肥、肉嫩皮脆等特点,并且抗旱耐热能力较强,适应性广,并可以在陆地上配种,所以饲养期间不一定需要水池放养。我国广东省每年从澳大利亚引进该父母代种鸭,其商品代仔鸭经许多专业户饲养,均取得较好的经济效益,反映良好。

②体形外貌。狄高鸭外形近似北京鸭,体形比北京鸭大,头大而扁长,颈粗而长,胸宽背阔,体躯稍长,胸肌丰满,体躯前昂,后躯接近地面,尾稍翘起,胫粗而短。全身羽毛乳白色,喙橙黄色,胫、蹼橘红色(图 29)。

图 29　狄高鸭

③生产性能。

生长速度：该品种早期生长速度较快，雏鸭 21 d 长出大毛，45 d 齐羽，饲养 49 日龄或 56 日龄时体重可达 3～3.5 kg，料肉比为 3∶1。

产肉性能：半净膛率为 92.86%～94.04%。全净膛率为79.76%～82.34%，胸肌重 273 g，腿肌重 352 g。

繁殖性能：种母鸭开产日龄为 182 d，33 周龄时可进入产蛋高峰期，即产蛋率达 90%，公母鸭配种比例为 1∶5，年产蛋数 230 枚左右，平均蛋重 88 g。

（5）丽佳鸭。

①产地与分布。丹麦丽佳公司育种中心育成的丽佳鸭，由我国福建省、广东省等曾先后引进其父母代饲养。

②体形外貌。体型大小因品种而异，头大颈粗，身躯呈长方形，前躯抬起，背宽平，胸部丰满，翅较小，尾短而上翘，腿粗短，蹼宽厚。虹彩青灰色，白羽。

③生产性能。种母鸭入舍 40 周可产蛋 200～220 枚，平均蛋重 85 g。每只母鸭可提供初生雏 142～170 只。其商品代仔鸭 49日龄体重 2.9～3.7 kg，料肉比为 2.95∶1，该品种具有长羽快、抗应激能力强的特点。

(6)天府肉鸭。

①产地与分布。天府肉鸭是由四川农业大学主持培育的肉鸭新品种,也是我国首次选育成功的大型肉鸭品种。目前在四川的饲养量最多,云南、浙江、广西、湖南、湖北等省市也有饲养。

②体形外貌。天府肉鸭的羽毛颜色有两种,即白色和麻色。白羽类型是在樱桃谷肉鸭的基础上选育出的,外貌特征与樱桃谷相似,初生雏鸭绒毛金黄色,绒羽随日龄增加逐渐变浅,至4周龄左右变为白色,喙、胫、蹼均为橙黄色,公鸭尾部有4根向背部卷曲的性羽,母鸭腹部丰满,脚趾粗壮;麻羽肉鸭是用四川麻鸭经过杂交后选育成的,羽毛为麻雀羽色,体形与北京鸭相似。天府肉鸭行动迟缓,不爱活动,贪睡(图30)。

图30 天府肉鸭

③生产性能。父母代种鸭年产蛋240多枚;白羽商品肉鸭7周龄体重平均为2.84 kg,胸肌率为20.3%～12.3%,腿肌率为10.7%～11.7%,料肉比为2.84∶1,皮脂率为27.5%～31.2%。

(7)海格鸭。

海格肉鸭是丹麦培育的优良肉鸭品种。广东省茂名市种鸭场于1988年首次从丹麦引入一大型肉鸭配套系。经饲养证实,该鸭种的商品代具有适应性强的特点,既能水养,又能旱养,特别能较好适应南方夏季炎热的气候条件。海格肉鸭43～45日龄上市体重可达 3.0 kg,肉料比 1：2.8,该鸭羽毛生长较快,45 日龄时,翼羽长齐达 5 cm,可达到出口要求。海格肉鸭肉质好,腹脂较少,适合对低脂肪食物要求的消费者的需求。

(8)枫叶鸭。

枫叶鸭又名美宝鸭,是美国美宝公司培育的优良肉鸭品种。近年来,由广东省一些研究单位和种鸭场引进饲养。该鸭父母代在 25～26 周龄产蛋率达 5%,产蛋高峰期可达 91%,平均每只种母鸭 40 周产蛋 210 枚,平均蛋重 88 g。该鸭的商品代 49 日龄平均体重 2.95 kg,肉料比 1：2.67。枫叶鸭的最大特点是瘦肉多,长羽快,羽毛多。

(9)史迪高鸭。

史狄高鸭是由澳大利亚培育的优良肉用鸭品种。广东省珠海市海良种鸭场于 1988 年从澳大利亚引进父母代。种母鸭 26 周龄产蛋率达 5%,产蛋高峰期可达 86%,平均每只种母鸭 40 周产蛋 191 枚,平均蛋重 88 g。该鸭适应性强,耐高温,饲养 49 日龄平均体重 3.15 kg,肉料比 1：2.9。

(10)克里莫瘤头鸭。

克里莫瘤头鸭是由法国克里莫公司培育而成。有白色、灰白和黑色三种羽色。此鸭体质健壮,适应性强,肉质好,瘦肉多,肉味鲜香,是法国饲养量最多的品种。

成年公鸭体重 4.9～5.3 kg,母鸭 2.7～3.1 kg。仔母鸭 10 周龄体重 2.2～2.3 kg,仔公鸭 11 周龄体重 4.0～4.2 kg。半净膛屠宰率 82.0%,全净膛屠宰率 64%,肉料比为 1：2.7。开产日龄约为 196 d,年平均产蛋量 160 枚。种蛋受精率 90%以上,受精蛋孵化率 72%以上。此鸭的肥肝性能良好,一般在 90 日龄时用玉米填饲,经 21 d 左右,平均肥肝重可达 400～500 g。法国生产的鸭肥肝约半数的是克里莫鸭。

(11)沔阳鸭。

湖北省沔阳县畜禽良种场于 1960 年以当地的荆江鸭作母本、

高邮鸭作父本进行杂交,杂种鸭自群繁殖 3 年后,再次用高邮鸭级进杂交,经 20 年选育的新品种。

体躯长方形,背宽胸深。公鸭的头和颈上部羽毛绿色有光泽,体躯背羽深褐色,臀部黑色,胸、腹和副主翼羽白色。虹彩红褐色。喙黄绿色,胫、蹼橘黄色。母鸭羽毛以褐色为基调,分深麻和浅麻两种,主翼羽都是黑色。喙青灰色,胫、蹼橘黄色。

成年体重 2.2～2.3 kg。肉用仔鸭 90 日龄重 1.5 kg 左右。开产日龄 140～150 d。年产蛋量 160～180 枚。平均蛋重,第一年 74.5 g,第二年 79.6 g(蛋壳白色占 93％,青色占 7％)。公母配比 1：(20～25)。种蛋受精率 91％以上。受精蛋孵化率 85％以上。利用年限,公鸭 1 年,母鸭 4～5 年。

(12)桂西鸭。

产于广西的靖西,德保、那坡等地,属犬型麻鸭。羽色有深麻、浅麻和黑背白腹 3 种。当地群众对这 3 种羽色的鸭分别叫"马鸭"、"凤鸭"和"鸟鸭"。成年体重 2.4～2.7 kg。肉用仔鸭 70 日龄重 2 kg 左右。开产日龄 130～150 d。年产蛋量 140～150 枚。蛋重 80～85g(蛋壳以白色为主)。公母配比 1：(10～20)。

56. 蛋用型鸭代表品种有哪些? 其生产性能是怎样的?

(1)绍鸭。

①产地与分布 绍鸭是中国优良的蛋用型地方品种,属小型麻鸭,原产于浙江绍兴等地,故全称为"绍兴麻鸭"。本品种的特点是产蛋多、成熟早、体形小、耗料省,既能在稻田、江河、湖泊里放牧,又适应于集约化的圈养,适应性很广,遍及浙江全省,分布于上海市各郊县及江苏省的太湖流域,近年来已有 10 多个省市引种。

②体型外貌。绍鸭属小型麻鸭品种,体躯狭长,颈细而长,臀部丰满,腹略下垂,站立或行走时与地面成 45°角,体态匀称,结构紧凑,具有理想的蛋用鸭体型(图 31)。

图 31　绍兴麻鸭

③生产性能。

产蛋性能：绍鸭成熟较早，一般在 16 周龄时开始产蛋，在正常的饲养管理下，20～22 周龄时可以达到 50％产蛋率，以后再经过 2～3 周，即可达到产蛋高峰期，并能保持持续高产。

繁殖性能：种鸭的年龄需要达 6 月龄以上。母鸭可利用 1～2 年，以第一年的较好；公鸭只利用 1 年。按产区传统的生产方式，每年的孵化繁殖季节为 3～8 月份，即留种时期只有半年，近年来逐渐延长使用期（2～9 月份）。

配种比例和受精率：绍鸭个体小，行动灵活，性机能健全，配种能力强。根据观察记载，公鸭每天平均交尾 24.6 次，高的达 37 次。生产上应用时，公母鸭配种比为 1∶（20～30），随着季节和气温的变化而调整，一般早春 1∶20，夏秋季 1∶30。按此配比，受精率可达 90％以上。

孵化率：绍鸭无就巢性，全部采用人工孵化。孵化率高低受孵化条件（工具）和孵化技术的影响很大。产区农村都采用传统的缸式孵化，由于破蛋率较高，受精蛋的孵化率为 75％～85％。

（2）金定鸭。

①产地与分布。金定鸭是适应于海滩放牧的优良蛋鸭品种，其中心产区在福建省龙海县紫泥乡金定村，厦门市郊区，龙海、同

安、晋江、惠安、漳州、云霄和绍安等县均有分布。

②体型外貌。金定鸭的公鸭胸宽背阔,体躯较长。喙黄绿色,虹彩褐色,胫橘红色,爪黑色。头部和颈部羽毛具有翠绿光泽,无明显的白颈圈,前胸赤褐色,背部灰褐色,腹部羽毛呈细节花斑纹,翼羽深褐色,有镜羽,尾羽黑褐色。母鸭身体细长、匀称紧凑,头较小、秀长,胸稍窄而深,喙呈古铜色,虹彩褐色,胫、蹼橘红色,母鸭亦具有赤褐色麻雀羽,背面体羽呈绿棕黄色,羽片中央为椭圆形褐斑,羽斑由身体前部向后部逐渐增大,颜色加深,腹部的羽毛变浅,颈部的羽毛纤细,没有黑褐色块斑,翼羽黑褐色,有镜羽(图32)。

图32 金定鸭

③生产性能。

产蛋性能和繁殖力:金定鸭产蛋期长,高产的金定鸭在换羽期和冬季仍持续产蛋而不休产,产蛋率高。一般在260~300枚。据厦门大学生物系1979—1981年测定,在舍饲条件下平均年产蛋量为313.35枚,其中产蛋360枚的占3%

产肉性能:初生公雏体重47.6 g,母雏47.4 g。1月龄公鸭体重560 g,母鸭550 g,2月龄体重公鸭1 039 g,母鸭1037 g,3月龄公鸭1 464.5 g,母鸭1 465.5 g。成年公鸭体重1 760 g,母鸭1 780 g。

屠宰率:成年母鸭的半净膛屠宰率为79%,全净膛为70%。

产肉性能良好,饲养 90 d 体重可达 3 kg。

(3)卡基·康贝尔鸭。

①产地与分布。卡基·康贝尔鸭由英国的康贝尔氏用当地鸭与印度跑鸭杂交,其杂种再与鲁昂鸭及野鸭杂交,于 1901 年育成于英国。康贝尔鸭有 3 个变种:黑色康贝尔鸭、白色康贝尔鸭和卡基·康贝尔鸭(即黄褐色康贝尔鸭)。我国引进的是卡基·康贝尔鸭,1979 年由上海市禽蛋公司从荷兰琼生鸭场引进。绍兴鸭配套系中含有该鸭的血统。

②体形外貌。卡基·康贝尔鸭比我国的蛋鸭品种体型较大,体躯宽而深,背平直而宽,颈略粗,眼较小,胸腹部饱满,近于兼用种体型。但产蛋性能好,且性情温顺,不易应激,适于圈养,是国际上优秀的蛋鸭品种。其肉质鲜美,有野鸭肉的香味。雏鸭绒毛深褐色,喙、脚黑色,长大后羽色逐渐变浅。成年公鸭羽毛以深褐为基色,头部、颈部、翼、肩和尾部均为青铜色(带黑色),喙绿蓝色,胫、蹼橘红色。成年母鸭全身羽毛褐色,没有明显的黑色斑点,头部和颈部羽色较深,主翼羽也是褐色,无镜羽,喙灰黑色或黄褐色,胫、蹼灰黑色或黄褐色(图 33)。

图 33 卡基·康贝尔鸭

③生产性能。成年鸭体重,母鸭为 2.0~2.25 kg,公鸭为 2.25~2.5 kg。开产日龄 110~130 d,据上海观察,113 d 开产,

140 日龄的产蛋率为 59.8%,150 日龄的产蛋率为 88.7%。500日龄的产蛋量 260～300 枚,平均蛋重为 70 g 以上,总产蛋重为18～20 kg,300 日龄蛋重 71～73 g,蛋壳白色。公母比例1:(15～20),种蛋受精率 85% 左右。利用年限,公鸭 1 年,母鸭第一年产蛋较好,第二年的生产性能明显下降。卡基·康贝尔鸭60 日龄的体重可达 1.7 kg,骨细,瘦肉多,脂肪少,肉质细嫩多汁,并具有野鸭肉香味,很受消费者欢迎。

(4)攸县麻鸭。

①产地与分布。攸县麻鸭产于湖南省攸县境内的米水和沙河流域一带,以网岭、鸭塘浦、丫江桥、大同桥、新市、高和、石羊塘等地为中心产区。曾远销广东、贵州、湖北、江西等省。攸县麻鸭是湖南著名的蛋鸭型地方品种。攸县麻鸭具有体型小、生长快、成熟早、产蛋多的优点,是一个适应于稻田放牧饲养的蛋鸭品种。

②体形外貌。公鸭的头部和颈上部羽毛墨绿色,有光泽,颈中部有宽 1 cm 左右的白色羽圈,颈下部和胸部的羽毛红褐色,腹部灰褐色,尾羽墨绿色;喙青绿色,虹彩黄褐色,胫、蹼橘黄色,爪黑色。母鸭全身羽毛披褐色带黑斑的麻雀羽,群中深麻羽色者占70%,浅麻羽色者占 30%。喙黄褐色,胫、蹼橘黄色,爪黑色(图 34)。

图 34　攸县麻鸭

③生产性能。

产肉性能:攸县麻鸭成年体重 1.2～1.3 kg,公母相似。在放牧和适当补料的饲养条件下,60 日龄时每千克增重耗料约 2 kg;每千克蛋耗料 2.3 kg,每只产蛋鸭全年需补料 25 kg 左右。90 日龄公鸭半净膛为 84.85%,全净膛为 70.66%;85 日龄母鸭半净膛为 82.8%,全净膛为 71.6%。

产蛋性能:在大群放牧饲养的条件下,年产蛋最为 200 枚左右,平均蛋重为 62 g,年产蛋重为 10～12 kg;在较好的饲养条件下,年产蛋量可达 230～250 枚,总蛋重为 14～15 kg。每年 3～5 月份为产蛋盛期,占全年产蛋量的 51.5%;秋季为产蛋次盛期,占全年产蛋量的 22%。

繁殖性能:性成熟较早,母鸭开产日龄为 100～110 d,公鸭性成熟为 100 d 左右。公母配种比例为 1：25。据新市乡孵化坊于 1974—1980 年统计,种蛋受精率为 94.8%,受精蛋的孵化率为 82.66%。30 日龄的育雏成活率在 95% 以上。

(5)莆田黑鸭。

①产地与分布。莆田黑鸭是我国蛋用鸭品种中唯一的黑色羽品种。中心产区位于福建省莆田市,分布于平潭、福清、长乐、连江、福州郊区、惠安、晋江、泉州等县市以及闽江口的琅歧、亭江等地;该品种是在海滩放牧条件下发展起来的蛋用型鸭,具有较强的耐热性和耐盐性,既适应软质滩涂放牧,适应硬质海滩放牧,尤其适应于亚热带地区硬质滩涂放牧饲养。该鸭种在内地的饲养效果不太理想。

②体形外貌。莆田黑鸭体型轻巧紧凑,行动灵活迅速。公母鸭外形差别不大,全身羽毛均为黑色,喙墨绿色,胫、蹼、爪黑色。公鸭头颈部羽毛有光泽,尾部有性羽,雄性特征明显(图 35)。

③生产性能。

产蛋性能:莆田黑鸭年产蛋 260～280 枚,平均蛋重 65 g,蛋壳颜色以白色居多,料蛋比为 3.84：1。

图35　莆田黑鸭

成年鸭体重:公鸭为 1.4～1.5 kg,母鸭为 1.3～1.4 kg。

繁殖性能:母鸭开产日龄为 120 d 左右,公母鸭配种比例为 1∶25,种蛋受精率为 95% 左右。

(6)三穗鸭。

①产地与分布。三穗鸭主产于贵州省东部三穗县。

②体形外貌。三穗鸭属蛋用型鸭种。公三穗鸭体躯稍长,胸部羽毛红褐色,颈中下部毛白色颈圈;背部羽毛灰褐色,腹部羽毛浅褐色,颈部及腰尾部披有墨绿色发光的羽毛。母三穗鸭颈细长,体躯近似船形,羽毛以褐色麻雀羽居多,翅上有镜羽;虹彩褐色,胫、蹼橘红色,爪黑色。

③生产性能。

成年三穗鸭体重:公鸭为 1.69 kg,母鸭为 1.68 kg。

成年三穗鸭屠宰率:半净膛,公鸭 69.5%.母鸭 73.9%;全净膛,公鸭 65.6%,母鸭 58.7%。

开产日龄为 120 d,年产蛋 240～260 枚,蛋重 65 g,蛋壳以白色居多,次之为绿色。

(7)江南 1 号鸭和江南 2 号鸭。

江南 1 号鸭和江南 2 号鸭是由浙江省农科院畜牧兽医研究所陈烈先生主持培育成的高产蛋鸭配套系,获得省科技进步二等奖。

这两种鸭的特点是:产蛋率高,高峰持续期长,饲料利用率高,成熟较早,生活力强,适合我国农村的饲养条件。现已推广至 20 多个省市。

①体形外貌。该配套系江南 1 号雏鸭黄褐色,成鸭羽深褐色,全身布满黑色大斑点。江南 2 号雏鸭绒毛颜色更深,褐色斑更多;全身羽浅褐色,并带有较细而明显的斑点。

②生产性能。江南 1 号母鸭成熟时平均体重 1.6～1.7 kg。产蛋率达 90% 时的日龄为 210 日龄前后。产蛋率达 90% 以上的高峰期可保持 4～5 个月。500 日龄平均产蛋量 305～310 枚,总蛋重 21 kg。江南 2 号母鸭成熟时平均体重 1.6～1.7 kg。产蛋率达 90% 时的日龄为 180 d 前后。产蛋率达 90% 以上的高峰期可保持 9 个月左右。500 日龄平均产蛋量 325～330 枚,总蛋重 21.5～22.0 kg。

(8)荆江鸭。

①体型外貌。荆江鸭头稍小,额微隆起,似"鳝鱼"头型。眼大有神,眼上方有一长条眉状白毛。颈细长而灵活,体躯稍长,肩部较窄,背平直向后倾斜并逐渐变宽,腹部深落,个体小而结实,属蛋用鸭体型。上喙呈石青色,下喙及胫蹼为橙黄色。全身羽毛紧凑,公鸭头颈部为翠绿色,颈以下至背腰部为深褐色,尾部为淡灰色;母鸭头颈多为灰黄色,背腰部为黄底黑碎斑或褐底黑碎斑,以前者居多。成年鸭体形外貌与 1982 年比较,变化基本不大(图 36)。

②生产性能。

生长速度:荆江鸭个体小,生长速度较慢,60 日龄的平均体重仅为初生重 39.58g 的 12 倍左右,但 90 日龄体重为 60 日龄体重的 1 倍以上。

产蛋性能:据 1982 年调查统计 316 只荆江鸭,全年共产蛋 67 755 枚,平均每只年产蛋 214.4 枚。在精心喂养的条件下,年产蛋量可达 300 枚以上。年平均产蛋率 58%,平均蛋重 63.55 g。而在 1 959 对江陵、沔阳群鸭 2 500 只进行调查,全年共产蛋

图36　荆江鸭

470 390 枚,平均每只年产蛋 188.16 枚,年平均产蛋率为
51.55%,平均蛋重为 60.35 g。荆江鸭蛋呈椭圆形,蛋形指数为
1.40,蛋壳较薄,但光滑结实。白壳蛋较大,约占总蛋数的 74%;
青壳蛋较小,约占总蛋数的 26%。

繁殖性能:荆江鸭公鸭性欲旺盛,配种能力强,一般每只公鸭
可配 20～25 只母鸭。产区群众习惯于用头一年孵出的公鸭留作
第二年的种公鸭,配种一年后淘汰宰杀。母鸭约 100 日龄开产,最
早的 90 日龄即可开产,具有早熟的优良性能,在 2～3 周年时产蛋
量最高,一般多利用 3～4 年。据监利县朱河镇畜牧兽医站孵化室
2001 年孵化记录,一次入孵种蛋 6 440 枚,受精率为93.1%,孵化
率为 95.04%。

适应性和生活力:荆江鸭适应性广,善于放牧,抗暑耐寒能力
强,夏季产蛋率可保持在 70% 以上,冬季仍能潜入深水觅食。

屠宰率:据监利县畜牧兽医站 1982 年对 6 月龄的 5 只公鸭和
10 只母鸭的屠宰测定结果,宰前平均体重公鸭为 1 398.2 g,母鸭
为 1 206.60g;半净膛屠宰率公鸭为 79.68%,母鸭为 79.93%;全
净膛屠宰率公鸭为 72.22%,母鸭为 72.25%。

(9)连城白鸭。

连城白鸭属中国麻鸭中的白色变种,蛋用和药用型。主产于
福建省连城县,分布于长汀、上杭、永安和清流等县。2002 年存栏

200 万只。

①体形外貌。连城白鸭体形狭长,头小,前胸浅,腹部下垂,觅食力强,行动灵活,体羽洁白,喙黑色,胫、蹼灰黑色,雄性具性羽2～4 根,是我国麻鸭中独具特色的小型白色变种。

②生产性能。成年鸭体重:公鸭 1 440 g,母鸭 1 320 g。全净膛屠宰率:公鸭 70.3%,母鸭 71.7%。开产日龄 120 d,年产蛋250～270 枚,蛋重 58 g,蛋壳以白色居多,少数青色。该鸭富含 18种人体必需的氨基酸和十余种微量元素,具有宁神开窍、健脾护胃、养颜补肾之功效,其口味独特,肉汁鲜美,为鸭中极品。

(10)中山麻鸭。

中山麻鸭是蛋肉兼用型品种,被列为广东优良地方禽种之一。中山麻鸭产于广东中山县。珠江三角洲亦有分布。

①体形外貌。中山麻鸭,体型大小适中,公鸭头、喙稍大,体躯深长,头羽花绿色,颈、背羽黑褐麻色,颈下有白色颈圈。胸羽浅褐色,腹羽灰麻色,镜羽翠绿色。母鸭全身羽毛以褐麻色为主,颈下有白色颈圈。蹼橙黄色,虹彩褐色。

②生产性能。成年鸭体重:公鸭 1 690 g,母鸭 1 700 g。63 日龄屠宰率:半净膛,公鸭 84.4%,母鸭 84.5%;全净膛,公鸭75.7%,母鸭 75.7%。开产日龄 130～140 d,年产蛋 180～220枚,蛋重 70 g,蛋壳呈白色。

(11)恩施麻鸭。恩施麻鸭中心产区为湖北省利川县南坪、汪营、柏扬、凉雾等地,分布于恩施自治州的恩施、利川、来凤、宣恩、咸丰等县市。

①体形外貌。属小型蛋用型鸭种。前躯较浅,后躯宽广,羽毛紧凑,颈较短而粗,公鸭头颈绿黑色,颈有白颈圈,背、腹部呈青褐色,每片羽毛的边缘有极细的白羽毛,远看像"鱼鳞片状"。尾部有2～4 根卷羽上翘。母鸭颈羽与背羽颜色相同,多为麻色,胫、蹼黄色。

②生产性能。成年鸭体重:公鸭 1 362 g,母鸭 1 615 g。成年

鸭屠宰率:半净膛,公鸭 85.0%,母鸭 84.0%,全净膛,公鸭 77.0%,母鸭 76.0%。开产日龄 180 d,年产蛋 183 枚,蛋重 65 g,蛋壳多为白色,也有少数青色。

(12)山麻鸭。

①体形外貌:公鸭头中等大,颈秀长,眼圆大,胸较浅,躯干呈长方形;头颈上部羽毛为孔雀绿,有光泽,有白颈圈。前胸羽毛赤棕色,腹羽洁白。从前背至腰部羽毛均为灰棕色。尾羽、性羽为黑色。母鸭羽色有浅麻色,褐麻色,杂麻色三种。喙青黄色,胫 、蹼橙红色,爪黑色。

②成年鸭体重:公鸭 1 430 g,母鸭 1 550 g。屠宰率:半净膛 72.0%,全净膛 70.3%。开产日龄 108 d,年产蛋 280～300 枚,蛋重 67 g。

57. 肉蛋兼用型鸭种有哪些?其生产性能是怎样的?

(1)高邮鸭。

①产地与分布。主产于江苏省的高邮、兴化、宝应等县市,分布于苏北京航运河沿岸的里下河地区。该品种潜水深,觅食力强,善产双黄蛋,以前属于蛋肉兼用型麻鸭,近年来经系统选育,培育出了专门的蛋用型品系,其产蛋性能较以前有明显提高。

②体形外貌。母鸭颈细长,胸部宽深,臀部方形,全身为浅褐色麻雀羽毛,斑纹细小,主翼羽蓝黑色,镜羽蓝绿色,喙紫色,胫、蹼橘红色。公鸭体躯呈长方形,背部较深,头和颈上部羽毛墨绿色,背部、腰部羽毛棕褐色,胸部羽毛棕红色,腹部羽毛白色,尾部羽毛黑色,主翼羽蓝色,有镜羽;喙青绿色,胫、蹼橘黄色(图 37)。

③生产性能。

产蛋性能:经过系统选育的兼用型高邮鸭平均年产蛋数 248 枚左右,平均蛋重 84 g,双黄蛋占 39%。蛋壳颜色有青、白两种,以白壳蛋居多,占 83% 左右。

生长速度:成年鸭体重,公鸭为 2.0～3.0 kg,母鸭约为

图 37　高邮鸭

2.6 kg。

繁殖性能：母鸭开产日龄为 120～140 d，公母鸭配种比例为 1∶(25～30)，种蛋受精率达 90%以上，受精蛋孵化率在 85%以上。母鸭利用 2 年，公鸭利用 1 年。

由高邮鸭研究所新育成的高产品系苏邮Ⅰ号(种用)，成年鸭体重 1.65～1.75 kg，开产日龄为 110～125 d，年产蛋数 285 枚，平均蛋重 76.5 g，料蛋比为 2.7∶1，蛋壳青绿色。苏邮Ⅱ号(商品用)成年体重为 1.5～1.6 kg，开产日龄为 100～115 d，年产蛋 300 枚，平均蛋重 73.5 g，料蛋比约为 2.5∶1，蛋壳青绿色。

(2)建昌鸭。

①产地与分布。主要分布在四川省西南部的西昌(旧称建昌)、德昌、会里、米易和冕宁等县市。是麻鸭中肉用性能良好的品种。

②体形外貌。该鸭体躯宽深，头大颈粗，具有内鸭的外貌特征。母鸭羽毛以浅麻雀羽居多，部分为深麻雀羽，颈部羽毛为黄褐色，喙黄褐色，胫、蹼橘红色；公鸭头部和颈部上段羽毛墨绿色，胸、背部羽毛红褐色，腹部浅灰色，尾羽黑色，喙橘黄色，胫、蹼橘红色。此外，建昌鸭中还有部分个体为黑羽白胸，喙、胫、蹼均为黑色(图 38)。

图 38　建昌鸭

③生产性能。母鸭的开产期为 150~180 日龄,年产蛋约 150 枚,蛋重约 72 g,蛋壳青色较多,白色较少。成年公鸭体重在 2.2~2.6 kg,母鸭在 2.0~2.1 kg,仔鸭 90 日龄体重可达 1.66 kg。

建昌鸭的肥肝生产效果在麻鸭中是最好的,20 周龄前后的鸭经过 2~3 周的填饲,肝脏重量可达 200~400 g,质地细嫩肥美。上海市农业科学院畜牧研究所,以建昌鸭作父本,狄高商品鸭作母本,用其杂交了一代作肥肝鸭生产,饲养至 90 日龄,选择健康、发育正常的鸭进行个体笼养填饲,日填饲 2~3 次,填饲期 23 d,据研究,填饲末体重与肝重相关,末重达到 4 kg 时,公母鸭肝重均 300 g 以上。

(3)巢湖鸭。

①产地与分布。巢湖鸭主产于安徽省中部巢湖周围的庐江、巢县、肥西、肥东、舒城、无为、和县、含山等县市。该品种具有体质健壮、行动敏捷、抗逆性强和觅食能力强等特点,是制作无为熏鸭和南京板鸭的良好材料。

②体形外貌。巢湖鸭中等大小,体躯长方形,匀称紧凑。公鸭的头和颈上部羽色墨绿,有光泽,前胸和背腰部羽毛褐色,缀有黑色条斑,腹部 白色,尾部黑色。喙黄绿色,虹彩褐色,胫、蹼橘红

色,爪黑色。母鸭全身羽毛浅褐色,缀黑色细花纹,称浅麻细花;翼部有蓝绿色镜羽;眼上方有白色或浅黄色的眉纹(图 39)。

图 39 巢湖鸭

③生产性能。

产蛋性能:巢湖鸭产蛋分为 2～7 月份的春季产蛋期和 8～10 月份的秋季产蛋期。年产蛋量 160～180 枚。平均蛋重 70 g。蛋壳有白色、青色两种,以白色的居多,约占 87%。

生长速度与产肉性能:巢湖鸭成年公鸭体重 2 100～2 700 g,母鸭 1 900～2 400 g。肉用仔鸭 70 日龄体重 1 500 g,90 日龄体重 2 000 g。全净膛屠宰率 72.6%～73.4%,半净膛屠宰率 83%～84.5%。

繁殖性能:巢湖鸭母鸭在放牧为主的饲养条件下,140 日龄左右达到性成熟,当地习惯采用限制饲养,使前一年秋孵的母鸭到次年 2 月份开产,把开产期推迟至 7 月龄。早春季节的公母配种比例为 1∶25,清明以后可增加到 1∶33。种蛋受精率在 90% 以上,受精蛋孵化率 90% 左右。公鸭利用年限 1 年、母鸭 3～4 年。

(4)昆山大麻鸭。

昆山大麻鸭由江苏省昆山麻鸭原种场用当地娄门鸭母鸭和北京鸭公鸭杂交选育而成,属肉蛋兼用型鸭。该品种鸭具有体型大、生长快、肉味美、耐粗饲,觅食力和抗病力强等优点。该鸭适应性很强,在我国南方和北方都能饲养,目前除在江苏省广泛饲养外,福建、湖南、湖北、浙江、安徽、吉林和黑龙江等十几个省都相继引种饲养,活鸭在香港市场很受欢迎。

①体形外貌。昆山大麻鸭公鸭体躯长,腹宽而饱满,头大呈方形,颈粗壮;头颈部羽毛为乌金绿色,喙淡青绿色,嘴豆黑色,脚橘红色,爪肉色。

②生产性能。昆山大麻鸭在限制饲养条件下,母鸭 200 日龄开产,年产蛋可达 160 个以上,蛋重 80 g,蛋壳多为米色,少数为青色。昆山大麻鸭初生重 45 g,30 日龄平均体重 0.9 kg,50 日龄平均体重 2 kg。成年公鸭 3.5 kg,母鸭 2.5 kg。昆山大麻鸭肉味鲜美,鸭蛋营养价值高。

(5)大余鸭。

大余鸭的养殖区主要位于江西省西南部的大余县及其周边的遂川、崇义、赣县、永新等县市。广东省的南雄县也是大余鸭的重要养殖区。大余鸭具有适应性强、胸腿肌肉发达、瘦肉率高、皮薄肉嫩、骨脆可嚼、腊味香浓、肉质好等优点(图 40)。

图 40　大余鸭

大余鸭雏鸭出壳体重 42 g,30 日龄、60 日龄、90 日龄和 120 日龄公鸭的平均体重分别为 0.446 kg、0.944 kg、1.42 kg 和 1.82 kg,母鸭平均体重分别为 0.406 kg、0.899 kg、1.46 kg 和

1.78 kg。成年公鸭体重 2.15 kg,母鸭体重 2.11 kg。屠宰测定公鸭的半净膛率为 84.1%,母鸭为 84.5%;公鸭全净膛率为74.9%,母鸭为 75.3%。适宜制作板鸭的屠宰日龄是 110~130 d。大余鸭的开产日龄 170 d 左右,产蛋率达到 50% 的日龄为 200 d,500日龄产蛋量 190 枚。公母配种比例 1:10,种蛋受精率 83.0%~92.0%,受精蛋孵化率为 85~92.0%。育雏期(28 日龄)的成活率为 95.0%。

58. 如何根据生产性能选择鸭的品种?

优良的生产性能是取得良好经济效益的基础。因此,在同一类型的品种中,要选择生产性能好的品种。肉鸭要看其生长速度、料肉比;蛋鸭要看其产蛋量、蛋重、料蛋比;其次,要看鸭的适应性和生活力,看哪个鸭种抗病强,发病少。

在引入良种之前,要进行项目论证,明确生产方向,全面了解拟引进品种的生产性能,以确保引入良种与生产方向一致。如有的地区一直是肉用仔禽的主产区和消费区,本地也有相当数量的地方品种,只是生产水平相对较低,这时引入的品种应该以肉用性能为主,同时兼顾其他方面的生产性能,因为种用水禽的生产性能是多性状的综合表现,包括生长发育、生活力和繁殖力、产肉性能、饲料消耗、适应性等。对其生产性能可以通过厂家的生产记录、近期测定站公布的测定结果,以及有关专家或权威机构的认可程度进行全面了解。同时要根据本身的级别(品种场、育种场、原种场、商品生产场)选择相应层次的良种,如有的地区引进纯系原种,其主要目的是为了改良地方品种,培育新品种、品系或利用杂交优势进行商品禽生产;而有的禽场直接引进育种公司的配套商品系生产水禽产品;也有的厂家引进祖代或父母代种禽繁殖制种。总之,花了大量的财力、物力引入的良种要物尽其用,各级单位要充分考虑到引入品种的经济、社会和生态效益,做好原种保存、制种繁殖和选育提高的育种计划。

（1）产蛋力。产蛋力与鸭的成熟期和换羽期的早晚、蛋的重量等因素有关。一般开产日龄早，换羽迟，蛋型大，产蛋持续时间长，产蛋力就高，相反，产蛋力就低。

（2）产肉力。产肉力是肉用型鸭选种的重要指标之一，包括体重、生长速度、肥育能力和肉的品质等。因此，选种时应选同群中生长最快，体重较大，并符合本品种特征者为好。

（3）繁殖力。鸭的繁殖力通常指产蛋量，受精率，孵化率和雏鸭的成活率等。繁殖力的高低与经济效益有着直接的关系。

由于种鸭一般是集中饲养比较多，而且大多数在夜间产蛋，所以，很难准确记录个体的生产成绩和根据记录成绩进行选择。因此，在生产实践中大多采用第一种方法来进行选择。养殖户可根据自身养殖条件，有条件的话也可根据生产成绩进行选择。如果将两种方法进行结合，效果会更好。

59. 如何选择市场需求的鸭品种？

不同地区对鸭产品的需求不一样，只有选择适销对路的产品，才能取得较好的经济效益，根据市场调研结果，确定能满足市场需要的品种引入。鸭的主产品是肉仔鸭、鸭蛋、羽绒、肥肝等；鹅的主产品是肉仔鹅、肥肝、羽绒、鹅绒裘皮等。我国南方省区如四川、江苏、广东及港、澳、台，以及东南亚地区一直是养殖和消费鸭肉的主要地区，板鸭、烤鸭、盐水鸭等都是当地的名吃。随着人们对绿色食品的认识和需求，鸭肉将在禽肉市场上占有更大的份额，因此可以引进肉用性能高的良种提高当地品种的生产力水平，以满足越来越大的市场需求，北京鸭、狄高鸭、樱桃谷鸭、瘤头鸭等均具有较高的产肉性能，都能够作为候选品种。北方省区和南方一些地区人们喜食鸭蛋，绍鸭、金定鸭、江南Ⅰ号、江南Ⅱ号、樱桃谷蛋鸭等都是国内、国际著名的高产蛋鸭品种，可根据生产需要、自然生态环境选择合适的品种引进。

国际羽绒市场一直根活跃，我国是国际羽绒生产与出口大国，鸭绒的产量与质量的提高必将带来巨大的经济效益,白色鸭种均可以作为羽绒生产的备选品种。

60.如何在选育过程中选择优良种鸭?

任何优秀的家禽品种都存在退化的趋势,如果不进行选种则这种退化表现得更突出。良种是选育出来的,也需要通过不断地选育来保持其良好的生产性能。选种的目的在于选出优秀的个体,并能将其优良的品质遗传给后代的鸭留作种用,以提高商品鸭的生产性能和经济效益。对种鸭选择总的要求是,品种(系)的外形特征明显,体质健壮,适应性强,遗传稳定和生产性能优良。

(1)根据体形外貌和生理特征选择。体形外貌和生理特征在一定程度上可反映出种鸭的生长发育和健康状况,并可作为判断生产性能的参考。这种选择方法在农户小规模养鸭场是比较适用的。因为,小规模养鸭场很少做后裔性能测定,对每只鸭的个体生产性能记录也很少落实,通常只是记录大群在某个时期的生产性能。因此,只能依靠体形外貌与生理特征来选留种鸭。

(2)根据记录资料选择。体形外貌与生产性能有密切关系,但还不是实际生产性能的表现。因此,单从体质外形选种,还难以准确地评定种鸭潜在的生产性能和利用价值。本身成绩是种鸭生产性能在一定饲养管理条件下的现实表现。因此种鸭本身成绩可作为选择的重要依据,系谱选择只能说明该个体生产性能的潜在可能性,而本身成绩则反映了该个体已经达到的生产水平。根据现代遗传学的研究,个体本身成绩的选择只有对遗传力高的性状,如体重、蛋重、生长速度等有效;而遗传力低的性状,如繁殖方面的性状则需要采用家系选择方才有效。

61.如何选择蛋用种鸭?

一般在早春或秋季进行选择。早春选择可以合理组织春季的繁殖配种鸭群,秋季选择可以对完成一个产蛋年度的种鸭进行鉴定,留优去劣,更新鸭群。

种公鸭的选择:头大、颈粗、胸深而突出,背宽而长,嘴齐平,眼大而明亮,腿粗而有力,体格健壮,精神活泼,生长快,羽毛紧密,有光泽,性欲旺盛。对于有色品种的绿头公鸭,其头和颈上部的羽毛和镜羽还应有鲜明的翠绿色光泽。选择性指羽发达,阴茎发育良好,无缺陷的公鸭留为种用。

种母鸭的选择:如果以产蛋为目的,那么选择的种母鸭应体长丰满但不肥胖,腿粗壮,两腿间的距离略宽,胸部深宽,臀部丰满下垂但不擦地,走路稳健,觅食力强,羽毛细致,麻鸭的斑纹要细。如果以产肉为目的,应选择体长,背宽,胸深而突出,行动迟缓,性情温驯,生长快的鸭。

62.如何选择肉用型种鸭?

肉用型种鸭的体重和生长速度与 6～8 周龄的雏鸭体重和生长速度有较强的正相关性,因此肉用种鸭应在此时选留生长迅速、体重大、羽毛丰满、没有生理缺陷的青年鸭留作种用。对肉用型种鸭总的要求是喙宽而且直,头大宽圆;颈粗中等长,胸部丰满向前突出,背宽而长,腹深,脚粗稍短,两脚间距宽。对公鸭着重选择个大体长,背直而宽,胸骨正直,体形呈长方形,与地面几乎平行,尾稍上翘,双腿位于体躯中央,雄壮稳健的留为种用。

63.怎样确定合适的配种年龄和配种比例?

(1)配种年龄。某些非常早熟的鸭品种,可在 8～9 周龄时出现精子,并在 10～12 周龄时即可采到精液。但在自然交配时,要得到满意的精液量和受精力一般都要到 20～24 周龄。据研究,鸭的睾丸发育和精子发生与鸡类似。公鸭配种年龄过早,公鸭的生长发育受到影响,使其提前失去配种价值,而且受精率低。通常早熟品种的公鸭应不早于 120 日龄,蛋用型公鸭配种适宜年龄为120～130 日龄。樱桃谷蛋鸭为 140 日龄。晚熟品种公鸭的适宜配种年龄,因品种和来源不同而异,北京公鸭165～200日龄;樱桃谷超级肉鸭、狄高鸭182～200日龄,瘤头公鸭165～210日龄,引进的法国瘤头鸭性成熟期210日龄,比本地番鸭迟20～30 d。

(2)配种比例。鸭的配种性比随种类型不同而差异较大,鸭的配种性比随品种类型不同差异较大,可参照下列比例组群,同时可根据受精率高低进行适当调整。蛋用型鸭:1:(20～25),肉用型鸭:1:(5～8),樱桃谷超级肉鸭:1:(4～5),瘤头鸭:1:(5～8),兼用型鸭:1:(15～20)。一些麻鸭饲养地区习惯采用1:10的比例配种,母鸭数量明显偏低、公鸭过多常造成争配,干扰了正常配种,使受精率降低。据测定,蛋用型麻鸭以1:10配种;其受精率仅9%,而改为1:25配种比例,则受精率达92,4%。相反,如公鸭太少,除了公鸭消耗太大,也会造成受精率低。

配种比例除了因品种类型而异之外,尚受以下因素的影响。

①季节。早春、深秋季节,气候寒冷公鸭性活动降低,公鸭数量应提高约2%,具体蛋用型鸭采用1:(20～25),春末至初秋用1:(23～30)的性配比;兼用型鸭早春和深秋季节用1:(15～20),春末至初秋用1:(20～25)的配种比例。

②饲养管理条件。在良好的饲养条件下,特别是放牧鸭群能获得丰富的动物饲料时,公鸭的数量可以适当减少。

③公母鸭合群时间的长短。在繁殖季节到来之前,适当提早合群对提高受精率是有利的。合群初期公鸭的比例可稍高些,如蛋用型鸭公母比可用1:(14～16),20 d后可改为1:25。大群配种时,常可见部分公鸭较长时期不分散于母鸭群中配种,需经十多天才合群。因此,在大群配种时将公鸭及早放入母鸭群中是很必要的。

④种鸭的年龄。1岁的种鸭性欲旺盛,公鸭数量可适当减少。实践表明公鸭过多常常造成鸭群受精率低。据测定,蛋用型麻鸭以1:10配种,其受精率仅为64.9%,而以1:25配种,其受精率则为92.5%。这是因为公鸭过多,发生争配,干扰了正常的配种

所致。

64. 种鸭的利用年限是多少？ 怎样确定鸭群结构比例？

（1）鸭的利用年限。鸭的寿命可长达 20 年，但养到 3 年以上很不经济。母鸭第一年产蛋量最高，2～3 年后逐渐下降。因此，种母鸭的利用年限以 2～3 年为宜。种公鸭只利用一年即淘汰。

（2）鸭群结构。放牧种鸭群多由不同年龄的鸭组成。通常情况种鸭群结构组成为：1 岁母鸭 25％～30％，2 岁母鸭 60％～70％，3 岁母鸭 5％～10％。这种鸭群结构由于有老龄母鸭带领，因而放牧时觅食能力强，鸭群听指挥，管理方便，产蛋率稳定，种蛋的合格率高。

65. 如何进行鸭的人工授精？

利用人工授精可以减少公鸭的饲养量，节省成本；对不同属间杂交，还可以大大提高受精率。

（1）人工授精器具的准备。输精器、集精杯、灭菌生理盐水、医用棉、剪刀，以及检查精液品质的显微镜、载玻片、红细胞计算器等。

（2）公鸭的采精训练。人工授精的公母鸭在产蛋前应分开饲养，如已经产蛋的鸭群应在试验前 15～20 d 将公母鸭分开，公鸭选用个体粗壮，性欲强的进行单笼饲养，隔离 1 周即开始采精训练，每周两三次，采精前将公鸭泄殖腔周围的羽毛剪干净，采精时找一只试情母鸭，用手按其头背部，母鸭会自动蹲伏者即可，将公鸭和母鸭放在采精台上，当公鸭用嘴咬住母鸭头颈部，频频摇摆尾羽，同时阴茎基部的大小淋巴体开始外露于肛门外时，采精者将集精杯靠进公鸭的泄殖腔，阴茎翻出，精液射到集精杯内。性成熟时公番鸭经训练能建立性条件反射占 83.3％，而 48 周龄只为 16.7％，因此在性成熟时要及时对公鸭训练采精，同时按公母比例 1∶20～30 留足配种公鸭数。公鸭一般一个星期采精 5 d，一天一次。

(3)精液品质测定。番鸭精液为乳白色,略带腥味,精液量较多,约 0.4～2.6 mL,平均 1.1 mL,密度达 16～25 亿/mL,平均18.5 亿/mL,精子活力 7～9.8 级,pH 6.9～7.4,输精前检查精子活力,250～500 倍显微镜下 80％以上精子作直线前进运动的才作输精用。北京鸭精液量 0.38 mL,密度 34.9 亿/mL,樱桃谷鸭精液量 0.29 mL,密度 27.23 亿/mL。

(4)母鸭的输精技术

①手指引导输精法。助手将母鸭固定在输精台上,输精者的右手食指从泄殖腔口轻缓地插入泄殖腔内,再向左下侧寻找阴道口所在,手感比较温暖润滑,左手持输精器沿着手指的腹部,插入阴道 3～6 cm,然后抽出食指输入所需的精液量。这种方法较适用于母番鸭输精,因为母番鸭泄殖腔收缩较紧,难翻出。

②输卵管口外翻输精法。这种方法较适用于麻鸭和北京鸭等,生产中常用。将母鸭按在地上,输精者用一只脚轻轻踩住母鸭的颈部或把母鸭夹在两腿之间,母鸭的尾部对着输精者,用左、右手的三指(除拇指、食指)轻轻挤压泄殖腔的下缘,用食指轻轻拨开泄殖腔口,使泄殖腔张开,这时,我们能见到两个小孔,右边一个小孔为排粪尿的直肠口,左边一个小孔就是阴道口,腾出右手将输精器导管末端对准阴道插入输精。

(5)输精量。采用原精液授精时,一般用 0.05 mL,用稀释的新鲜精液授精一般为 0.1 mL,不管是原精液授精或是稀释精液授精,应授入有效精子数 5 000 万～9 000 万(有效精子数是指能直线前进运动的精子)。公番鸭与母麻鸭杂交有效精子数在 7 000万～9 000 万时受精率最佳,超过 9 000 万时亦不能提高其受精率,造成精液浪费,北京鸭与麻鸭人工授精,有效精子数 5 000 万就能得到较高受精率,这可能是因为北京鸭与麻鸭是同属间杂交。另外最好使用 2～3 只公鸭的混合精液输精,比单只公鸭精液输精受精率高。第一次输精时,输精量可加大 1 倍或第二天重复输精一次。

(6)输精间隔时间。输精间隔时间取决于精子在输卵管内的存活时间,以及母鸭的持续受精率天数,母鸭一次受精后大约在40 h出现第一枚受精蛋,最长受精率持续时间可达11～15 d,但高受精率的持续时间北京鸭与麻鸭人工授精为4～5 d,以后受精率显著下降,故间隔3～4 d输精一次,就可以维持良好受精率,如果是番鸭与麻鸭(或北京鸭)间人工授精,由于不同属,番鸭精子在母鸭输卵管内受精能力的维持时间较短,在3～4 d内维持高受精率,因此间隔2～3 d输一次精液才能保持良好受精率,而番鸭本品种人工授精高受精率持续时间可达7 d之久,输精间隔以6 d为佳。

(7)输精时间。许多试验证实,以同一剂量的精液在一天内不同时间给母鸭授精,蛋的受精率存在差异,但差异的程度,不同研究者的结果不相一致。但有一点是肯定的,输精时子宫中有硬壳蛋越接近临产越影响受精率,这可能是快产蛋时输精,一些精子还未进入贮精腺,而被蛋带出,或由于产蛋输卵管内环境暂时出现变化。一般麻鸭的输精时间在上午,因为麻鸭产蛋是在夜里,上午子宫里无硬壳蛋存在,便于输精操作和精子在输卵管的上行运动,但也有报道以下午好;番鸭产蛋是在凌晨4时至上午10时,以下午输精好。但总的来说,输精量即输入有效精子数和输精间隔天数比输精时间重要得多,输精时间可依具体情况而定。

(8)稀释液。当精子浓度高而精液量少时,精液黏稠,易粘在集精杯的杯壁上,为了减少精子损失及授精量过少的不便,必需添加稀释液,有试验表明,北京鸭精液稀释组比未稀释组好,而番鸭精液稀释组则比未稀释组差,这可能是番鸭精液量较多,精液浓度较为稀薄呈水样,不必稀释。另外受精率会因稀释倍数的增高而有降低的现象,麻鸭及北京鸭精液稀释倍数高于4倍时受精率显著降低,以1～3倍为宜。

(9)注意事项。

①采精场所要安静,不要有生人进出,以免引起鸭不安,采精人员也要相对固定,因为不同采精人员的采精手势,用力轻重不同,引起鸭性反射的兴奋程度也不一样。授精人员要有细心,耐心和高度的责任心,捉放鸭时,动作要轻巧,不能太猛,否则影响产蛋和受精率,授精人员无论采用哪种方法授精,授精器插入阴道后,要顺势推进,一旦受阻,将授精器稍微退后,再探索推进,无论如何不能硬推,否则,会将输卵管穿破,引起死亡。

②提高精液的清洁度,精液清洁度直接影响精子的存活时间和活力,集精杯、输精器要高压消毒干净,要注意公鸭肛门周围的清洁卫生,把公鸭肛门周围的羽毛剪干净,用一块沾有灭菌生理盐水的棉花清洗肛门,由中央向外擦洗,以防止采精时脏物掉入集精杯内,采精最好在公鸭觅食之前进行,以避免或减少采精时排泄粪便。当精液被粪尿污染时,在光学显微镜下,可以看到许多精子围绕赃物集聚成团,经过 2～3 h 以后,还可以见到众多的杆菌和球菌杂生,这时,精液的酸碱度从 pH 7 左右下降到 pH 6～5.4,在这样的酸性环境中,精子容易死去。另外,输精时,每输完一只母鸭,输精器的吸嘴要用沾有灭菌生理盐水的棉花擦拭干净。

③精液最好在采精后半个小时输完,超过 40 min,受精率就会下降。一般本品种间人工授精受精率可达 89%～95%,同属间杂交受精率可达80%～89%,不同属间杂交受精率可达 70%～85%。

66.鸭的引种注意事项有哪些?

(1)不要盲目引种。引种应根据生产或育种工作的需要,确定品种类型,同时要考察所引品种的经济价值。尽量引进国内已扩大繁殖的优良品种,可避免从国外引种的某些弊端。引种前必须先了解引入品种的技术资料,对引入品种的生产性能、饲料营养要求要有足够的了解。

(2)注意引进品种的适应性。选定的引进品种要能适应当地的气候及环境条件。每个品种都是在特定的环境条件下形成的，对原产地有特殊的适应能力。当被引进到新的地区后，如果新地区的环境条件与原产地差异过大时，引种就不易成功，所以引种时首先，要考虑当地条件与原产地条件的差异状况；其次，要考虑能否为引入品种提供适宜的环境条件。考虑周到，引种才能成功。

（3）引种渠道要正规。从正规的种鸭场引种，才能确保雏鸭质量。

（4）必须严格检疫。绝不可以从发病区域引种，以防止引种时带进疾病。进场前应严格隔离饲养，经观察确认无病后才能入场。

（5）必须事先做好准备工作。如圈舍、饲养设备、饲料及用具等要准备好，饲养人员应作技术培训。

（6）注意引种方法。

①首次引入品种数量不宜过多，引入后要先进行 $1\sim2$ 个生产周期的性能观察，确认引种效果良好时，再适当增加引种数量，扩大繁殖。

②引种时应引进体质健康、发育正常、无遗传疾病、未成年的幼禽，因为这样的个体可塑性强，容易适应环境。

③注意引种季节。引种最好选择在两地气候差别不大的季节进行，以便使引入个体逐渐适应气候的变化。从寒冷地带向热带地区引种，以秋季引种最好，而从热带地区向寒冷地区引种则以春末夏初引种最适宜。

四、适度规模养鸭经营饲料配制技术

67. 鸭的饲养标准是怎样的？

为了使鸭体健壮，充分发挥其生产潜力，得到最好的生产性能，并且不浪费饲料，降低成本，取得最大的经济效益，就必须根据鸭的种类、周龄、生产目的及生产水平，结合代谢试验和饲养试验的结果，科学地制定鸭的饲养标准（表4、表5）。饲养标准虽在养鸭生产中起着重要作用，但世界上没有一个通用的标准，不同的国家和地区应根据当地的实际情况，制定出适合本国或本地区使用的标准（表6）。

表 4　商品肉鸭的推荐营养需要量

营养物	0～14 d 雏鸭	15～35 d 中鸭	36 d 至屠宰育肥鸭
代谢能 大卡/（Kcal/kg）	3 118	3 080	3 022
蛋白质/%	22	19.5	16～17
代谢能/蛋白质（cal/kg 或%）	142	158	178～189
赖氨酸/%	1.2	1.1	1.0
蛋氨酸/%	0.45	0.34	0.27
蛋＋胱氨酸/%	0.70	0.60	0.60
钙/%	1.1	1.0	1.0
总磷/%	0.80	0.78	0.75
非植酸磷/%	0.60	0.53	0.40
食盐/%	0.40	0.40	0.45
锰/（mg/kg）	55	55	55

续表 4

营养物	0～14 d 雏鸭	15～35 d 中鸭	36 d 至屠宰育肥鸭
锌/(mg/kg)	33	33	33
碘/(mg/kg)	0.35	0.37	0.37
硒/(mg/kg)	0.15	0.15	0.15
维生素 A/(IU/kg)	5513	5713	5713
维生素 D_3/(IU/kg)	882	882	882
维生素 E/(IU/kg)	6.62	4.41	4.41
维生素 K_4/(mg/kg)	1.1	1.1	1.1
维生素 B_2/(mg/kg)	3.31	3.31	3.31
维生素 B_{12}/(mg/kg)	0.004 41	0.004 41	0.004 41
烟酸/(mg/kg)	44.1	33	33
泛酸/(mg/kg)	8.82	6.62	6.62
胆碱/(mg/kg)	1103	1103	1103
生物素/(mg/kg)	0.10	0.10	0.10

表 5　种鸭及产蛋鸭的推荐营养需要量

营养物	雏鸭 0～14 d	中鸭 15～35 d	后备鸭 36 d 后	产蛋鸭 种鸭
能量/(Kcal/kg)	3 118	3 080	2 600～2 700	2 700～2 800
粗蛋白质/%	22	19.5	13～14	16～20
代谢能/粗蛋白/(cal 或%)	142	158	200～193	169～140
赖氨酸/%	1.2	1.1	0.75	0.70
蛋氨酸/%	0.45	0.34	0.35	0.32
蛋+胱氨酸/%	0.70	0.60	0.54	0.58
钙/%	1.1	1.0	1.2	2.5～3.5
总磷/%	0.80	0.78	0.80	0.75
有效磷/%	0.60	0.53	0.50	0.42
食盐/%	0.40	0.40	0.40	0.40
锰/(mg/kg)	55	55	55	44
锌/(mg/kg)	33	33	33	55

续表5

营养物	雏鸭 0～14 d	中鸭 15～35 d	后备鸭 36 d后	产蛋鸭 种鸭
碘/(mg/kg)	0.35	0.37	0.37	0.33
硒/(mg/kg)	0.15	0.15	0.15	0.15
维生素 A/(IU/kg)	5513	5713	5700	8820
维生素 D₃/(IU/kg)	882	882	882	882
维生素 E/(IU/kg)	6.62	4.41	4.41	11
维生素 K₄/(mg/kg)	1.1	1.1	1.1	2.21
维生素 B₂/(mg/kg)	3.31	3.31	3.31	6.62
维生素 B₁₂/(mg/kg)	0.004 41	0.004 41	0.004 41	0.008 82
烟酸/(mg/kg)	44.1	33	33	55
泛酸/(mg/kg)	8.82	6.62	6.62	11
胆碱/(mg/kg)	1 103	1 103	1 103	1 323
生物素/(mg/kg)	0.1	0.1	0.1	0.1

表6　商品代肉鸭日粮的营养推荐量

营养物	育雏期 0～2 周龄		生长期 3～5 周龄		肥育期 6～7 周龄		填鸭期 6～7 周龄	
	最低	最高	最低	最高	最低	最高	最低	最高
代谢能/(kcal/kg)	2 800	3 000	2 900	3 100	2 950	3 100	2 900	3 000
代谢能/(MJ/kg)	11.70	12.54	12.12	12.96	12.33	12.96	12.12	12.54
粗蛋白/%	19.5	21.5	17.5	19.0	16.5	18.0	15.0	16.5
蛋氨酸/%	0.50	—	0.40	—	0.30	—	0.30	—
蛋氨酸＋胱氨酸/%	0.82	—	0.70	—	0.60	—	0.60	—
赖氨酸/%	1.10	—	0.85	—	0.65	—	0.60	—

续表6

营养物	育雏期 0～2周龄		生长期 3～5周龄		肥育期 6～7周龄		填鸭期 6～7周龄	
	最低	最高	最低	最高	最低	最高	最低	最高
苏氨酸/%	0.75	—	0.60	—	0.45	—	0.55	—
色氨酸/%	0.23	—	0.16	—	0.16	—	0.15	—
纤维素/%	—	4.00	—	5.00	—	6.00	—	5.00
脂肪/%	—	5.00	—	5.00	—	4.00	—	5.00
钙/%	0.80	1.00	0.80	1.00	0.70	0.90	0.70	0.90
非植酸磷/%	0.40	0.42	0.38	0.40	0.35	0.40	0.35	0.40
总磷	0.55	0.65	0.55	0.65	0.52	0.65	0.52	0.65

注:引自中国农业科学院畜牧研究所试验研究取得的数据

68.鸭的营养需要有哪些?

(1)维持需要。管理和营养都会影响鸭的维持需要。在较热的鸭舍,鸭所需要的饲料能较少,因为用于维持体温的能量消耗较少。随着环境温度的升高,鸭的耗料随之减少。当环境温度高于30℃时采食量明显减少。笼养时由于鸭的活动量减少,能量消耗降低,表现为采食量的明显降低。

品种也影响鸭的维持需要。不同品种鸭的代谢或行为特征不同,其维持需要也不同。高产蛋鸭用于维持的相对量较低,个体大的鸭种较个体小的鸭种需要更多的绝对维持需要量。

(2)生产需要。对于肉鸭生产而言,生产需要确定依据是在一定上市日龄前提下获得满意的上市体重和饲料转化效率。鸭和其他畜、禽一样,前期具有较快相对增重速度,后期有较快的绝对增长速度,采用分阶段饲养方式可以取得较满意的饲养效果和经济效益。

对于蛋鸭生产而言,生产需要确定应考虑多方面因素,具体包括:

①阶段饲养。蛋鸭饲养期一般可粗略分成三个时期,即育雏期、育成期和产蛋期。育雏期和产蛋期的营养需要研究较多,结果已趋一致,而育成期的营养需要研究较少,在生产实际中存在许多问题。育成期的限制饲养在蛋鸭生产实践中是一项成熟的技术,被广大养殖户所采用。限制饲养的优点在于节省饲养成本和提高蛋鸭的产蛋性能;而在蛋鸭生产上,由于蛋鸭的性成熟较蛋鸭早,体成熟和性成熟相差时间短,是否采取限制饲养尚存在争议,但应鼓励控制蛋鸭开产体重,防止过多的脂肪沉积。

②饲料转化率。不管鸭调整能量摄入的精确性如何,同样生产 1 kg 鸭蛋,喂给高能量平衡日粮时的耗料量肯定比喂给低能日粮时的耗料量少。一般认为,产蛋鸭营养素的日需要量是恒定的,因此根据采食量的变化调整营养素浓度比较合理。

③产蛋高峰持续期。营养因素对产蛋高峰持续期有非常明显的影响。营养不足或营养过剩均对产蛋高峰持续期产生不利影响。营养不足导致蛋形偏小,严重时产蛋率下降,营养过剩导致产蛋鸭过多的脂肪沉积,影响产蛋能力。

④蛋重。蛋重除与品种有关外,还与营养因素有关。提高蛋氨酸、粗蛋白、脂肪水平能增加蛋重,降低能量和蛋氨酸水平会降低蛋重。

⑤蛋壳质量。蛋壳质量与日粮中的钙、磷及维生素 D 有关。钙、磷及维生素 D 缺乏会产生无壳、薄壳、软壳、沙壳等蛋壳质量问题。在产蛋后期,适当添加鱼肝油及维生素 A、D、E 粉对提高蛋壳质量及产蛋能力有益。

69. 养鸭所需饲料中谷类包括哪些？ 用量如何？

鸭的配合饲料通常是由多种甚至数十种饲料原料组成的;这些饲料原料本身可能含有多种营养物质,但是相对于鸭的生产和生活需要都显得某些营养素缺乏或不足。只有多种饲料原料按照适当的比例混合配制出的配合饲料营养才是全面的(即全价的饲料），才能够满足鸭生产和生活的需要。

谷实类的营养特点是淀粉含量高，一般占干物质的 50% 以上；粗纤维含量较低，为 2%～6%，因而谷实类籽实中各种成分的消化利用率高，可利用能值比较高。然而，谷实类的蛋白质含量低，且品质较差（主要表现在其蛋白质的氨基酸组成不平衡，尤其赖氨酸含量较低），蛋白质含量一般在 10% 左右（7%～13%），单纯依靠谷实类难以满足鸭的蛋白质要求。矿物质含量不平衡，钙一般低于 0.1%，而磷高达 0.3%～0.5%，但是其中主要是家禽利用效率很低的植酸磷。维生素含量不平衡，一般含维生案 B_1，烟酸、维生素 E 较多，而维生素 B_2、维生素 D 和维生素 A 较缺乏。在鸭生产中常用的谷实类饲料主要有以下几种。

（1）玉米。玉米是畜禽生产中使用最广泛、用量最大的饲料粮，世界上玉米的用途为：70%～75% 作为饲料，15%～20% 作为粮食，10%～15% 作为工业原料。玉米是畜禽饲料中用量最大的饲料粮，因而被称为"饲料之王"。

玉米可利用能值在谷实类中居首位，以鸭生产为例其代谢能值达到 14 MJ/kg；粗纤维含量少，仅有 2% 左右，而无氮浸出物高达 72%，而且主要是淀粉，消化率高；脂肪含量高达 3.5%～4.5%；其中亚油酸（必需脂肪酸）含量高达 2%，在谷类籽实中属于最高者，在配合饲料中使用 50% 的玉米就能够满足鸭对亚油酸的需要。但是，玉米的蛋白质含量低（7%～9%），而且品质差，缺乏赖氨酸和色氨酸，含水溶性维生素 B_1 较多，而维生素 B_2 和烟酸少；玉米含钙极少，仅 0.02% 左右，含磷约 0.25%，其中植酸磷占 50%～60%。铁、铜、锰、锌、硒等微量元素含量也较低。黄玉米含色素较多，对蛋黄着色有显著影响，其效果优于苜蓿粉和蚕粪类胡萝卜素。

近几年来我国培育出了一些新品种，如高赖氨酸玉米（赖氨酸和色氨酸含量比普通玉米高 50% 以上）、高蛋白玉米（粗蛋白质达 17.0%）、高油脂玉米（脂肪含量比普通玉米高 1%～4%）。这些玉米品种对改善配合料的品质,减少蛋白质饲料的用量有重要意义。

玉米籽实外壳有一层釉质,可防止籽实内水分的散失,因而很难干燥。在高温环境中,含水量高的玉米,不仅养分含量降低,而且容易滋生霉菌,引起腐败变质,甚至引起霉菌毒素中毒。入仓的玉米含水量应小于 14%,随贮存期延长,玉米的品质相应变差,特别是脂溶性维生素 A、维生素 E 和色素含量下降,有效能值降低。如果同时滋生霉菌等,则品质进一步恶化。

有些鸭饲养户习惯单纯用开水烫过的玉米碎粒作为雏鸭的开食料,这是很不科学的,因为玉米的营养成分很不平衡,必须与其他各种饲料原料配合使用。玉米在瘤头鸭配合料中用量为 40%～70%。可根据鸭的大小将玉米粉碎成粗粉,均于生产配合料。

(2)小麦。在大多数情况下不用小麦作饲料,但如果小麦的价格低了玉米,也可用小麦作饲料,而且在鸭生产中适当使用一些小麦或其加工副产品对其生产也是有利的。小麦和玉米一样,钙少磷多,且磷主要是植酸磷。与玉米相比,小麦中脂肪含量较低,粗纤维含量较高,因此其能值较低;小麦的蛋白质含量比玉米高,氨基酸的组成也优于玉米。

小麦等量取代玉米时,饲喂效果不如玉米,仅及玉米的 90% 左右,并容易产生饲料转化率下降、排黏粪、垫料过湿、氨气过多、生长受抑制、跗关节损伤和胸部水泡发病率增加、宰后等级下降、产脏蛋、蛋黄颜色浅等问题。其原因在于小麦中含有一定量非淀粉多糖。目前,提高小麦饲喂效果的有效措施是:在小麦日粮中添加特异性的木聚糖酶,可减少食糜黏度,提高养分利用率和鸭的生产性能。

(3)大麦。大麦包括裸大麦和皮大麦(普通大麦)两种。

裸大麦能值高于皮大麦,仅次于玉米。大麦的蛋白质平均含量为 11%,最高可达 20.3%,氨基酸组成中赖氨酸、色氨酸、异亮氨酸等含量高于玉米,大麦是能量饲料中蛋白质品质较好的一种。粗脂肪含量约 2%,低于玉米的含量;脂肪酸中一半以上的是亚油酸。裸大麦的粗纤维含量为 2.0% 左右,与玉米差不多;皮大麦的粗纤维含量比裸大麦高 1 倍多,最高达 5.9%。二者的无氮浸出物含量均在 67% 以上,主要成分是淀粉,能值较高。

大麦中存在的可溶性多糖在消化道中能使食糜黏稠度增加,好像形成一张渔网能网住食糜中的养分,而减少养分与消化酶接触的机会,从而降低饲料养分消化率。在大麦日粮中添加特异性复合酶制剂,就能明显降低前肠食糜黏稠度,消除大麦的负效应。饲料中大麦用量控制在 10% 以下一般不会影响饲喂效果。

大麦使用时一般都是带壳的,在配制瘤头鸭料时应粉碎成粗粉或进行压扁处理,但是粉碎过细既影响适口性,又影响消化率。

(4)稻谷、糙米及碎米。稻谷为带外壳的水稻籽实。以稻谷加工程序而言,稻谷去壳后为糙米,糙米去米糠为大米,留存在 0.2 mm 及 0.1 mm 圆孔筛下的米粒分别为大碎米和小碎米。

除了用稻谷加工副产品如碎米、米糠作为饲料外,一般稻、谷不作为饲料,但食用品质较差的稻米也可用作配制鸭饲料。

稻谷内有一层坚硬的外壳,因而其中粗蛋白质和限制性氨基酸的含量均较低,粗纤维含量高,有效能值在各种谷实饲料中也是较低的一种,与燕麦籽实相似,但是,相对于鸡而言,鸭对稻谷的消化率较高,这主要是因为鸭肌胃的收缩力大、内压高、破碎稻壳的能力强。但是糙米及碎米是经过脱去外壳的,故有效能值比稻谷高,稻谷的矿物质中含有较多的硅酸盐。

(5)次粉。次粉通常是指小麦加工中没有食用价值的面粉,包括含少量沙土的低值面粉。如果含土量较大,如扫地粉,则称之为土面。但也有将在精制面粉中出麸率很高的细麦麸称之为次粉,细麦麸中含有较多的面粉,有效能值及粗蛋白质介于小麦与麦麸之间。

次粉同样有与大麦、小麦相似的缺陷;目前我国不少养鸭户习惯于用次粉配制产蛋鸭配合饲料,认为是一种比较廉价的原料。事实上,次粉除了易形成黏性食糜、影响消化外,还有因加工原因,成分变异较大,用以配制饲料易造成鸭生产性能不稳定等问题。在传统肉鸭饲养法上,常用一部分次粉或土面配制填饲期饲料,能大大降低填饲期的饲料成本。次粉在鸭饲料中的用量一般为10%~40%。

70. 养鸭所需饲料中糠麸类包括哪些? 用量如何?

(1)米糠及米糠饼。米糠是糙米加工精米时分离出的种皮、糊粉层与胚三个部分的混合物。其营养价值视精制程度而异,加工精米越白,米糠的能值越高,一般每 100 kg 糙米可出米糠 7 kg。米糠与砻糠有着本质的差别,后者主要是由稻子的外壳组成的,对于鸭来说营养价值极低。

米糠中含有 17% 左右的粗脂肪,因此代谢能比较高(约为11.34 MJ/kg),油脂中含有不饱和脂肪酸,易被氧化酸败,不易保存,必须在新鲜的情况下使用。另外,米糠还含有胰蛋白酶抑制因子,其活性很高,饲用量过大或贮藏不当均会抑制家禽正常生长。米糠榨油后,虽然能量有所降低,但有利于保存。

米糠在鸭饲料中应用不多,应避免在雏鸭饲料中使用,在育肥或产蛋鸭饲料中用量不宜超过 7%,在非繁殖期的种鸭饲料中可以适当增大用量。

(2)小麦麸。小麦麸俗称麸皮,是以小麦籽实为原料加工制粉后的副产品之一。若生产精白面粉,出麸率高,其麸的营养价值也高;若生产标准面粉,出麸率较低,这种麸子的营养价值也较低。出麸率高则其中所含的淀粉和蛋白质等易消化物的含量也高,粗纤维的含量则相应降低。目前面粉业小麦的出麸率在 15% 以上。

麦麸的粗纤维含量较高,有效能值较低,属于低能饲料。麦麸含有丰富的铁、锌、锰等微量元素,也富含维生素 E、尼克酸和胆碱。麦麸中磷含量虽然高,但其质量不高,大部分是植酸磷,不能被鸭有效利用,而且还会妨碍其他矿物质元素(如锌、钙等)的吸收。在饲料中添加适量的植酸酶则可以降解植酸以释放出其中的磷,供家禽利用。

由于小麦麸有效能值较低,在雏鸭饲料中不宜使用太多,成年肉种鸭和非繁殖期的鸭饲料中可以适当增加用量。

71.养鸭所需饲料中豆类籽实饲料包括哪些?用量如何?

包括豆类和油料作物籽实及榨油副产品。豆类和油料作物籽实多数直接被人类食用或榨油,只有少数用作饲料。它们的营养特点是:蛋白质含量丰富、品质较好,如大豆、蚕豆、豌豆的赖氨酸含量高。

(1)大豆。大豆是蛋白质含量和能量水平都比较高的一种豆类籽实,其中粗蛋白质的含量约为35%、脂肪含量约为17%。但是,生大豆含有一些毒性物质,可通过热处理,使有害物质丧失活性。生大豆中的脲酶,会引起雏禽下痢,蛋禽产蛋率下降,会形成氨中毒,抗胰蛋白酶会妨碍蛋白质的消化。豆科籽实不宜整粒饲喂,否则消化率低,有的甚至不能消化。若经粉碎或压扁,则消化率可显著提高。但粉碎后易氧化酸败,应及时饲喂,不宜久存。优质大豆呈黄色,粒为圆形、椭圆形,表面光滑有光泽。

目前,一些生产单位将大豆经过加热挤压处理后用于饲料配制取得了良好的使用效果。

(2)豌豆、黑豆。豌豆、黑豆的营养价值低于大豆,它们的蛋白质含量较低,脂肪含量也少。豌豆中还含有较多的非淀粉多糖,其消化率较低。

(3)芝麻和油菜子。芝麻和油菜子在特殊情况下经过炒熟后加入饲料中,可以帮助鸭群提高羽毛的完整性和沥水效果。

72.养鸭所需饲料中饼(粕)包括哪些?用量如何?

(1)大豆饼(粕)。大豆饼(粕)是当前家禽生产中最常用的一种植物性蛋白质饲料，也是质量较好的蛋白质饲料。豆饼和豆粕中赖氨酸含量可达 2.41%～2.9%，色氨酸含量为 0.55%～0.64%，蛋氨酸 0.37%～0.7%，胱氨酸 0.4%；富含铁、锌，其总磷中约有一半是植酸磷。浸提豆粕因其中含有抗胰蛋白酶等有害物质，需经加热处理。但是若加热过度而使豆粕呈褐色时，则会降低其中赖氨酸等必需氨基酸的利用率。

熟化程度适当的大豆饼(粕)在雏鸭及肉用瘤头鸭饲料中用量可高达 35%，是各种饼(粕)类用量上限最大的蛋白质饲料，在配合饲料中可提供绝大部分的蛋白质，在许多畜禽饲料中可作为唯一蛋白质饲料，因其含蛋氨酸及总含硫氨基酸均较低，所以以大豆饼(粕)为主要蛋白源的配合饲料应添加蛋氨酸以补充含硫氨基酸的不足。

国外在大豆加工之前常常进行脱皮处理，脱皮豆粕的蛋白质含量和能值都比非脱皮豆粕高，在高产家禽的饲料配合中应用效果更好。

(2)棉籽饼(粕)。棉籽饼(粕)是棉子制取油脂后的副产品，带壳棉籽饼品质最差，螺旋机榨与预压浸提棉籽饼(粕)的氨基酸含量无显著性的差异。棉籽饼(粕)中总的蛋白质或氨基酸含量有差异，主要受饼(粕)中壳、绒含量的影响。从营养价值看，棉籽饼(粕)与豆饼相比较低，其代谢能为豆粕的 77.9%、粗蛋白质约为80%。棉籽饼(粕)中精氨酸含量很高，达 4.3%左右，赖氨酸的含量为 1.30%～1.38%，蛋氨酸含量为 0.4%～0.44%，色氨酸为0.29%～0.33%；磷含量较丰富，但植酸磷含量也较高。

一般棉仁含对动物有害的棉酚，棉子油中含有环丙烯，也是一种有毒物质。棉酚是一种不溶于水而溶于有机溶剂的黄色聚酚色素、有游离型棉酚和结合型棉酚两种。在棉籽饼(粕)中部分游离棉酚与氨基酸结合成结合型棉酚，毒性较小，游离型棉酚对单胃畜禽具有毒性。棉酚含量因棉花品种、土壤、气候和加工条件不同而有较大的变动范围。例如，棉花成熟期多雨，棉子中棉酚含量增多；生长期高温，可降低棉酚含量；榨油蒸压加热，游离棉酚与赖氨酸结合而毒性钝化，但赖氨酸利用率则随之降低。土榨带壳棉籽饼的游离棉酚含量可达 0.21％。

在我国棉籽饼（粕）的产量仅次于豆饼。是一项重要的蛋白质资源。饲喂产蛋期的鸭时，其中的游离棉酚与蛋黄中铁离子结合，贮存 1 个月左右会变成褐黄蛋，有时出现斑点，用于饲喂公鸭对于其精液的质量也会产生不良影响。棉子油中含有 1％～2％的环丙烯脂肪酸，当它在每千克饲料中含量超过 30 克个时，便可导致冬季蛋黄变硬，或加热后呈现海绵状的所谓"海绵蛋"，降低商品价值或种用价值。当棉籽饼中的游离棉酚含量低于 0.05％时，使用过程中不去毒也会导致发生中毒现象，尤其是棉酚具有在体内蓄积中毒的特点。

棉籽饼去毒除加热或蒸煮方法外，还有多种：一是根据饼中游离棉酚含量，加入硫酸亚铁粉末，使棉酚含量与铁元素的重量比为1：1，搅拌混合均匀后，使棉酚含量与 5 倍的 0.5％石灰水浸泡2～4 h，脱毒率可达 60％～80％，这是目前应用最多的一种方法。二是用乙烷、丙酮和水（44：53：4）的混合溶液处理，可使游离棉酚的含量降至 0.002。三是利用育种技术，棉花育种工作者培育出无腺体棉花新品种，在棉仁中不含色素腺体，因此在棉子或棉仁粕中也就不含或很少含棉酚，同时其粗蛋白质的含量可达 45％，比有腺体的棉仁或大豆的含量都高，赖氨酸和蛋氨酸的利用率均达 95％左右。所以，这种棉仁不仅可供饲用，同时还可供食用；我国于 20 世纪 70 年代引进该品种，现已推广近万亩。

考虑到棉籽饼（粕）的毒性问题，在鸭配合料中棉籽饼（粕）的用量不要超过 5％；在种鸭配合料中尽量不使用棉粕，如果使用则用量不得超过 2％，而且最好是使用一段时间停用一段时间，尽管在肉用鸭饲料中添加 10％也未见有中毒状况，但是如果配合料中使用较多的棉粕，应注意添加蛋氨酸和赖氨酸，添加相当于棉籽饼（粕）量的 1％的七水硫酸亚铁，能有效地降低棉籽饼（粕）的毒性。

(3)菜籽饼(粕)。油菜是我国主要油料作物之一,其产量占世界第 2 位。菜籽饼(粕)是油菜子提取油脂后的副产品。压榨法制油得到的是菜籽饼,其残油含量为 8%;浸提法的副产品为菜子粕。其中残油量为 1%~3%。菜籽饼(粕)的粗纤维素含量相似,为 10%~11%,在饼、粕类中是粗纤维含量较高的一种。代谢能水平相对较低,为 8.45~7.99 MJ/kg。由于菜子的质量差异,粗蛋白质含量变化较大,为 30%~38%,赖氨酸为 1.0%~1.8%;色氨酸含量较高,为 0.3%~0.5%;蛋氨酸达 0.5%~0.9%,稍高于豆饼与棉籽饼等。国外开发的脱壳加工工艺生产的菜子粕的蛋白质、能值都显著提高。

菜籽饼(粕)中由于含有毒害物质而限制了其在鸭饲料中的大量利用。菜子中含硫葡萄苷酯类。在榨油压饼时经芥子酶水解生成恶唑烷硫酮、异硫氰酸酯及丙烯腈等毒害物质。

恶唑烷硫酮又称致甲状腺肿素,它在动物体内可阻碍甲状腺激素的合成过程,引起甲状腺肿大;异硫氰酸酯又称芥子油,具有挥发性的辛辣味,虽然影响饲料的适口性,却不会导致生理障碍,但由于其含量与硫葡萄苷成正比,因而也常可作为衡量菜籽饼(粕)中毒素含量的间接依据;氰能形成有害的胺类。此外,菜子中还含有单宁、芥子碱,在体内可形成三甲胺,若在禽蛋中含量超过 1 μg/kg 时,即可尝到腥味、皂角苦味;在家禽料中其含量达到 0.4%以上时,则影响采食量、增重、蛋重及产蛋率。另一方面,菜子油中还有芥酸,对动物心脏有不良影响,所以菜籽饼中残油过多作为饲料也是不利的。

没有脱毒的菜籽饼喂量必须控制。一般认为鸭饲料可以配到 8%,而雏鸭以不用为好,如果使用则控制在 4%以下。

菜籽饼脱毒方法有坑现法、水浸法、加热钝化酶法、氨碱处用法、有机溶剂浸提法、微生物发酵法、铁盐处理法等。但这些方法都是在严格控制原料、生产工艺的特定条件下取得的效果。解决菜子中的毒性问题,根本途径是培育低毒或无毒油菜品种。如加拿大已培育出低硫葡萄糖苷和低芥酸的"双低"品种托尔(Tower);近年又育成了堪多乐(Candle)、卡奴拉等油菜新品种,除只有"双低"特性外,粗纤维含量也较低,这便从根本上摆脱了菜籽饼(粕)有效能值低、毒害成分很难解决的困难。我国西北等地已引种"双低"油菜品种,并逐步扩大试种,在畜禽饲养中的应用效果比较好。

(4)花生饼(粕)。花生饼(粕)是花生制油所得的副产品,其营养价值受花生的品种、制油方法和脱壳程度等因素的影响。

在我国的花生制油加工过程中一般是将花生脱壳后榨油,脱壳通常分为全部脱壳或部分脱壳。美国规定粗纤维含量低于7%的称为脱壳花生饼。国内制油方法有机械压榨和预压浸提法。一般每100 kg花生仁可出花生饼65 kg;未去壳的花生饼中残脂为7%~8%,花生粕残脂为0.5%~2.0%,粗蛋白质含量为44%~48%,代谢能花生饼为10.88 MJ/kg、花生粕为11.6 MJ/kg,蛋白质和能值在所有饼、粕类均属最高的一种。带壳花生饼粗纤维含量在20%左右,粗蛋白质和有效能的含量均较少,在鸭饲养中的应用价值较低。花生壳粗纤维含量高达59%以上,对家禽没有实际营养价值。

花生饼中几种必需氨基酸的含量比较低,含赖氨酸为1.3%~2.0%,蛋氨酸为0.4%~0.5%,色氨酸为0.3%~0.5%,其利用率为84%~88%。花生饼是优质蛋白质饲料,但因其赖氨酸和蛋氨酸含量不足,饲喂畜禽应补充动物性蛋白质饲料或氨基酸添加剂。花生饼(粕)对鸭有很好的适口性。

花生饼容易被黄曲霉污染,尤其是在含水量较高或环境潮湿的情况下更突出。其所产生的黄曲霉毒素,对人、畜和家禽均有强烈毒性,主要损害肝组织,并具有致癌作用。一般加热煮熟不能使毒素分解,故在贮藏时切忌发霉。已经被霉菌污染的花生饼不能再用作动物饲料。

(5)向日葵饼(粕)。向日葵又称葵花、向阳花等,在我国的产区主要是内蒙古、辽宁、吉林、黑龙江及新疆等省区,其制油的副产品为向日葵饼(粕)。在榨油前需去部分壳,每 100 kg 去掉部分壳的向日葵仁榨油后可得饼(粕)30～45 kg。纯向日葵仁含油约 50%,含粗纤维约 3%;向日葵壳仅含油 4%,而粗纤维高达 52%,因此,向日葵饼(粕)的质量主要受脱壳及榨油等工艺的影响。国内一般脱壳率为 80%～90%,其仁出油率一般为 20%～25%。

向日葵仁饼蛋白质平均含量为 22%,干物质中粗纤维含 18.6%;向日葵仁粕的粗蛋白质为 24.5%,干物质粗纤维为 19.9%,有效能值均在 10.46 MJ/kg,按饲料分类原则应属于饲料。此外,各种限制性氨基酸含量也属中等水平。因此在榨油工艺上必须充分脱壳,降低粗纤维含量,提高蛋白质和有效能值,以发挥作为蛋白质饲料的作用。向日葵饼含有较高的铁、铜、锰、锌,B 族维生素也较多。

(6)亚麻饼(粕)。亚麻俗称胡麻,在我国油用型约占 90%,其子制油的副产品为亚麻饼(粕)。亚麻饼含脂肪约为 8%,粗蛋白质含量约 32%。有效能值较高,消化能为 12.13 MJ/kg,仅次于花生饼和豆饼。亚麻粕的残脂率为 2%～3%,粗蛋白质含量为 34%,有效能值偏低。

亚麻饼(粕)含粗纤维偏高,而含硫氨基酸、赖氨酸等含量属于中等水平,作为蛋白质补充饲料应合理搭配,可显著提高饲用效果。用亚麻饼饲喂家畜,可防止便秘,使皮毛光滑润泽,但用量过多可使肉畜体脂变软,影响肉的品质。

73. 养鸭所需饲料中青绿饲料包括哪些？用量如何？

青绿饲料在鸭饲养中是非常重要的一类饲料,它包括野草、人工栽培牧草、青嫩树叶、蔬菜叶类及水生叶类饲料等。青绿饲料的适口性较好,青绿饲料不仅含有丰富的胡萝卜素等维生素,还含有可提高蛋黄颜色的叶黄素。自由采食青绿饲料的产蛋期鸭,其蛋黄颜色深黄,孵化效果也好。喂饲青绿饲料对于鸭的羽毛生长、防止啄癖的发生都有好处。但是,青绿饲料含水分多,不宜大量饲喂以免影响其他饲料的采食,在养鸭生产中可在鸭喂料后休闲时间作为配合料的补充形式放在鸭滩或水上运动场水面上喂鸭。也可将青绿饲料打浆,与配合料混合成湿拌料。

在蛋鸭和肉种鸭生产中,青年鸭阶段可以较多使用青饲料,产蛋阶段也可以适量使用,对于提高种蛋受精率和鸭的健康都有好处。

青饲料包括牧草、水草、野草、青菜等多种类型。使用过程中最好是多种青饲料搭配使用以提高其效果。

74.养鸭所需饲料中牧草包括哪些?用量如何?

牧草指作为家畜饲料而栽培的植物;收割后可作为鲜草、干草、青贮饲料使用或不收割直接放牧。饲草的种类很多,根据其来源不同又可分为:禾本科牧草、豆科牧草、叶菜类、根茎瓜类、水生类、木本类等。在生产中应用最为广泛的主要是前三类牧草。

(1)紫花苜蓿。紫花苜蓿又名紫苜蓿、苜蓿、苜蓿草。为苜蓿属多年生草本植物根系发达,种植当年可达 1 m 以上,多年后达 10~30 m。茎秆斜上或直立,株高 60~100 cm。小三叶,花成簇状,荚果成螺旋形。紫花苜蓿适应性较广,它抗寒、抗旱性强,能耐 −20℃低温,有雪覆盖的话,−40℃也能越冬。因根系强大、入土深,对干旱的忍耐性很强。但高温或降雨过多(100 cm 以上)对其生长不利,持续燥热潮湿会引起烂根死亡。它富含蛋白质和矿物质,胡萝卜素和维生素 K 的含量较高。蛋白质含量是干物质的 17%~23%,以 20%计,亩产 1 500 kg 干草(始花期)。

(2)沙打旺。沙打旺又名麻豆秧、沙大王、斜茎黄者、直立黄者。主根粗壮,侧根发达,并有大量根瘤。茎高 1.5~2 m,丛生。其抗逆性强,适应性广,具有抗寒、耐瘠薄、耐盐、抗旱和抗风沙的能力,能忍受最低气温为 −30℃。其粗蛋白占干物质的 15%~16%,饲用价值仅次于苜蓿。种植沙打旺结合耕翻施用有机肥和磷肥可提高产草量及种子产量。沙打旺营养生长期长,比同期播种的紫花苜蓿营养期长 1～1.5 个月,植株高大,叶量丰富,占总量的 30%～40%,产草量也高于一般牧草。种植 2～4 年,亩产鲜草 2 000～6 000 kg。春播、夏播、秋播均可。一般在 6 月初至 7 月中旬,秋播不迟于 8 月初。

(3)白三叶。白三叶属多年草本植物,可使用 10 年以上,喜欢温暖湿润气候,耐酸性土壤,种子细小,播前应精细整地,施用有机肥和磷肥作底肥,可春播(4 月)、秋播(8～9 月)。每亩用种量 0.75 kg,初花期刈割,每年可刈割 3～4 次。亩产青草 2 500～4 000 kg,营养价值高;干物质中含粗蛋白质 24.7%。

(4)红豆草。红豆草属多年生草本植物。抗旱性强,适宜沙性或微碱性土壤,海拔 3 700 m 以下即可种植,可春播(4 月)、秋播(8～9 月)。每亩用种量 3～4 kg,第一年生长缓慢,可利用 5～8 年,现蕾期开始刈割,每年可刈割 3～4 次。亩产青草 5 000～7 000 kg,留茬高度 5～6 cm;可青饲及晒制青干草。

(5)紫云英。紫云英又名红花草。多分布于我国长江流域及其以南各地。是我国水田地区主要豆科牧草和冬季绿肥作物。具有产量高(亩产 1 500～2 500 kg,高者可达 3 500～4 000 kg 或更多)、蛋白质、各种矿物质及维生素含量丰富,鲜嫩多汁,适口性好等特点,是我国南方饲养乳牛的优质饲料。紫云英现蕾期干物质中蛋白质含量很高,达 31.76%,粗纤维只有 11.82%。开花时品质仍属优良,盛花期以后蛋白质减少,粗纤维显著增加,但与一般豆科牧草相比,仍较优良。研究证明,紫云英现蕾期产量仅为盛花期的 53%,但就总营养物质产量而言,则以盛花期收割为佳。

(6)冬牧 70 黑麦。冬牧 70 黑麦是禾本科牧草中饲用价值最高的品种。适应性强,喜温耐寒、耐旱、耐瘠薄,温带和寒温带都能种植。对土壤的要求不严,以富含有机质的壤土和沙壤土最为适宜。

适时播种是获得高产的保证,黄淮地区播种期为 9 月中旬到

10月下旬,长江中下游地区播种期为 8～10 月。在黄淮地区和长江流域水肥充足的田块种植,每 0.067 hm² 可收获鲜草 5 000～8 000 kg,高者可达 12 000 kg 以上。

(7)多年生黑麦草。多年生黑麦草属多年生草本植物,可春播(4 月)、秋播(8 月),株高 80～100 cm。分蘖性强,喜温暖湿润气候,不宜在沙土上种植,亩用种量 1～1.5 kg,在抽穗前可刈作青饲,用作干草可在开花前刈割。亩产青草 3 000～5 000 kg。刈割留茬高度不低于 5 cm。

(8)一年生黑麦草。一年生黑麦草属一年生或越年生草本植物,茎高 50～120 cm。喜温暖湿润气候,播前应精细整地,可春播(4 月),但我国以秋播为佳(9～10 月),亩用种量 1～1.5 kg,在初花期刈割作为青饲,开花期刈割作为干草。每次刈割后应追肥,亩施尿素 4～5 kg,亩产青草 10 000 kg 左右。

(9)墨西哥玉米草。墨西哥玉米草是一年生的优质牧草,再生能力强,年可割 7～9 次,每亩产青草 20 000 kg 以上。营养丰富,粗蛋白含量为 13.68%,赖氨酸含量为 0.42%。在我国凡是能种玉米的地区均可种植。茎叶直接饲喂,也可青贮,消化率较高。播种季节与各地玉米近似,可育苗移栽,也可直播。苗高 50 cm 可第 1 次刈割 1 次,每留茬比原留稍高 1～1.5 cm,注意不能割掉生长点,以利再生。

(10)菊苣。菊苣属菊科多年生草本植物。不择土壤,具有抗寒、抗热、抗旱性强等特点。

四季产草,养分含最高。粗蛋白质 14%～22%。可采用春播(4 月)和秋播(7～8 月),播种前用厩肥加过磷酸钙撒于地面作底肥,精细整地,亩用种量 0.25 kg,采用穴播,行穴距 40 cm×20 cm,每穴撒入 4～7 粒种子,用细土覆盖 2 cm,育苗移栽效果更佳。每年可刈割青草 15 000 kg 左右,可使用 5～8 年。

(11)象草。象草又名紫狼尾草。原产于非洲,是热带和亚热带地区广泛栽培的一种多年生高产牧草,喜欢温暖湿润气候。除四季给畜禽提供青饲料外,也可调制成干草或青贮。

象草具有较高的营养价值,蛋白质含量和消化率均较高。每公顷年产鲜草 75～150 t,高者可达 450 t。每年可刈割 6～8 次,生长旺季每隔 25～30 d 即可刈割 1 次,不仅产量高,而且利用年限长,一般为 4～6 年,如果栽培管理和利用得当,可延长到 7 年,甚至 10 年。象草当株高 100～130 cm 时即可刈割头茬草,每隔 30 d 左右刈割 1 次,1 年可刈割 6～8 次,留茬 5～6 cm 为宜。割倒的草稍等萎蔫后切碎或整株饲喂畜禽,可提高适口性。

(12)苦荬菜。苦荬菜多年生草本,有乳汁,具匍匐茎。地上茎直立,高 30～80 cm。叶互生,长圆状披针形,先端钝圆,具疏缺刻或三角状浅裂,边缘有小尖齿,基部渐狭成柄;茎生叶无柄,基部成耳郭状抱茎。头状花序顶生,呈伞房或圆锥状排列;总苞钟状;花黄色,全为舌状。瘦果长椭圆形。冠毛白色。花期秋末至翌年初夏。在轻度盐渍化土壤上也生长良好,在酸性森林土上亦能正常生长。

苦荬菜在开花前,叶茎嫩绿多汁,适口性好,各种畜禽均喜食。植株高大,一般可达 1.5～2.5 m,最高可达 3.6 m。叶片宽且叶量大,茎叶内食有白色乳汁,脆嫩可口,各种畜禽都非常喜食。苦荬菜不但营养丰富,而且还有促进畜禽食欲,帮助消化,祛火防病的作用。据观察,一些病猪、病鸭在不采食其他饲料情况下,投喂苦荬菜仍非常喜食,而且会使病情逐渐好转直至痊愈。饲料苦荬菜饲喂简单,切碎后即可直接投喂,无须任何加工。饲料苦荬菜产量高,一般亩产鲜草可达 4 000～5 000 kg,而且再生性强,一年可收割 3～5 茬。

(13)聚合草。聚合草鲜草产量很高,刈割次数多,利用时期长。一般亩产鲜草 4 000～10 000 kg,水肥充足时可达 20 000 kg,年可刈割 4～5 次。在水肥条件充足的灌区,栽种当年刈割 2～3次。亩产 5 000～6 500 kg,第二年收割 4～5 次,亩产 7 000～14 000 kg;在干旱少雨的西川旱地,土壤瘠薄,不施肥的条件下,生长第二年刈割 3 次,亩产仍达 5 320 kg;在高寒的地区,栽种当年刈割 1 次,亩产 560 kg,生长第二年,刈割 2 次,亩产达 4 200 kg。耐寒,春季返青早,在北方一般地区于早春 3 月即返青,5 月初即可刈割利用,至 10 月中下旬枯黄,青绿期较长。生活年限长,一次栽植,利用 8～10 年,甚至更长。聚合草在生长状态下,因全身长有粗硬的短刚毛,适口性差,但经粉碎或打浆后,柔软多汁,适口性显著提高。

75. 养鸭所需饲料中水草包括哪些? 用量如何?

水草主要包括水花生、水芹菜、苞箕草(又名尧扁草、苦草、扁水草)、黑藻(又名水王荪、水灯笼草)、金鱼藻(俗名金鱼草)、槐叶萍、荇菜、水鳖(马蹄草)、水筛、柳叶藻、虾藻、大茨藻、狐藻等。水草富含胡萝卜素和多种维生素并含有一些微量元素,对于关棚鸭,每天喂以水草,其喙和脚蹼呈橙黄色,蛋黄颜色鲜浓,鸭体强健,产蛋率高,蛋形大,种蛋孵化率高,鸭的肉质鲜美,也能够节约饲养成本;各地由于自然气候条件的差异,所能够采集的水草类型也不一样。水草主要包括水花生、水葫芦和水芹菜。

野草在每年 4 月气温回暖以后,田间地头、渠边沟畔、荒滩荒坡到处都生长有各种类型的野草,将这些野草收集后或者是用于放养鸭是非常好的饲料。绝大多数类型的野草都能够被鸭很好地利用(除猫儿眼)。

在冬季和早春气温比较低的时节,野生的青草很少,是养鸭缺少青绿饲料的主要时期。在这个阶段可以考虑种植一些冬季生长的青菜用于补充青绿饲料,也可以收集贮存一些蔬菜在冬季和早春使用。常用的有小白菜、油菜、上海青、大白菜、小油菜、莲花白以及青菜叶、青笋叶、萝卜缨、卷心菜的嫩叶、胡萝卜等。

76. 养鸭所需饲料中粗饲料包括哪些? 用量如何?

(1)米糠。米糠是糙米加工时的副产品。糙米由外果皮、中果皮、米糠胚及胚乳等四部分组成。商品米糠是由外果皮、中果皮、交联层、种皮、米糠和糊粉层组成的。米糠的化学成分以糠、脂肪和蛋白质为主,此外还含有较多的灰分和维生素。其中油脂含量因品种不同而有差异,通常在 12%～20%。在鸭饲料中用量为 2%～5%。

(2)豆腐渣。一般豆腐渣含水分 85%,蛋白质 3.0%,脂肪 0.5%,碳水化合物(纤维案、多糖等)8.0%,此外,还含有钙、磷、铁等矿物质。豆腐渣水分含量很高,不容易加工干燥,一般鲜喂,作为多汁饲料。保存时间不宜太久,太久容易变质,特别是夏天,放置一天就可能发臭。多数情况下与其他饲料(包括精饲料、糠麸、秸秆粉等)混合使用。

(3)红薯粉渣。红薯常用来提取淀粉,提取淀粉后的渣即为红薯粉渣。其养分含量约相当于 0.17 个玉米单位。红薯粉渣的水分含量约为 76%,所以极易酸败,应及时鲜喂。应注意补充蛋白质饲料并煮熟,和其他饲料掺着喂。喂量不超过总饲料量(均以干物质计)的 30%。如鲜食一时喂不完有酸败危险时,可将红薯粉渣中均匀掺入适量糠麸,将含水量调至 70%,单独或与其他青绿饲料一起青贮后再喂。

(4)草粉。将牧草、野草收获后进行干燥处理,之后进行粉碎即成为草粉。在鸭饲料中用量为 2%～3%。

(5)树叶粉。将处于青绿时期的槐树叶、榆树叶、枸树叶、紫穗槐叶、桑树叶、桃树叶、松针等收集后经过干燥和粉碎处理作为鸭饲料使用。在鸭饲料中用量为 1%～3%。

(6)红薯秧粉和花生秧粉。将红薯秧和花生秧收集晒干后粉碎,可以直接作为饲料喂鸭。花生秧茎叶中含有 12.9% 的粗蛋白质,2% 的粗脂肪,46.8% 的碳水化合物,其中花生叶的粗蛋白质含量高达 20%。

77. 养鸭所需饲料中钙源饲料包括哪些？用量如何？

（1）石粉。石粉也称石灰石粉、钙粉，是用天然石灰石经过粉碎制成的，其主要成分是碳酸钙，其中钙的含量为 34%～38%。在一般鸭配合饲料中，通常使用石粉，而在产蛋期的鸭饲料中石粉和小的石灰石粒应各占一半，这样有利于形成良好的蛋壳。另外，还要注意石粉中杂质的含量，石粉常见中的问题是其中的镁、氟含量过高，它容易造成鸭群生产水平下降、拉稀、蛋壳变脆、抗病力下降甚至造成中毒。

（2）贝壳粉和蛋壳粉。贝壳粉是牡蛎等的贝壳经粉碎后制成的产品，为灰白色粉末状或碎粒状。蛋壳粉是新鲜蛋壳烘干后粉碎制成的。二者的主要成分也是碳酸钙，它们的含钙量为 24.4%～36.5%。优质的贝壳粉钙含量与石灰石相似，因其溶解度小，有利于形成致密的蛋壳，因而在产蛋期家禽饲料中较常使用。贝壳粉的常见问题是夹杂沙石，使用时应予以检查。对用蛋品加工或孵化的鲜蛋壳为原料制的蛋壳粉，在加工之前应加以消毒，以防蛋白质腐败变质而影响鸭群的健康。

78. 养鸭所需饲料中磷源饲料包括哪些？用量如何？

（1）骨粉。骨粉是由家畜骨骼加工而成的，其主要成分是磷酸钙。因制法不同而成分各异。

①蒸制骨粉：是在高压下用蒸汽加热，除去大部分蛋白质及脂肪后，压榨干燥而成，其含钙量约为 24%，磷 10%，粗蛋白质 10%。

②脱胶骨粉：是在高压处理下，骨髓和脂肪几乎都已除去，故无异臭，其外观一般为白色粉末，含磷量达 12%以上。

骨粉的含氟量低，只要杀菌消毒彻底，便可以安全使用。但因成分变化大，来源不稳定，且常有异臭，在国外使用量已逐渐减少。我国配合饲料生产中常用骨粉做磷源，品质好的，含磷量达

12%~16%。在含动物性饲料较少的配合料中，骨粉的用量为1.5%~2.5%。需要注意的是有些收购站在动物骨骼存放过程中会喷洒一些农药用于防止腐败，农药残留有可能危害鸭群健康。

(2)磷酸氢钙。磷酸氢钙为白色粉末。饲料级磷酸氢钙，要求经脱氟处理后氟含量<0.2%，磷含量>16%，钙含量为23%左右，其钙、磷比例为3:2，接近于动物需要的平衡比例。在饲料中补充磷酸氢钙，应注意含氟量，因为这一项目容易超标。磷酸氢钙在鸭配合料中用量一般为1%~1.5%。

79.养鸭所需饲料中其他矿物质饲料包括哪些？用量如何？

(1)食盐。一般植物性饲料中含钠和氯较少，因此常以食盐的形式补充。另外，食盐还可以提高饲料的适口性，增加畜禽的食欲。食盐中钠含量为38%，氯为59%左右。在鸭配合饲料中的添加量为0.3%~0.35%。

(2)碳酸氢钠。碳酸氢钠也称小苏打，一般在夏天高温情况下使用，按0.2%添加于饲料或饮水中可以缓解热应激。

(3)麦饭石。麦饭石是一种天然的中药矿石，除含氧化硅和氧化铝较多外，还含有动物所需的常量元素和微量元素，如钙、磷、镁、钠、钾、锰、铁、钴、锌、铜、硒、钼等的达18种以上，在鸭的饲料中添加1.5%~3%的麦饭石，可提高产蛋率，减少蛋的破损，提高饲料报酬。

(4)沸石。天然沸石是碱金属和碱土金属的含水铝硅酸盐类，含有硅、铝、钠、钾、钙、镁、锶、钡、铁、铜、锰、锌等25种矿物元素。天然沸石的特征是具有较高的分子孔隙度，有良好的吸附、离子交换和催化性能，具有增加畜禽的体重，改善肉质，提高饲料利用率，防病治病，减少死亡，促进营养物质的吸收，改善环境，保证配合饲料的松散性等作用。使用天然沸石做畜禽矿物质饲料，应注意沸石粒度：添加在鸭饲粮中粒度以1~3 mm的颗粒为最好。颗粒大,雏鸭难以吞食;粉末状,不仅加工费用大,而且使用效果差。沸石在鸭饲粮中用量为1%～5%。饲粮中加入沸石后,最好测算一下钙、磷含量,如发现数量不足或比例不当,要进行适当调整。

80. 养鸭所需饲料中添加剂都包括哪些?

饲料添加剂是指为了某些特殊需要而向配合饲料中加入的具有各种生物活性特殊物质的总称。这些物质的添加量极少,一般占饲料成分的百分之几到百万分之几,但作用极为显著。饲料添加剂主要用于补充饲料营养组分的不足,防止饲料品质恶化,改善饲料适口性,提高饲料利用率,促进动物生长发育,增强抗病力,提高畜禽产品的产量和质量。目前关于饲料添加剂的分类方法有很多种,根据饲料添加剂的作用我们可以把它简单地分为两种,即营养性添加剂和非营养性添加剂。

81. 养鸭所需饲料中营养性添加剂包括哪些? 用量如何?

营养性添加剂主要有三种,它们的作用分别是补充天然饲料里的氨基酸、维生素及微量元素等营养成分,平衡和完善畜禽日粮,提高饲料的利用率。营养性添加剂是配合饲料生产中最常用的一类添加剂。

(1)复合维生素添加剂。根据鸭的营养需要,由多种维生素、稀释剂、抗氧化剂按比例、次序和一定的生产工艺混合而成的饲料预混剂,复合维生素一般不含有维生素 C 和胆碱(维生素 C 呈现较强的酸性、胆碱呈现较强的碱性,它们会影响其他维生素的稳定性,而且胆碱吸湿性比较强),所以在配制鸭配合饲料时,一般还要在饲料中另外加入氯化胆碱。如鸭群患病、转群、运输及其他应激时,需要在饲料中加入维生素 C,但应另外加入。一些复合维生素中可能加入了维生素 C,但对处于高度应激环境中的瘤头鸭来说,其含量是不能满足需要的。

使用过程中复合维生素在配合料中的添加量应比产品说明书

推荐的添加量略高一些。一般在冬季和春秋季,商品复合多维的添加量为每吨 200 g,夏季可提高至 300 g,种鸭产蛋期为 400 g。如果没有肉鸭专用的复合多维,也可选用肉鸭多维。如果在鸭饲养过程中使用较多的青绿饲料则可以适当减少复合维生素的添加量。虽然添加剂中的维生素多数都是经过包被处理,对不良环境具有一定的耐受性。但是,如果受到阳光照射、与空气接触、吸收水分同样会加快其分解过程,因此在保存期间要注意密封、置于阴凉干燥处。

(2)复合微量元素添加剂。复合微量元素添加剂是由硫酸亚铁、硫酸铜、硫酸锰、硫酸锌、碘化钾等化学物质按照一定的比例搭配而成的。由于在加工过程中载体使用量不同其在配合饲料中的添加量也有较大差异,生产中常用的添加量有 0.1%、0.5%、1% 和 2% 等多种类型。一般来说在选用时应该考虑使用添加量为 0.1% 或 0.5% 的产品。复合微量元素添加剂的保存与复合维生素添加剂要求相同。

(3)氨基酸添加剂。氨基酸添加剂主要是单项的限制性氨基酸,主要作用是平衡饲料中氨基酸的比例,提高饲料蛋白质的利用率和充分利用饲料蛋白质资源。在天然的不同饲料原料中氨基酸的种类、数量差异很大,因此,氨基酸之间的比例只有通过另外添加来进行平衡。氨基酸添加剂由人工合成或通过生物发酵生产。鸭配合料中常用的氨基酸有以下几种:

①赖氨酸添加剂:赖氨酸是家禽饲料中最易缺乏的氨基酸之一,在常规饲料中赖氨酸是第二限制性氨基酸(对于肉用鸭来说也许是第一限制性氨基酸)。饲料中的天然赖氨酸是 L 型,具有生物活性(合成赖氨酸中 D 型不能为鸭所利用)。其特点是性质不稳定,不易保存,不易精炼,呈碱性,吸湿性强等。因此,商品性添加剂一般以赖氨酸盐的形式出售。市售的 98% 赖氨酸盐中赖氨酸的实际含量为 78% 左右,在添加时应加以注意。其外观颜色为褐色。

赖氨酸的添加量是不固定的,应根据配合料中赖氨酸的实际含量与需要量之间的差距决定添加量。如果添加超过需要量,不仅会增加配合料成本,甚至会影响鸭的生产性能。赖氨酸盐在配合料中的添加比例为一般为 0～0.3%。

②蛋氨酸及其类似物:蛋氨酸在动物体内基本被用做体蛋白质的合成,蛋氨酸是产蛋期种鸭的第一限制性氨基酸。蛋氨酸有 D 型和 L 型两种,二者对家禽具有同等的生物学活性。工业生产的是 DL-蛋氨酸,外观一般为白色至淡黄色结晶或结晶性粉末,水溶性差,燃烧后有烧鸡毛的味道。另一种是蛋氨酸类似物,它不含氨基酸,但有转化为蛋氨酸所特有的碳链,其生物活性相当于蛋氨酸的 70%～80%。蛋氨酸类似物主要有蛋氨酸羟基类似物及甜菜碱等。蛋氨酸羟基类似物为液体,但是其商品添加剂常为钙盐形式,外观为浅褐色粉末或颗粒,有含硫基的特殊气味,可溶于水。甜菜碱即三甲基甘氨酸,为类氢基酸,是一种高效甲基供体、在动物体内参与蛋白质的合成和脂肪的代谢。因此,能够取代部分蛋氨酸和氯化胆碱的作用。另外,甜菜碱在动物体内能提高细胞对渗透压变化的应激能力,是一种生物体细胞渗透保护剂。但是,甜菜碱不能完全取代蛋氨酸。

蛋氨酸是种鸭配合料中的第一限制性氨基酸,一般在配合调料中的添加量为 0.1%～0.2%。

③苏氨酸添加剂:常用的是 L-苏氨酸,其外观为无色结晶,易溶于水。在以小麦、大麦等谷物为主的饲料中,苏氨酸的含量往往不能满足需要,要另外添加。

④色氨酸添加剂:色氨酸是白色或类白色结晶,一般有 L-色氨酸和 DL-色氨酸两种,DL-色氨酸的有效部分为 L-色氨酸的 60%～80%;目前世界上作为饲料添加剂每年使用的色氨酸量仅有几百吨。色氨酸也是重要的氨基酸添加剂之一,但由于其价格较高,所以目前还没有广泛应用。

(4)非营养性饲料添加剂。非营养性饲料添加剂是在正常饲养管理条件下,为提高畜禽健康,节约饲料,提高生产能力,保持或改善饲料品质或产品外观质量而在饲料中加入的一些成分,这些成分通常对畜禽本身并没有太大的营养价值。

(5)抗生素添加剂。抗生素添加剂包括金霉素、黄霉素等。其作用是保持瘤头鸭群的健康,防止疾病,促进生长,节约饲料。抗生素在饲料中的添加比例一般比较低,以有效成分计,每吨的添加量为金霉素 10~100 g,黄霉素 3~5 g。抗生素添加剂一般只用于抵抗能力较差阶段,如在雏鸭阶段、细菌性疾病流行阶段、发生管理应激(如运输、分群、高温)等情况下使用。据报道,鸭饲料中添加 4~5 mg/kg 的黄霉素,不仅能提高肉鸭的生长速度、提高种鸭的产蛋率,还能提高蛋黄颜色,提高蛋品等级,必须注意的是尽管许多抗生素都具有上述作用,但是有的容易在瘤头鸭体内蓄积或转运到蛋内,会影响消费者的健康,必须禁止使用。

82.什么是养鸭的配合饲料? 配合饲料有哪些优点?

配合饲料指用两种以上的饲料原料,根据畜禽的营养需要,按照一定的饲料配方,经过工业生产的,成分平衡、齐全,混合均匀的商品性饲料。配合饲料具有很高的优越性,主要表现在以下几个方面。

(1)经济效益高。由于配合饲料是按照畜禽生长、生产对各种营养物质的需要而配制的,营养全面而且比例适当,能充分发挥畜禽生产能力,提高饲料利用率,有利于动物的生长和生产,因而可获得很高的经济效益。

(2)充分合理利用各种饲料资源。棉籽饼、菜籽饼、芝麻饼、豆饼等各种饼(粕)和血粉、肉骨粉、羽毛粉,以及蚕蛹、蚯蚓、蜗牛、饲料酵母等都是重要的蛋白质饲料资源;动物骨骼、蛋壳、贝壳、磷酸钙、碳酸钙、磷酸氢钙、过磷酸钙等都含有动物所需要的磷和钙,化工产品硫酸亚铁、硫酸铜、硫酸锌、氧化锌、硫酸锰、氧化锰、硫酸钴、氯化钴、亚硒酸钠等都含有动物所需要的常量元素和微量元素;各种维生素、氨基酸、抗菌药物、驱虫剂、调味剂、着色剂等饲料资源都能做添加用于配合饲料生产。

（3）有利于科学饲养技术的普及。人们根据不同畜禽的生理特性和生产性能的高低,不断改进饲料配方,提高生活水平,从而使科学饲养技术随着配合饲料的推广而普及到广大用户,使科学饲养水平得到逐步提高。

（4）减轻劳动强度,提高劳动生产率。配合饲料可以集中生产,可以节约饲养单位的大量设备开支和劳力;同时,使用配合饲料有利于机构化生产,提高劳动生产率,降低成本。此外,配合饲料使用简便,按照说明书即可使用,减轻了劳动强度。

83. 养鸭配合饲料的种类有哪些?

全价配合饲料:全价配合饲料提供的营养能满足鸭不同生长阶段和不同生产用途的需要。其提供的营养物质包括能量、蛋白质、矿物质、粗脂肪、粗纤维及维生素等;同时,还有促生长、保健药物等添加剂类。

浓缩饲料:在全价配合饲料中,除去能量饲料即为浓缩饲料。浓缩饲料主要由三部分组成,即蛋白质饲料、常量矿物质饲料(钙、磷、食盐)、添加剂预混料。浓缩饲料是饲料加工厂生产的半成品,其突出特点是除能量指标外,其余营养成分的浓度很高。养鸭者用浓缩饲料时,只需按说明书加一定量的能量饲料,既可配成全价饲粮。鸭的浓缩饲料一般占全价饲料的 30%～40%。

预混料:预混料是几种或多种微量组分与稀释剂或载体均匀混合构成的中间配合饲料产品。预混料包括单一型和复合型两种。单一型预混料是相同种类物质组成的预混料,如多种维生素预混料、复合微量元素预混料等。复合型预混料是除蛋白质饲料之外多种原料组成的产品,3%～5%的预混料包括各种维生素、微量元素、常量元素和非营养性添加剂等,0.4%～1.0%的预混料不包括常量元素,即不提供钙、磷和食盐。

84.饲料是怎样进行分类的？

（1）按饲料的形状分类。

粉料：即将各种饲料原料粉碎，然后按照鸭营养要求，再加入维生素、微量元素等添加剂，混合成比较均匀的一种粉状饲料，细度大约在 0.25 mm 以上。这种饲料的生产设备及加工工艺均比较简单，生产成本低。但鸭在吞食饲料时容易把饲料撒出来，浪费饲料。

颗粒料：颗粒料以粉料为基础，经过蒸汽、加压处理而制成的粒状饲料。这种饲料生产成本较高，但饲料密度大，体积小，易采食，适口性好，饲喂肉鸭效果好。但饲养种鸭要注意限食，否则易于出现过肥现象。颗粒料的直径一般为 4.5 mm。

碎粒料：用机械方法将颗粒料再经破碎加工成细度为 2 mm 左右的碎粒。其特点与颗粒料相同，但加工成本太高。由于其颗粒小，便于采食，一般用于饲喂雏鸭。

（2）按饲喂对象分类。鸭饲料分为肉鸭饲料和蛋鸭饲料。肉鸭饲料又可分为肉种鸭饲料和肉仔鸭饲料两种。种鸭饲料和产蛋鸭饲料通常分为 3 种（即育雏料、育成料和产蛋料），肉仔鸭饲料分为 2 种（0～3 周饲料和 4～7 周饲料）或 3 种（0～2 周饲料，3～4 周饲料，5～7 周饲料）。

85.什么是鸭的全价日粮？

为了满足鸭的生长发育和产蛋的需要，必须按照各类鸭营养标准的需要，选定饲养标准，将多种饲料进行合理搭配，配制成全价日粮。饲料配方的计算和制订是一项较繁琐的工作。饲料配方的指标越多，运算过程越复杂。目前，多采用计算机来帮助设计配方。

86.养鸭饲料配合的原则是什么？

（1）注意科学性。要以饲养标准为依据,选择适当的饲养标准,满足鸭对营养的需要。鸭的饲养标准虽然不多,但现有的也具有相当的参考价值。有些指标,一时没有,还可借鉴鸡的标准,在生产实践中验证。如果受条件限制,饲养标准中规定的各项营养指标不能全部达到时,也必须满足对能量、蛋白质、钙、磷、食盐等主要有养的需要。需要强调的是,饲养标准中的指标,并非生产实际中动物发挥最佳水平的需要量,如微量元素和维生素,必须根据生产实际,适当添加。

（2）注意多样化原则。饲料要力求多样化,不同饲料种类的营养成分不同,多种饲料可起到营养互补的作用,以提高饲料的利用率。不仅要考虑能量、蛋白质、矿物质和维生素等营养含量是否达到饲养标准,同时还必须看营养物质的质量好坏。要尽量做到原料多样化,彼此取长补短,以达到营养平衡。例如,为满足鸭对能量的需要,饲料中能量饲料的比例就应多一些。但是,一般来说,能量饲料中蛋白质含量较少(如玉米),而且蛋白质的质量也较差,特别是缺少蛋氨酸和赖氨酸,钙、磷和维生素也不足,因此,在制订饲料配方时,要考虑补充蛋白质,还必须注意蛋氨酸的补充,科学搭配鱼粉等动物性蛋白饲料或添加氨基酸添加剂、微量元素与维生素添加剂。

（3）要注意饲料配方中能量与蛋白质的比例和钙与磷的比例。不同品种的鸭,同一品种的不同生长阶段,其生产性能和生理状态的不同,对饲料中能量与蛋白质的比例、钙磷比要求也不同。如育成期对蛋白质的比重要求较高,育肥期对能量要求较高,产蛋期则对钙、磷以及维生素要求较高且平衡。

（4）根据鸭的消化生理特点,选用适宜的饲料。鸭是杂食动物,食性较广,但是高产鸭对粗饲料的利用率较低,饲料粗纤维含量一般不超过 5%。

（5）注意日粮的容积。日粮的容积应与鸭消化道相适应，如果容积过大，鸭虽有饱感，但各种营养成分仍不能满足要求；如容积过小，虽满足了营养成分的需要，但因饥饿感而导致不安，不利于正常生长。鸭虽有根据日粮能量水平调整采食量的能力，但这种能力也是有限的，日粮营养浓度太低，采食不到足够的营养物质，特别是在育成期和产蛋期，要控制粗纤维含量。

（6）注意饲料的适口性。饲料的适口性直接影响鸭的采食量，适口性不好，动物不爱吃，采食量小，不能满足营养需要。另外还应注意到饲料对鸭产品品质的影响。

（7）不得使用发霉变质饲料。饲料中的有毒物质要控制在限定允许范围以内，如毒麦、黑穗病菌麦不得超过 0.25%。

（8）配合的全价饲粮混合均匀。配合的全价饲粮必须混合均匀，否则达不到预期目的，造成浪费，甚至会造成某些微量元素和防治药物食量过多，引起中毒。

（9）经济实用。从经济观点出发，充分利用本地资源，就地取材，加工生产，降低饲料成本。尽量采用最低成本配方，同时根据市场原料价格的变化，对饲料配方进行相应的调整。

（10）灵活性。日粮配方可根据饲养效果、饲养管理经验、生产季节和饲养户的生产水平进行适当的调整，但调整的幅度不宜过大，一般控制在 10% 以下。

（11）饲料原料应保持相对稳定。饲料原料保持相对稳定是保证饲料质量稳定的基础，饲料原料的改变不可避免地会影响到鸭的消化过程而影响生产，如需改变应逐步过渡。

87. 如何控制配合饲料的质量？

（1）把好饲料的原料关。对饲料原料的检验除感官检查和常规的检验外，还应该测定其内的农药及铅、汞、钼、氟等有毒元素和包括工业"三废"污染在内的残留量，将其控制在允许的范围内。还要检测国家明令禁止的添加剂如安眠酮、雌激素、瘦肉精等。确保原料安全、绿色,为成品的绿色提供必要的条件。

(2)防止饲料中添加剂的残留。在绿色饲料的生产中,设备中的残留会使饲料中实际添加剂的量变小,影响饲喂效果,又会引起不同批次物料的交叉污染。

(3)防止饲料的霉变。

①控制原料的含水量:原料水分含量过高会引起饲料成品的霉变,一般要求原料中水分含量不应超过 13.5%。如果水分偏高,则可以采用干燥机对原料进行处理。

②保证蒸气的质量:在制粒时,根据加工物料的不同,采用一定压力的干饱和蒸汽。如果蒸汽质量不好,其中含有部分冷凝水,则使调质温度达到要求时含水量过高,这样生产出的颗粒饲料的含水量也较高,易发生霉变。

③提高包装质量:饲料的霉变与包装方式有很大的关系,它通过影响饲料水分活度和氧气浓度间接影响饲料的霉变。包装密封件好,饲料水分活度可保持稳定,袋内氧气由于饲料和微生物等有机体的呼吸作用的消耗而逐渐减少,二氧化碳的含量增加,从而抑制微生物生长。如果包装的密封性不好,饲料很容易受外界水分湿度的影响,水分活度高,氧气很充足,为微生物生长提供很好的条件,饲料很容易发霉。因此,饲料厂应该提高饲料袋的包装质量,减少袋的被损,从而减少饲料发霉。

88.养鸭场如何加工配合饲料?

(1)确定需要量。根据前期的准备工作,在综合考虑各种因素的情况下,可以确定日粮的需要量。但参考某一标准时,必须根据当地的实际情况进行调整,必要时进行营养学实验。

(2)选择饲料原料。饲料原料的选择好坏,决定饲料成品的质量和成本价格。如果选用常规的、量大的、养分含量比较稳定的原料,则这一工作很容易完成。但有时为了降低饲料成本,我们必须考虑一些当地比较多,养分含量不太稳定和清楚的原料,如农作物副产品、糟渣类产品等。这时,做一些养分分析是必要的。配方饲料生产出来后,还可小规模饲养试验。

(3)进行饲料配方。利用确定的需要量、选择原料的养分含量等,利用手工或专门的配方软件进行配制。由于现代计算机科学的高度发展,手工计算已经很少,而计算机计算则一般操作简单,这里就不进行详细阐述。

配合饲料生产是鸭饲养业规模化、集约化生产发展的必然需要。饲料配方设计一般采用计算机计算,人为调整的方法和借鉴典型配方再调整的方法。

89. 如何鉴别配合饲料的品质好坏?

配合饲料的品质优劣直接影响肉鸭的生长发育。高质量的配合饲料能够确保肉鸭正常生长。因此,选择好饲料直接关系到养鸭能否取得理想的经济效益。鉴别鸭饲料好坏应重点考虑以下问题:

(1)肉鸭养殖。企业不应使用无标签的饲料产品。饲料生产企业应严格执行国家饲料标签标准和饲料卫生标准。养鸭户应根据自己饲养肉鸭品种的生产性能特点及营养需要量指标,检查所购买的饲料产品的标签标识,确定该饲料产品的营养品质是否能达肉鸭的营养要求。该饲料生产企业应确保产品的主要营养物质含量与标签标注的含量一致。

(2)打开饲料包装后,应认真观察饲料外观品质,要求无结块发霉现象、无异味、不潮湿、流动性好、有纯净饲料的香味。

(3)细心查看饲料的颜色是否正常。正常饲料的颜色为新鲜的淡黄色,与饲料添加色素产生的黄色显著不同。饲料中玉米、豆粕的含量高,饲料颜色黄,品质一般较好。如果发现配合饲料和浓缩饲料的颜色发黑发暗,表明在生产过程中使用了大量的低品质蛋白质饲料如菜籽粕、胡麻粕、血粉等。配合饲料中使用的低品质的杂粕越多,颜色越暗,饲料的品质越差,鸭的采食量越大,饲料的转化效率越低。

（4）较重的饲料,石粉、贝壳粉等含量高,品质一般较差。

（5）肉鸭采食低品质的饲料后,生长速度降低,而采食量增加。

90.为什么要进行日粮的配合与调整?

以下三种情况需配合不同的日粮或对日粮进行调整。

（1）根据鸭群生长或种鸭产蛋各阶段对营养的需要。肉仔鸭可以根据不同的生长阶段配制以下三种日粮。幼雏鸭,0～2周龄;中雏鸭,3～4周龄;肉仔鸭,4周龄至出售。

肉种鸭和蛋鸭可根据其早期生长特点及产蛋阶段的产蛋率不同配制以下六种日粮:种鸭或蛋鸭幼雏期,0～4周龄;种鸭或蛋鸭生长期,5～8周龄;肉种鸭后备期,6～9周龄;蛋种鸭后备期,9～18周龄;种鸭或蛋鸭产蛋初期,开产至50%的产蛋率;种鸭或蛋鸭产蛋前期,50%～75%的产蛋率;种鸭或蛋鸭产蛋高峰期,75%产蛋率以上。

鸭群的产蛋高峰期产蛋率愈高,与产蛋结束的末期产蛋率的差数愈大,配制日粮的种类以多为好。这样既可比较恰当地满足种鸭产蛋的营养需要,又能节约蛋白质饲料和降低饲料费用;同时能防止种鸭因营养摄取过量而造成脂肪积累,防止因脂肪积累而加速产蛋率的下降。

（2）根据原料种类的变化。由于某些原料的供应有时会发生变化,因而日粮必须作一些调整,这种调整可能有两种情况:

一种是被动的调整,即某种原料喂完了,再配料时已没有这种原料,必须立即修改配方。这种被动的调整,如调整的原料不是主要品种,则被动的调整对鸭的生产性能影响不大,如调整的是主要品种,则将影响鸭的生长和产蛋。

另一种是主动的调整,配料时根据饲料供应状况,如各种原料数量的多少、质量的高低,及早作出估计和安排,主动进行适当的调整,以免因某种原料的缺乏造成饲料配方的突然变更而影响鸭群生产。

(3)根据季节的变化。气温随着季节而变化,鸭的采食量也随着温度的变化而波动。为了保证鸭群在不同的气温下仍能摄取到足够营养,应当根据气温的变化调整日粮的浓度,以保证鸭群的正常生产。

饲料的突然变化对生产性能总有影响,因而生产中应尽量减少这种突变,最好将上述几种变化有机地结合起来。

即将季节变化和原料种类的变化带来的日粮的调整与鸭的生长和产蛋率的高低同配方的调整结合起来,力求做到在各阶段日粮中各种原料种类基本稳定,调整时仅改变量的多少,即稳中有变,变中求稳,减少变化,保证稳定。

91. 如何设计鸭的日粮配方?

(1)了解各类原料及各种原料在鸭饲粮中的使用范围。鸭的营养素甚多,在配制时应先了解清各类原料在鸭日粮中的使用比例,同时要了解清楚各种原料在鸭配合饲料中的一般使用范围。然后结合原料来源,初步考虑好各种原料在日粮中的份额。计算时,首先应抓住各种原料的代谢能、粗蛋白质、钙和磷等 4 项,食盐、微量元素、赖氨酸、蛋氨酸、胱氨酸及维生素可放在最后定量添加。

(2)饲料配方的计算方法。手工配制鸭日粮常用的方法为试差配制法:

现以配制樱桃谷鸭雏鸭日粮为例来谈谈日粮的配制。主要原料有玉米、豆饼、菜籽饼、进口鱼粉、麸皮、骨粉、石粉与食盐。配制程序如下:

第一步,找出樱桃谷肉鸭的各种营养物质需要量。

第二步,根据饲料来源情况,确定所用的原料为玉米、麸皮、豆饼、菜籽饼、鱼粉。设日粮中各原料分别占如下比例:玉米 58%、麸皮 5%、豆饼 25%、菜籽饼 3%、鱼粉 5%、食盐与矿物质 3%、复合添加剂 1%。查出上述所用的各种原料的营养成分。

第三步,将 58% 玉米、5% 麸皮、25% 豆饼、3% 菜籽饼、5% 鱼粉,分别用各自的百分比乘各自原料中的营养含量。如鱼粉的用量为 5%,每千克鱼粉中含代谢能 12.13 MJ,则 5% 鱼粉中含代谢能 $12.13 \times 5\% = 0.6065$ MJ,其余依此类推。

第四步,与饲养标准对照后发现代谢能低 0.762 MJ,蛋白质低 1.0 MJ,其他营养成分同样比标准少,所以各种营养成分必须都要增加。首先要考虑增加能量饲料和蛋白质饲料的比例,也就是说必须将麸皮减少,玉米增加;同样必须减少菜籽饼的量,增加豆饼或鱼粉的量。调整后发现,当用玉米代替麸皮,用鱼粉代替菜籽饼时,即日粮调整为玉米 55%、豆饼 25%、鱼粉 8% 时,日粮中的能量将达到 12.87 MJ/kg;日粮中的蛋白质达到 21.35%。这时饲料中钙为 0.420%,有效磷为 0.363%,蛋氨酸为 0.337%,蛋氨酸+胱氨酸为 0.648%,赖氨酸为 1.136%。

第五步,加入矿物质饲料和食盐,补充氨基酸的不足。加入 0.8% 的骨粉、0.8% 的石粉,这时日粮中含有的钙为 0.99%,有效磷为 0.494%。盐的加入量应根据鱼粉中盐的含量来定,如果进口鱼粉中已经含有 3% 的盐,则饲料中只要加入 0.15% 的食盐。同时在饲料补充 0.16% 的蛋氨酸,补充 0.09% 的赖氨酸。

92. 怎样配制肉鸭饲料?

由于现代育种技术的发展与应用,鸭的生产性能比以前有了大幅度提高,对饲料和营养的要求也更高;同时,饲料占养鸭生产总成本的 60%～80%。因此,自配饲料的养鸭生产者,必须了解各种营养物质的作用和它们在各种饲料中的准确含量,参照饲养标准,配制出能满足鸭不同阶段营养需要的最佳日粮,才能降低饲养成本,提高经济效益。鸭饲料配制和保存过程中需注意的问题:

(1)鸭经常吃食新鲜的鱼虾和小螺等软体动物,这些动物体内含有一种叫硫胺酶的物质,能破坏维生素 B_1,故鸭很容易发生维生素 B_1 缺乏症。本病多发生于雏鸭,常在 2 周龄内突然发病。因此,在鸭能够吃到水生动物的情况下,要增加日粮中维生素 B_1 的含量,尤其在雏鸭料中。

(2)产蛋鸭中经常会发生维生素 D 缺乏症,这是日粮中维生素 D 供给不足或家禽接受日光照射不足造成的。患病鸭表现生长发育不良,羽毛蓬乱,无光泽,产蛋下降,产薄壳、软壳蛋,蛋壳易破碎。因此,经常需要在鸭饲料中额外添加鱼肝油或维生素 A、维生素 D_3、维生素 E 等。

(3)鸭一般在凌晨产蛋,因此,必须使鸭在凌晨时保持较高的血钙浓度,否则会产出沙壳蛋、畸形蛋,甚至造成产蛋量下降。在配制产蛋鸭饲料时,既要有吸收快的钙源,又要有吸收缓慢的钙源,通常同时用石粉和贝壳粉作为钙源。

(4)饲料原料和配好的饲料要存放在通风、避光、干燥的地方,以免饲料中的脂肪氧化,维生素 A、维生素 E 遭到破坏。在饲料与地面之间置放一层防潮材料,以防饲料板结、霉变。霉变饲料易引起鸭中毒、拉稀疾等。另外,饲料库要注意防虫害和鼠害等。

93. 肉鸭日粮配方是怎样的?

(1)肉鸭日粮参考配方举例 1 见表 7。

表 7　肉鸭饲料配方

原料名称	雏鸭料(0~2 周)	(3~6 周)	(7~8 周)
玉米	54	55	60.2
小麦		5	5
四号粉	6	5	5
豆饼	22.1	15.2	10

续表7

原料名称	雏鸭料(0～2周)	(3～6周)	(7～8周)
鱼粉(国产)	2		
菜籽饼	5	5	6
棉籽饼	5	8	8
石粉	0.5	0.5	0.5
贝壳粉	0.5	0.5	0.5
食盐	0.4	0.3	0.3
磷酸氢钙	1.5	1.5	1.5
玉米油	2	2	2
添加剂	1	1	1

(2)肉鸭日粮参考配方举例2。

①雏鸭(第1～25天)饲料要求精蛋白20％,粗纤维3.9％,钙1.1％,磷0.5％。参考配方:玉米50％,菜籽饼20％,碎米10％,麸皮10％,鱼粉7.5％,肉粉1％,贝壳粉1％,食盐0.5％。

②中鸭(第26～45天)饲料要求粗蛋白17.5％,粗纤维4.1％,钙磷0.5％。参考配方:玉米50％,麸皮12％,碎米10％,食盐0.5％,菜籽饼5％,大(小)麦17％,鱼粉4.5％,贝壳粉1％。

③育肥期配方1:前期用玉米35％,面粉26.5％。米糠30％,豆类(炒)5％,贝壳粉2％,骨粉1％,食盐0.5％;后期用玉米35％,面粉30％,米糠25％,高粱6.5％,贝壳粉2％,骨粉1％,食盐0.5％。育肥期配方2:玉米35％,面粉26.5％,米糠25％,高粱10％,贝壳粉2％,骨粉1％,食盐0.5％。

94.肉鸭采食量是怎样的?

1～42日龄肉鸭采食量见表8。

表8 1～42日龄肉鸭采食量标准   g

日龄	采食标准	日龄	采食标准
1	8	22	140
2	14	23	144
3	20	24	149
4	26	25	154
5	30	26	159
6	36	27	163
7	45	28	168
8	50	29	173
9	56	30	179
10	71	31	184
11	77	32	190
12	86	33	195
13	90	34	201
14	97	35	207
15	99	36	212
16	105	37	217
17	109	38	223
18	113	39	228
19	118	40	233
20	123	41	238
21	128	42	243

注意:①根据采食标准计算一天的投料量(采食标准×只数＝投料量),于清晨6时一次投足。②必须有充足的水位、料位(10 mm/只)。③1～3日龄光照24 h;4～10日龄光照23 h(21:00～22:00关灯);出栏光照17 h(21:00～4:00关灯)④分群饲养,每群400～600只,3只/m²;时常挑选,将弱小毛鸭隔离饲养。⑤加强卫生管理,防止疾病发生。

95.蛋鸭的饲料配方是怎样的?

在选用原料时,应具有易操作性。要求饲料原料的品质稳定,数量充足,价格适宜,具有地方资源优势。营养适宜配制蛋鸭日粮应根据鸭的年龄段和采食量,确定配合饲料的适宜营养浓度。

参考配方:蛋小鸭(1~8周):玉米 58.7%,豆粕 26%,菜籽粕或棉籽粕 7%,石粉 4%(骨粉、贝壳粉均可),特预 6 号预混料 4%,食盐 0.3%。第一周雏鸭建议全部饲喂全价颗粒饲料。

蛋中鸭(8周至开产):玉米 64%,豆粕 16%,菜籽粕或棉籽粕 6%,石粉 9.7%(骨粉、贝壳粉均可),特预 6 号预混料 4%,食盐 0.3%,金赛维适量。

产蛋期鸭:玉米 51%,豆粕 22%,菜籽粕或棉籽粕 3%,次粉 10%,石粉 9.7%(骨粉、贝壳粉均可),特预 6 号预混料 4%,食盐 0.3%。

用添加剂的主要成分有氨基酸、维生素和矿物质等。资料证实,在 50 kg 常规蛋鸭日粮中添加 80 g 蛋氨酸和 50 g 赖氨酸,鱼粉从 4 kg 左右降到 2 kg 左右,而产蛋量、蛋重等均不会受影响。维生素添加剂完全可以代替青饲料的营养功能,不仅可以起到补充维生素的作用,同时还能节省大量青饲料,减轻养鸭户的劳动强度,降低养鸭生产成本。

饲料应保持新鲜为了防止饲料发霉变质,饲料应存放在干燥处,不应将饲料存放在鸭舍内。

96. 鸭饲料的加工调制方法如何?

为了改进饲料的适口性和提高饲料的可消化性,增进鸭食欲,提高鸭的健康和高产水平,减少饲料的浪费,以及降低饲养成本,一般在喂食前要对饲料进行加工调制。

常用的加工调制方法除放牧时让鸭觅食外,饲料都应根据实际情况进行粉碎、切碎、浸泡及蒸煮等加工调制。

粉碎:麸饼类及较大的谷粒和籽实,如稻谷、玉米、小麦、大麦等,有坚硬的外壳和表皮,不易被鸭消化吸收,必须经过粉碎或磨细才可饲喂(尤其是雏鸭)。但是不宜过细,太细的饲料鸭不易采食和吞咽,一般粉碎成小碎粒。

切碎：新鲜的青绿饲料（如青菜、牧草），以及块根和瓜果类饲料（如胡萝卜、南瓜等），维生素含量多，蒸煮易受破坏，最好洗净切碎、切短喂给，随切随喂。切后的青绿饲料不宜堆积久放，以免腐败变质，鸭吃后中毒。

浸泡：较坚硬的谷粒，如玉米、小麦等，经浸泡后可增大体积，增加柔软度，使鸭喜食，也易于消化。雏鸭开食用的碎米，可先浸泡 1 h 后再喂给，以利于开食和消化。但浸泡时间过久（尤其是高温季节）会引起饲料发霉变质，降低适口性。

蒸煮：谷粒和籽实，以及块根、瓜类等饲料，如玉米、大麦、小麦、红薯、萝卜（包括胡萝卜）、南瓜等，蒸煮后可增加适口性和提高消化率。但在蒸煮过程中也会破坏一些营养成分。此外，给鸭饲喂的蚯蚓、河蚌、小鱼、鱼下脚料、肉类加工副产品、废弃的动物内脏等都要煮熟煮透，并注意防止腐败，否则会引起鸭病。

97. 鸭饲料的饲喂方法是怎样的？

干粉料干喂：即将混合均匀的干粉，直接喂鸭。这种喂法不但适口性差，而且饲料浪费也较大，一般不宜采用。

干粉料湿喂：即将混合均匀的干粉料用清水拌好饲喂，能提高鸭的适口性。拌的料不要太湿或太干，太湿黏嘴，不易吞咽；太干适口性差，也不便吞咽。一般干粉料应拌成疏松状，以用手抓可捏成团、放开后又能疏松地散开为宜。干粉料湿喂在夏季或喂饲时间过长时剩料易酸败变质。所以，最好是现拌现喂，还要经常刷洗食槽。这种喂料方法一般适合于小规模饲养时使用。

粒料喂：粒料经浸泡或蒸煮后饲喂鸭，不但采食容易，适口性好，而且无法挑食，也不致造成饲料浪费，主要是用于饲喂雏鸭。

颗粒饲料喂：颗粒料的优点是营养全面，适口性好，饲喂方便，浪费少。不同品种、不同阶段都可以使用，集约化饲养的多采用颗粒料饲喂。

98. 肉鸭养殖如何节约饲料成本?

(1)饲养品种要优良。品种优良的肉鸭,其生产性能的遗传潜力较高,生长速度快,抗病力强,对饲料的利用率高,同样的日龄、消耗同样多的饲料,其增重比退化品种的肉鸭要快得多。

(2)环境温度要适宜。肉鸭的适宜生长温度为12~24℃,在此温度范围内鸭可充分有效地利用饲料。因此要尽量创造条件,如采取冬季圈养,密封门窗,夏季搭棚遮阳等措施保暖或降温,以提高饲料报酬。

(3)配合日粮要平衡。因为所有家禽都是"依能而食",饲粮的能量水平高时,采食量就少;饲粮的能量水平低时,采食量就多。所以肉鸭饲料中的蛋白质与能量比例要平衡,否则,饲料消耗增加,造成某些营养成分浪费。如饲粮低能高蛋白,则蛋白饲料作为能源消耗而造成浪费。

(4)饲料要新鲜,保管要妥善。一是原料要新鲜;二是配合料要勤配,勤喂,饲料配好后要存放在通风、干燥的地方避光保存,以避免饲料中的脂肪氧化,维生素A、维生素E遭到破坏。在饲料与地面之间置放一层防潮材料,以防止饲料板结、霉变。霉变饲料容易引起肉鸭中毒、拉痢等,从而降低饲料的利用率。另外饲料库和鸭舍要注意防虫害、鼠害等。

(5)及时出栏。肉鸭在40~48 d出栏较合适,因为这时肉鸭增重、饲料报酬已达到高峰,在50日龄后肉鸭增重下降,饲料报酬降低。

(6)合理使用添加剂。矿物质、维生素、氨基酸等营养性添加剂是必需的,其他的非营养性添加剂对提高肉鸭的生长速度及饲料利用率也有很大帮助。如益生菌、酶制剂、有机酸、多肽等,对提高肉鸭增重和饲料利用率有明显效果。

(7)饲料的形状和添加方法要合理。一般不要喂原粮,原粮粉碎,配合成全价料的粒度,可根据鸭的日龄有所不同,但不宜过碎,否则容易飞散造成浪费。添料时不能图省事而一次添加过多。料槽的构造和高度要合适，平时应注意及时修缮料槽，以防止漏料造成浪费。

五、适度规模养鸭经营孵化与育雏技术

99. 鸭蛋孵化厂的设计与建设要求是怎样的？

①孵化厂的总体布局。孵化厂必须与外界保持可靠的隔离，孵化厂要远离工厂、住宅区，也不要靠近其他的孵化厂或禽场。孵化厂为独立的一隔离单元，有其专用的出入口。孵化厂如附属于种鸭场，则其位置与鸭舍距离至少应保持 150 m，以免来自鸭舍病原微生物的横向传布。

孵化厂应视具体情况确定适宜的规模。孵化厂通常依每周或每次入孵蛋数，每周或每次出雏数以及相应配套的入孵机与出雏机数量来决定其规模大小。孵化厂应包括孵化室、出雏室以及附属的操作室和淋浴间，以及废杂物污水处理、厂内道路、停车场和绿化等。

孵化厂的生产用房设计原则。从种蛋进入孵化厂到雏鸭发送的生产流程，由一室至毗邻的另一室循环运行，不能交叉往返。

孵化厂必须确保用水量的排水顺畅 孵化厂用水量和排水量很大，孵化厂还应注意供水量与下水道的修建。

孵化厂必须保证电力供应。现代孵化设备的供温大多使用电热，并用风机调节机内的温度和通风量。因此，孵化厂用电必须要有保证，不能停电，即使停电了也要有备用电源，或建立双路电源。

②孵化厂各类建筑物的要求。

种蛋接收与装盘室。此室的面积宜宽大一些，以利于蛋盘的码放和蛋架车的运转。室温保持在 18～20℃ 为宜。

熏蒸室。用以熏蒸或喷雾消毒入厂待孵的种蛋。此室不宜过大，应按一次熏蒸种蛋总数来计算。门、窗、墙、天花板结构要严密,并设置通风装置。

种蛋存放室。此室的墙壁和天花板应隔热性能良好,通风缓慢而充分。设置空调机,使室温保持 13～15℃。

孵化室、出雏室。此室的大小以选用的孵化机和出雏机的机型来决定。吊顶的高度应高于孵化机或出雏机顶板 1.6 m。无论双列或单列排放均应留足工作通道,孵化机前约 30 cm 处应开设排水沟,上盖铁栅栏,栅孔 1.5 cm,并与地面保持平齐。孵化室的水磨地面应平整光滑,地面的承载压力应大于 700 kg/m²。室温保持 22～24℃。孵化室的废气通过水浴槽排出,以免雏鸭绒毛被吹至户外后,又被吸进进风系统而重新带入孵化厂各房间中。专业孵化厂应预设预热间。

洗涤室。孵化室和出雏室旁应单独设置洗涤室。分别洗涤蛋盘和出雏盘。洗涤室内应设有浸泡池。地面设有漏缝板的排水阴沟和沉淀池。

雏鸭性别鉴定和装箱室。此室用于性别鉴定和装箱,室温应保持 25～31℃。

雏鸭存放室。装箱后的暂存房间,室外设雨篷,便于雨天装车。室温要求 25℃左右。

照检室。应安装可调光线明暗的百叶塑料窗帘。

③孵化厂各类房间的面积。孵化厂各类房间的面积与孵化总量和每周入孵、出雏次数相关。

100.如何进行鸭的孵化机孵化?

随着养禽事业的不断发展和科学技术的进步,传统的孵化方法已不能适应新的要求。因此,电机孵化法得到推广和普及,电孵机已逐渐向容量大型化、操作自动化方向发展。

(1)孵化机。

①孵化机的类型。孵化机按其结构形式可分为平面与立体两种类型。按供热来源,有油用、电用和油电两用等类型。

平面孵化器：是较早使用的一种孵化器，容量很小，通常放100～600 枚蛋不等。机内只能容纳 1 层蛋盘，适于小型试验和专业户自繁自养使用。热源为电热，也可用水管热。

立体孵化器：容量有大有小，但内部结构和性能却差异甚大。

近几年来，国内许多地方都在致力于改进孵化机结构、提高孵化率、节约劳动力等方面的研究，已取得不少进展。在自动控温、控湿、通风、翻蛋等方面，有良好的控制系统，误差更小。

②电孵机的基本结构和要求。

机壳：做成夹层，中间填满隔热材料。机门设双层玻璃小窗，以便观察机内的温度、湿度。

蛋盘：蛋盘过去都用木料做框架，中间装两排铅丝，上面一排距离较宽，主要用于隔蛋，下排距离较密，主要用于托蛋。新式孵化机不用蛋盘，而用镂空的塑料蛋托。

翻蛋系统：翻蛋机件一般与蛋盘架的型号相配套。这种翻蛋系统有的用手工操作，有的是电动装置，自动进行。

热源与温度调节系统：大都用电热丝供温。电热丝由温度调节器控制。

通风系统：电孵机的出气孔一般都安排在机体的顶部，进气孔安置在鼓风板下的周围，我国目前生产的孵化机，风扇多安装在蛋盘架的两翻，使蛋盘里外的蛋都能均匀受温，不断换气。

供湿系统：一般在孵化器的底部放置 2～4 个水盆，通过水盆蒸发水分，供给机内湿度。

报警系统：也是用温度调节器控制，但控制的不是热源，而是警铃。一般只设高温报警，也有的设高、低温报警，在机温偏离规定温度±（0.5～1）℃时，即响起警铃，以便管理人员及时排除故障。

（2）电机孵化法及其管理。

①孵化制度的确定。

整批入孵-变温孵化制：实质上是一次性入孵，阶段性降温，即孵化温度前高后低,它符合胚胎发育生理上的要求,因此,孵化效果比较理想。适用于大型种鸭场或孵化场采用,但是要求孵化技术熟练,尤其是注意防止后期胚蛋超温烧伤事故。

分批入孵-恒温孵化制:应用恒温孵化时,种蛋分批入孵,交错上盘,使新老胚蛋相互调节温度,即老蛋散发热充分,新蛋升温迅速,有利于胚胎的发育并能节约部分能源。这种制度的优点还在于孵化温度恒定不变,容易控制。适用于孵化机容量较大,而种蛋量少难以一次装满,或者供雏批次数多而每次只数较少时采用。

②孵化前的准备。

孵化室的准备:孵化前对孵化室要做好准备工作。孵化室内必须保持良好的通风和适宜的温度。一般孵化室的温度为22~26℃,湿度55%~60%。为保持这样的温、湿度,孵化室应严密,保温良好,最好建成密闭式的。如为开放式的孵化室,窗子也要小而高一些,孵化室天棚距地面约4 m以上,以便保持室内有足够的新鲜空气。孵化室应有专用的通风孔或风机。现代孵化厂一般都有两套通风系统,孵化机放出的空气经过上方排气管道,直接排出室外,孵化室另有正压通风系统,将室外的新鲜空气引入室内,如此可防止从孵化机排出的污浊空气再循环进入孵化机内,保持孵化机和孵化室的空气清洁、新鲜。孵化机要离开热源,并避免日光直射。孵化室的地面要坚固平坦,便于冲洗。

孵化器的检修:孵化人员应熟悉和掌握孵化机的各种性能。种蛋入孵前,要全面检查孵化机各部分配件是否完整无缺,通风运行时,整机是否平稳;孵化机内的供温、鼓风部件及各种指示灯是否都正常;各部位螺丝是否松动,有无异常声响;特别是检查控温系统和报警系统是否灵敏。待孵化机运转1~2 d,未发现异常情况方可入孵。

孵化温度表的校验:所有的温度表在入孵前要进行校验,其方法是:将孵化温度表与标准温度表水银球一起放到38℃左右的温水中,观察它们之间的温差。温差太大的孵化温度表不能使用,没有标准温度表时可用体温表代替。

孵化机内温差的测试：因机内各处温差大小直接影响孵化成绩的好坏，在使用前中定要弄清该机内各个不同部位的温差情况。方法是在机内蛋架装满空的蛋盘，用 27 支校对过的体温表固定在机内的上、中、下，左、中、右，前、中、后 27 个部位，然后将蛋架翻向一边，通电使鼓风机正常运转，机内温度控制在 37.8℃左右，恒温半小时后，取出温度表，记录各点的温度，再将蛋架翻转至另一边去，如此反复各 2 次，就能基本弄清孵化机内的温差及其与翻蛋状态间的关系。

孵化室、孵化器的消毒：为了保证雏鸭不受疾病感染，孵化室的地面、墙壁、天棚均应彻底消毒。孵化室墙壁的建造，要能经得起高压冲洗消毒。每批孵化前机内必须清洗，并用福尔马林熏蒸，也可用药液喷雾消毒。

入孵前种蛋预热：种蛋预热能使静止的胚胎有一个缓慢的苏醒适应过程，这样可减少突然高温造成死胚偏多，并缓减入孵初的孵化器温度下降，防止蛋表凝水，利于提高孵化率。预热方法是在 22～25℃的环境中装置 12～18 h 或在 30℃环境中预热 6～8 h。

码盘入孵：将种蛋大头向上放置在孵化盘上称为码盘，码盘同时挑出破蛋。一般整批孵化，每周入孵 2 批；分批孵化时，3～5 d 入孵一批。整批孵化时，将装有种蛋的孵化盘插入孵化蛋架车推入孵化器内。分批入孵，装新蛋与老蛋的孵化盘应交错放置，注意保持孵化架重量的平衡。为防不同批次种蛋混淆，应在孵化盘上贴上标签。

种蛋消毒：种蛋入孵前后 12 h 内应熏蒸消毒一次，方法如前所述。

③孵化管理。

温度：酌观察与调节孵化机的温度调节器在种蛋入孵前已经调好定温，之后不要轻易扭动。一般要求每隔 1～2 h 检查箱温一遍并记录一次温度。判断孵化温度适宜与否，除观察门表温度，还应结合照蛋,观察胚胎的发育状况。

湿度:孵化器湿度的提供有两种方式,一种是非自动调湿的,靠孵化器底部水盘内水分的蒸发,对这种供湿方式,要每日向水盘内加水。另一种是自动调湿的,靠加湿器提供湿度,这要注意水质,水应经滤过或软化后使用,以免堵塞喷头。湿球温度计的纱布在水中易因钙盐作用而变硬或者沾染灰尘或绒毛,影响水分蒸发,应清洗或更换。

翻蛋:翻蛋的目的是使胚胎各部分受热均匀,增加胚胎运动,同时增加卵黄囊血管、尿囊血管与蛋黄、蛋白接触的面积,有利于养分的吸收,起到防止蛋壳粘连的作用,提高孵化率。

翻蛋从入孵后数小时起直至啄嘴止,每昼夜 8～12 次。有自动翻蛋设备者翻蛋角度有限,而且方向、角度一定,没有什么变化,而手动翻蛋角度大,每次翻蛋的方向多变化,因此,自动翻蛋要比手翻蛋每昼夜多翻 3～4 次。翻蛋的角度不得少于 45°,以 90° 为最好。

有自动翻蛋设备的孵化器,也应适当添加手工翻蛋的次数。如每回照蛋时和 13 日胎龄时将鸭蛋逐个翻转 180°,即原来蛋的底面翻身朝上,这样有利于胚胎发育。在 13 日胎龄时则使尿囊顺利合拢,尿囊的合拢对顺利出雏十分必要,可以提高孵化率。

通风:整批入孵的前 3 d(尤其是冬季),进出气孔可不打开,随着胚龄的增加,逐渐打开进出气孔,出雏期间进出气孔全部打开。分批孵化,进出气孔可打开 1/3～2/3。

照蛋:照蛋之前,应先提高孵化室温度(气温较低的季节),防止照蛋时间长引起胚蛋受凉和孵化机内温度下降幅度大。照蛋是稳、准、快,从蛋架车取下和放上蛋盘时动作要慢、轻,放上的蛋盘一定要卡牢,防止翻蛋时蛋盘脱落。照蛋方法:将蛋架放平稳,抽取蛋盘摆放在照蛋台上,迅速而准确地用照蛋器按顺序进行照检,并将无精蛋、死胚蛋、破蛋拣出,空位用好胚蛋填补或拼盘。照蛋过程中发现小头向上的蛋应倒过来。抽、放蛋盘时,有意识地上、下、左、右地调蛋盘,因任何孵化机,上、下、左、右存在温差是难免的。整批蛋照完后对被照出的蛋进行一次复查,防止误判。同时检查有否遗漏该照的蛋盘。最后记录无精蛋、死精蛋及破蛋数,登记入表,计算种蛋的受精率和头照的死胚率。

孵化过程中的照蛋有 2～3 次,第 1 次在 6 d,叫头照。第 2 次在落盘前,即第 20～22 天,叫二照。在 13～14 d 要抽查部分蛋盘,观察胚胎的发育情况,叫抽验。生产中,往往头照是必不可少的,二照和抽验也是必要的,但一般仅抽照一部分胚蛋。抽验的目的是"看胎施温",二照的目的是决定落盘时间。

落盘:鸭胚发育至第 26 天。把胚蛋从孵化器的孵化盘移到出雏器的出雏盘的过程叫落盘(或移盘)。孵化鸭蛋的落盘时间一般在第 26 天。具体落盘时间应根据二照的结果来确定,当鸭胚中有 1% 开始出现啄壳,即可落盘。落盘前提高室温,动作要轻、快、稳。落盘方法有两种,一种是将胚蛋从孵化盘拣到出雏网盘内,把蛋横放,不要重叠;另一种是扣盘(把出雏盘扣在孵化盘上,同时向一个方向反转,就把一孵化盘的胚蛋加入出雏盘内)。落盘后最上层的出雏盘要加盖网罩,以防雏鸭出壳后窜出。对于分批孵化的种蛋,落盘时不要混淆不同批次的种蛋。落盘前,要调好出雏器的温、湿度及进、排气孔。出雏器的环境要求是高湿、低温、通风好、黑暗、安静。

出雏与记录:胚胎发育正常的情况下,落盘时就有破壳的,孵化的第 27 天就陆续开始出雏,27 d 半出雏进入高峰,28 d 出雏全部结束。在成批出雏后,一般每隔 4 h 拣雏 1 次。为节省劳力,可以在出雏 30%～40% 时拣第 1 次雏,出雏 60%～70% 时拣第 2 次雏,最后再拣 1 次即可。叠层出雏盘出雏法在出雏 75%～80% 时拣第 1 次雏,出雏结束时再拣 1 次。也有最后 1 次性拣雏的。拣雏时要轻、快,尽量避免碰破胚蛋。为缩短出雏时间,可将绒毛已干、脐部收缩良好的雏迅速拣出,再将空蛋壳拣出,以防蛋壳套在其他胚蛋上引起闷死。对于脐部突出呈鲜红光亮,绒毛未干的弱雏应暂时留在出雏盘内待下次再拣。到出雏后期,应将已破壳的胚蛋并盘,并放在出雏器,不要同时打开前后机门,以免出雏器内的温、湿度下降过大而影响出雏。在出雏后期,可把内膜已枯黄或外露绒毛已干,雏在壳内无力挣扎的胚蛋,轻轻剥开,分开黏连的壳膜,把头轻轻拉出壳外,令其自己挣扎破壳。若发现壳膜发白或有红的血管,应立即停止人工助产。

每次孵化应将入孵日期、品种、种蛋数量与来源、照蛋情况记录表内,出雏后,统计出雏数、健雏数、死胎蛋数,并计算种蛋的孵化率、健雏率。及时总结孵化的经验教训。

清扫消毒:出完雏后,抽出出雏盘、水盘,拣出蛋壳,彻底打扫出雏器内的绒毛污物和碎蛋壳,再用蘸有消毒水的抹布或拖把对出雏器底板、四壁清洗消毒。出雏盘、水盘洗净、消毒、晒干,干湿球温度计的湿球纱布及湿度计的水槽要彻底清洗,纱布最好更换。全部打扫、清洗彻底后,再把出雏用具全部放入出雏器内,熏蒸消毒备用。

停电时的措施:孵化厂最好自备发电机,遇到停电立刻发电。并与电业部门保持联系,以便及时得到通知,做好停电前的准备工作。没有条件安装发电机的孵化厂,遇到停电的有效办法是提高孵化出雏室的温度。停电后采取何种措施,取决于停电时间的长短和胚蛋的胚龄及孵化、出雏室温度的高低。原则是胚蛋处于孵化前期以保温为主,后期以散热为主。若停电时间较长,将室温尽可能升到 33℃ 以上,敞开机门,半小时翻蛋 1 次。若停电时间不超过 1 d,将室温升至 27~30℃,胚龄在 10 d 前的不必打开机门,只要每小时翻蛋 1 次,每半小时手摇风扇轮 15~20 min。胚龄处于孵化中后期或在出雏期间,要防止胚胎自温,热量扩散不掉而烧死胚胎,所以要打开机门,上、下蛋盘对调。若停电时间不长,冬季只需提升室温,若是夏季不必升火加温。

④嗷蛋。嗷蛋就是把孵化后期的活胚蛋,借助于人工孵化技术,运送到另外一个地方出雏,以代替运输雏鸭的方法。嗷蛋是我

国人工孵化方法的一项专门技艺,特别是鸭嘌蛋在我国各地广泛采用。

嘌蛋以春夏之交最为合适,只要保温合适和技术操作过硬,也可以全年嘌运。起嘌的胚龄,一般根据到达目的地所需要的天数而定,鸭蛋起嘌的胚龄在 26～27 d 后为宜,过早起嘌将影响孵化率。

起嘌前一天应照检胚蛋,剔去死胚蛋和弱胚蛋。将胚蛋平放于竹篮内,竹篮内铺垫软草,四周糊纸,围以小棉絮,每篮可放150～200 枚胚蛋。运输时力求平稳,避免日晒雨淋和贼风吹袭胚蛋。竹篮呈品字形叠放利于检查蛋温和散热通气。每日应翻蛋3～4 次,并上下调换竹篮的位置,到达目的地若尚未出雏,可按摊床出雏期管理继续孵化,按嘌蛋数计算孵化率可达 85% 以上。与雏鸭运输比较,嘌蛋所需设备简单,体积小,运输量大,成本低,节省人力和工具,尤其对行程较远、运输时间长、天气炎热或交通不便的地方,嘌蛋更具有实际意义。

101. 民间传统鸭的孵化方法有哪些?

主要有缸孵法、炕孵法和炒谷孵化法 3 种。炕孵法盛行于北方,炒谷孵化法盛行于南方,江浙一带都采用缸孵法。

(1)缸孵法。

①缸孵法的主要设备。孵化的设备主要是土缸和蛋箩。土缸用稻草编织成筒状,再抹上黏土制成。缸壁高 90 cm,厚 8 cm,内抹 2 cm 厚的粘泥。内径 71 cm。中下部放一口径 88 cm 的铁锅。锅上遍涂泥土和炭渣的混合物,锅中放土坯,作为蛋箩的垫物。其顶端放一块削成凸面的棉籽饼,便于蛋箩转动自如。缸壁下侧设有 40 cm×40 cm 的灶口,供生火加温用。灶口塞也用稻草编制。蛋箩用竹编制而成,箩口直径 67～70 cm,箩高 38～40 cm,可盛种蛋 700～800 枚。缸盖用稻草编制,口径 100 cm,高 25 cm。

缸孵法第二阶段的设备是摊床。摊床可用木头或水泥做架,配有竹条草席及保温用的棉絮、棉毯、被单。摊床应设在孵缸上面,根据生产规模和孵室大小,可设1层,2层乃至3层。

②缸孵方法。缸孵法分新缸期和陈缸期两个阶段。第1～5天为新缸期,第6～12天为陈缸期,随后即可上摊床。种蛋入缸前先用稻草及炭末为燃料生火烧缸,既可除净缸内湿气,又为孵房加温。一般预烧3 d左右,使缸内温度达到39℃。然后将盛有种蛋的竹箩放入缸内,盖上缸盖进行孵化。3 h后可开始翻蛋。翻蛋方法有3种:一种叫"轮心法":翻蛋时上与下、边缘与中间的蛋互换位置,翻至中心时,应取出180～200枚蛋放于一边,待全部翻完后,将出的蛋放在最上面。另一种叫"取面法":翻蛋时先取出面上种蛋150枚放于一边,待翻至中心时,又取出150枚种蛋放于另一边,并将先取出的150枚蛋放到中心,再继续翻完为止,最后将取出的中心蛋放在上面。还有一种叫"平缸法"(或称"匀缸"):翻蛋时只将上与下、边缘与中间的种蛋调换位置即可。

新缸期第一天翻5次,第一次"轮心",另外4次"取面"。其余4 d每天翻蛋4次,第一次"轮心"或"取面",另外3次为"平缸"法。

新缸期结束后,转入陈缸孵化期,每天翻蛋4次,每次间隔6 h。头2 d第一次翻蛋"轮心"或"取面"。其他3次为"平缸",后3 d均用"平缸法"翻蛋。翻蛋操作时,动作要轻稳敏捷,防止打破。种蛋要排平,内外上下分别堆放,以防滑层。

每次翻蛋时,要掌握所需温度。一般翻蛋前温度要升高些,翻后要加温到所需的温度,保持平稳。温度的调节可通过生火、盖灰、开/合灶门、启/放缸盖等方法调节,上摊后以盖被、去被来调节。具体视胚胎发育状况和气温高低,灵活掌握。陈缸期结束后,一般在第13天将蛋转入摊床(俗称"上摊")开始摊床孵化。

(2)炕孵法。采用控制烧火的次数、增减覆盖物、调整种蛋在炕面上的位置、调节室温等多种措施,以达到控制种蛋所需要的合适温度。这种炕用土坯砌成,与北方群众冬季睡觉保暖的土炕相似。

（3）炒谷法。用普通木桶（或竹箩），糊上数层纸，作为盛蛋的孵化箱，热源主要是将稻谷炒热，再用麻布包裹，鸭蛋也用麻布或网袋包裹，然后一层炒谷，一层蛋，相间放入桶内，桶的表面再放一层炒谷。通过炒谷与蛋的相互叠放，来调节孵化温度。孵化一段日期以后，有的胚龄长，已经能自身产生温度的后期胚蛋与初入孵的新蛋分层交互叠放，这时不用炒谷作热源，而是用"蛋孵蛋"的方法。

（4）平箱孵化法。平箱孵化法是在总结我国传统的人工孵化法的基础上，特别是在土缸孵化法的基础上改革而成的。既保留了土缸孵化结构简单、采暖容易的优点，又吸取了机孵法的某些方法，减少了蛋的破损和劳动强度，操作简便。热源可用木炭，也可用电热板。此发现已广泛使用。

①平箱的构造。平箱高 157 cm，宽、长均为 96 cm，一般两只箱子并在一起，外形像一只长方形的大箱子。可就地取材，木材、土坯、厚纸板、纤维板均可。箱的底座用土坯砌，支架用 5 cm 见方的木头，再用纤维板做成夹层。中间用松软的废棉絮、玻璃纤维、塑料海绵等填充。箱内装有转动式的蛋架，蛋架底部和上部的中心，有一个轴心柱，既能支撑住蛋架，又能旋转自如。箱内蛋架共有 7 层，上面 6 层放蛋筛，蛋筛圆形，直径 76 cm，由竹篾编成，边高 8 cm。最下层不孵蛋，只一个空竹匾，起缓冲温度的作用。每只平箱可孵鸭蛋 900 枚。

平箱的下半部是热源部分，四周用土坯或砖块砌成，内部四角用泥涂抹成圆形，成为一个圆形炉膛（一般用炭火加温），正面留一个高 25～30 cm、宽约 35 cm 的炉口，并用稻草编成炉门，或装个活动门。热源部分与箱身的连接处安放一块厚铁板，上面抹一层泥，作为缓冲层。如底筛的蛋温仍高于顶筛时，可再铺 1 层稻草灰，以达到上下层蛋温一致为准。

平箱需要一个木制的翻蛋架，其内径比蛋筛略大，翻蛋时将三角形的翻蛋架张开，蛋筛放在上面进行操作。此外，还要准备一个小笤子,供翻蛋时盛边蛋用。

②平箱孵化法的操作方法。

加温:平箱的热源一般都用木炭屑,引然后上面覆盖稻草灰,以延缓燃烧速度,保持恒温。每天加炭1次,一般在14:00左右进行。每次加两三勺,视气温高低而增减。加炭时先用火铲把盖在上面的一层炭灰拨向两边,再将引燃的炭屑刮平,然后用火铲在炭面上铲一条裂沟,将新炭放在其中,再用火铲将炭屑表面整平,然后盖上炭灰,任其慢慢燃烧。

翻蛋:每天3次,每次将中心蛋与边蛋调位置,并转动每枚蛋。操作时先将筛放在翻蛋架上,然后将筛周围的蛋取出,放在架旁的小笤子内,再将中心蛋翻到边缘,最后将笤内的边蛋放在筛的中心。

调筛与转筛:与翻蛋同时进行。目的是使各层胚蛋都能受热均匀。由于箱内底层和顶层温度较高,中层略低,因此调筛时要按照一定的顺序进行,以避免混乱。同时,由于靠箱壁处的温度较高,为使蛋温均匀,应每隔2 h将筛转动1次,每次转180°。

测定平箱内的温度有两种方法:有经验者用人身感温判断温度高低;一般都在箱内挂温度计。但判断温度是否恰当,最好的办法是"看胎施温"即根据胚胎在不同孵化时期是否达到标准的发育程度施温。早春孵鸭蛋时,有"新缸不能低,老缸不能高"的说法。新缸期内,胚胎无自温能力,温度宜稍高些。到了陈缸期,特别是孵到第13~16天后,胚胎自温能力增强,箱内温度不能高。

现在,平箱孵化又有发展,有的热源改为电、炭两用,在底部装一块300 W电热板,用水银导电表和继电器控制。有的把几个平箱连在一起,下面铺设烟道,烧煤或烧柴供热。

(5)摊床孵化法。摊床孵化是炕孵、缸孵或平箱孵化后期普遍采用的一种方法。摊床孵化不用热源,依靠胚蛋后期的自发温度及孵化室的室温,进行自温孵化,因而是一种十分经济的方法。

①摊床的构造和设备。摊床一般设在孵化器(包括土缸、土

炕、电孵机)的上方,以充分利用空间和孵化器的余热。如果孵化室太大,不易保温,或者房舍低矮,可单独设置摊床孵化室。

摊床是用木头(或水泥桩或三角铁)做架,钉上竹条,然后铺上草席。孵化时根据胚龄的大小及室温的高低,配备棉絮、棉毯或被单等物,以保持胚胎所需温度。摊床的面积根据孵化室的大小及生产规模而定,可设 1~3 层。摊床应底层最阔,越上层越窄,便于操时站立。一般底层宽 1.8 m 时,每上一层收进 20 cm。

②上摊时间。鸭蛋在第 14 天,即在第二次照蛋以后上摊。如果外界气温低,可以稍微推迟上摊时间。

③温度调节。摊床的温度应掌握"以稳为主、以变补稳、变中求稳"的原则。即要求中心胚蛋的温度保持平稳正常;中心蛋达到适温,边蛋必然偏低,通过翻蛋,调整边蛋和心蛋的位置。以求温度的均衡;需要升温时,不可升得过高过快,变温不能太大,要讲究稳。调节温度有 3 种方法:翻蛋、掀盖覆盖物和以不同方式叠放胚蛋。其中,翻蛋使温度均匀,并增加胚蛋活动。胚蛋在刚上摊时。一般叠放成双层蛋(摊),随着蛋温的增高,上层可放稀些。具体举例如下:如早上上摊,先把胚蛋摆成双层摊,盖被折成 3 层盖上;13:00 翻蛋后,上层蛋放稀些,盖被折成两层盖上;第二天清晨把上层蛋再放稀些(俗称"棋摊",像摆棋子一样疏散开),盖被只盖一层;第 2 天下午就放平了(即一层蛋),一般鸭蛋到 16 d 下午放平,此时只盖一层被。

④摊床的管理。管理摊床,主要应勤看,勤掀,勤盖。根据胚蛋发温的特点,确定每天检查次数。上摊头 3 d,胚蛋自温能力不强,可以每 3 h 检查 1 次温度;以后随着蛋温的升高,可每 2 h 检查 1 次;将要出壳时,要随时检查,更需勤掀勤盖。要准确掌握"掀、盖"的技巧,还须做到四看:

一看胚龄。胚龄越大,自温能力越强,特别是在"封门"以后,胚蛋自发温度大大提高,因此,随胚龄增大,覆盖物由多到少,由厚到薄,覆盖时间由长到短。

二看外界温度。冬季和早春,气温和室温较低,要适当多盖,盖的时间略长些;夏季外界温度高,适当少盖,盖的时间短些;早晨及下半夜,外界温度低;适当多盖,中午及上半夜,要适当少盖。

三看上一遍的覆盖物和蛋温。应根据蛋温的高低或适中等不同情况,适时增减覆盖物。一般边蛋的蛋温正常,则翻蛋后仍按原物覆盖,边蛋的蛋温略低,翻蛋后就多盖一些,待蛋温升高后,再适时减盖,以免超温;如盖后蛋温不均,要将盖被抖凉后再盖。

四看胚胎发育。摊床温度掌握是否合适,主要观察胚胎发育是否达到标准长相。如果上摊前胚蛋及时"合拢",则上摊后的温度按正常掌握;如"合拢"推迟,则摊床温度应略高些;如胚蛋"合拢"较标准长相提早,则摊床温度应略低些。鸭蛋孵至 $20\sim21$ d要特别注意,最好照蛋观察。一般是,"封门"前温度略高些,"封门"后温度略低些。"封门"后要保持"人身蛋温"(即人用眼皮接触胚蛋测温,感觉与人体温相仿的温度)。

在具体操作时,如果温度适当,可以边翻蛋,边盖被,按正常操作;如温度过高,要及时掀被散温;如温度偏低,要减少翻蛋次数,适当多盖,并尽可能提高室温。

102. 如何收集和选择种鸭蛋?

(1)种蛋的收集。

①公母配比。一般而言,在 100 只肉种母鸭群中放入 $18\sim20$ 只公鸭就能获得较高受精率的种蛋。在产蛋期间追加新的公鸭是不必要的,也是不可取的。

②鸭群的年龄。刚开产的种鸭所产的种蛋是不可能获得良好的孵化效果及优质的雏鸭的。就肉鸭而言,$8\sim13$ 月龄的种鸭所产的种蛋其孵化效果最好。一般讲种鸭利用 1 年为最好,必要时可通过强制换羽等措施再使用 1 年,但使用年限不能超过 2 年。

③产蛋窝或产蛋箱的安置。种鸭产蛋时一般使用产蛋窝,使用前应铺上一层厚度适当的清洁垫草。在产蛋阶段应经常往产蛋

窝内添加新的垫草,被破蛋污染的脏垫草必须立刻从产蛋窝中清除掉,因为这些都是寄生虫和微生物的潜在温床。同时应尽量防止窝外蛋的发生。由于母鸭喜欢在黑暗处产蛋,因此产蛋窝必须具有足够的深度,而且不能将产蛋窝设置在很亮的地方,人工补光时也不能将灯泡直接挂在产蛋窝的正上方。

④集蛋。很大的温度变化是影响种蛋质量的重要因素。刚产下的蛋温度为41℃(鸭的体温),如不及时拣蛋并放进有合适温度的保存间,将会严重影响种蛋的质量,因此必须做到勤拣蛋,拣蛋次数取决于季节、气候条件及产蛋窝的设计方式。此外,种蛋不能过快冷却,放置种蛋时要小头朝下。选择的种蛋大小、蛋型及蛋壳厚度应符合各品种的具体要求。

种鸭的饲养上般采用舍饲饲养或放牧饲养,种蛋的收集也应随不同的饲养方式而采取相应的措施。在放牧饲养条件下,因不设产蛋箱,蛋产在垫料或地面上,种蛋的及时收集显得十分重要。初产母鸭的产蛋时间集中在后半夜1:00~6:00之间大量产蛋,随着产蛋日龄的延长,产蛋时间往后推迟;产蛋后期的母鸭多数也在10:00时以前产完蛋。蛋产出后及时收集,既可减少种蛋的破损、也可减少种蛋受污染的程度,这是保持较好的种蛋品质,提高种蛋合格率和孵化率的重要措施。放牧饲养的种鸭可在产完蛋后才赶出去放牧。舍饲饲养的种鸭可在舍内设置产蛋箱;随时保持舍内垫料的干燥,特别是产蛋箱内的垫草应保持新鲜、干燥、松软;刚开产的母鸭可通过人为的训练让其在产蛋箱内产蛋;同时应增加拣蛋的次数,这是产蛋期种鸭饲养日程中的重要工作环节。当气温低于0℃以下时,如果种蛋不及时收集,时间过长种蛋受冻;气温炎热时,种蛋易受热。环境温度过高、过低,都会影响胚胎的正常生长发育。

(2)种蛋的选择。种蛋的品质对孵化率和雏鸭的质量均有很大的影响,也是孵化场(厂)经营成败的关键之一,而且对雏鸭及成鸭的成活率都有较大的影响。种蛋的品质好,胚胎的生活力强,供给胚胎发育的各种营养物质丰富,种蛋的孵化率高。因此,必须根据种蛋的要求、进行严格的选择。

①种蛋的质量要求。一是种蛋的来源,首先应注意种鸭的品质,选择那些遗传性能稳定、生产性能优良、繁殖力较高、健康状况良好的鸭群的种蛋;二是保证种蛋的新鲜,种蛋的贮存时间愈短愈好,以贮存 7 d 为宜,3~5 d 为最好的保存期。两周以内的种蛋可保持一定孵化率,若超过两周则孵化期推迟,孵化率降低,雏鸭弱雏较多。种蛋的新鲜程度除与保存时间有关外,还与保存的温度、湿度、方法等有关;三是形状大小,蛋形应要求正常,呈卵圆形,过长过圆、两头尖等均不宜作种蛋使用,蛋重应符合品种要求,过大过小都不好,蛋重过小孵出的雏鸭较小,蛋重过大孵化率低。大型肉鸭蛋重一般为 85~95 g 为宜;四是蛋壳的结构,致密均匀,表面正常,厚薄适度。蛋壳厚度一般为 0.035~0.04 mm。蛋壳过厚、过硬时,孵化时受热缓慢,水分不易蒸发,气体交换不良,破壳困难;过薄时水分蒸发过快,孵化率降低。蛋壳结构不均匀,表面粗糙等均不宜作种蛋使用;五是蛋壳表面的清洁度,蛋壳表面不应有粪便、泥土等污物,否则,污物中的病原微生物侵入蛋内,引起种蛋变质腐败。或由于污物堵塞气孔,妨碍蛋的气体交换,影响孵化率。同时在孵化过程中污染机器,如果有少许种蛋受到轻度污染,在入孵前必须进行必要的处理后方可入孵。

②种蛋的选择方法。一是感官法,是孵化场在选择种蛋时常用的方法之一。通过看、摸、听、嗅等人为感官来鉴别种蛋的质量,可作粗略判别,其鉴别速度较快。眼看:观察蛋的外观、蛋壳的结构、蛋形是否正常、大小是否适中、表面清洁情况如何等。手摸:触摸蛋壳的光滑或粗糙等,手感蛋的轻重。耳听:用两手各拿 3 枚蛋,转动 5 指使蛋互相轻轻碰撞,听其声音。完好无损的蛋其声音脆,有裂纹、破损的蛋可听到破裂声。鼻嗅:嗅蛋的气味是否正常,有无特殊气味等。二是透视法,利用太阳光或照蛋器;通过光线检查蛋壳、气室、蛋黄、蛋白、血斑、肉斑等情况,对种蛋作综合鉴定,

这是一种准确而简便的方法,如发现蛋白变稀、气室较大,系带松弛、蛋黄膜破裂、蛋壳有裂纹等,均不能作种蛋使用。

103. 如何消毒和保存种鸭蛋?

(1)种蛋的消毒。蛋产出后,蛋壳表面很快就通过粪便、垫料感染了病原微生物,这些病原微生物的繁殖速度很快、据研究,新生蛋的蛋壳表面细菌数为 100～300 个,15 min 后为 500～600个,1 h 后达到 4 000～5 000 个;尤其是采用厚垫料饲养的鸭舍。种蛋更容易受到细菌的污染。种蛋受到污染不仅影响孵化率,更严重的是污染了孵化机和用具,传染各种疾病,因此,蛋产出后,除及时收集种蛋外,应立即进行消毒处理,以杀灭蛋壳表面附着的病菌原微生物。现介绍几种常用的消毒方法:

①福尔马林熏蒸消毒法。这种方法需用一个密封良好的消毒柜,每立方米的空间用 30 mL 40%的甲醛溶液、15 g 高锰酸钾,熏蒸 20～30 min,熏蒸时关闭门窗,室内温度保持在 25～27℃,相对湿度为 75%～80%。如果温度、温度低则消毒效果较差。熏蒸后迅速打开门窗、通风孔,将气体排出。这种方法对外表清洁的蛋消毒效果较好,对那些外表粘有粪便或共他污垢的脏蛋效果不良。消毒时产生的气体具有刺激性,在使用时应注意防护,避免接触人的皮肤或吸入。

②新洁尔灭消毒法。将种蛋排列在蛋架上,用喷雾器将千分之一的新洁尔灭溶液喷雾在蛋的表面。消毒液的配制方法:取浓度为 5%的原液一份,加 50 倍水,混合均匀即可配制成千分之一的溶液。注意在使用新洁尔灭溶液消毒时;切忌与肥皂、碘、高锰酸钾和碱并用、以免药液失效。

(2)种蛋的保存。在正常的孵化管理中,蛋产出后尽管贮存时间较短,但也不可能立即入孵。因此,种蛋在入孵前要经过一定时间的贮存。即使种蛋来源于优秀的种鸭群;又经过严格地挑选,品质优良的种蛋,如果保存条件较差,保存方法不当,对孵化效果均有不良的影响。尤其是在冬、夏两季更为突出。因此,应给种蛋创造一个适宜的保存条件和方法。

①种蛋贮存室的要求。大型的孵化场应有专门的种蛋贮存室。贮存室要求隔热性能良好、无窗式的密闭房间。此外,贮存室内还应配备恒温控制的采暖设备以及制冷设备,配备湿度自动控制器。种蛋贮存室与鸭舍之间的距离越远越好,同时应便于清洗和消毒。

②适宜的温度和湿度。种蛋保存的理想温度为 $13\sim16℃$。但保存时间不同也有差异,保存在 7 d 以内,控制在 15℃ 较适宜;7 d 以上以 11℃ 为宜。高温对种蛋孵化率的影响极大,当保存温度高于 23℃ 时,胚胎开始缓慢发育,尽管发育程度有限,但由于细胞的代谢会逐渐导致胚胎的衰老和死亡,相反温度过低,也会造成胚胎的死亡,影响孵化率,低于 0℃ 时,种蛋因受冻而失去孵化能力。应注意的是,不管在什么情况下,种蛋应存放在比较稳定的温度环境中。因此,在贮存前,如果种蛋的温度低于保存温度,应逐步降温,使蛋温接近贮存室温度、然后放入贮存室。温度过高,蛋表面回潮,种蛋容易发霉变质。湿度过低,蛋内水分大量蒸发,势必影响孵化效果、保存的湿度以近于蛋的含水量为最好,贮存室内一般相对湿度控制在 $75\%\sim80\%$ 范围内为宜。

③适宜的蛋位。保存一周内的种蛋,存放时的蛋位对孵化率或许只有较小的影响。为了使气室保持适当位置,种蛋应以钝端向上。如果每天转蛋,钝端向上保存 1 周以上的种蛋仍可获得较好的孵化效果。钝端向上可防止胚胎与壳膜的粘连,否则引起胚胎的早期死亡。保存期较长时,翻蛋的角度以大于 90° 为宜。

④适宜的保存期。保存期越短,对提高孵化率有利。随着保存期的延长,孵化率会逐渐下降。孵化率的下降与季节也有很大的关系,即使有适当的保存条件,保存时间过长,也难以获得理想的孵化效果。因为新鲜蛋的蛋白具有杀菌作用,长期保存后,蛋白的杀菌作用急剧下降;另一方面,保存时间过长,蛋内水分的过分

蒸发,导致内部 pH 的改变,各种酶的活动加强,引起胚胎的衰老,营养物质的变化及残余细菌的繁殖,从而危害胚胎降低孵化率。种蛋如需较长时间的保存,可将种蛋装在密封的塑料袋内填充 N_2,密封后放在蛋箱内,这样可阻止蛋内物质和微生物的代谢,防止蛋内水分的过分蒸发。如果保存期超过 3～4 周,仍可获得 70%～80% 的孵化率。种蛋长期保存时,每天翻蛋一次,也可延缓孵化率的急剧下降。

104. 种鸭蛋孵化期中胚胎是怎样发育的?

当给予种蛋适当的孵化条件,胚胎从休眠状态中苏醒过来,继续发育形成雏鸭。鸭胚不同日龄的发育情况如下。

第 1 天:胚胎以渗透方式进行原始代谢,原线、脊索突和血管区等器官原基出现。胚盘暗区显著扩大。照蛋时,胚盘呈微明亮的圆点状,俗称"白光珠"。

第 2 天:胚盘增大。脊索突扩展,形成五个脑泡,脑部和脊索开始形成神经管。眼泡向外突出。心脏形成并开始搏动,卵黄血液循环开始。照蛋时可见圆点较前一天为大,俗称"鱼眼珠"。

第 3 天:血管区为圆形,头部明显地向左侧方向弯曲与身体垂直,羊膜发展到卵黄动脉的位置。有三对鳃裂出现,尾芽形成。胚胎直径为 5.0～6.0 mm,血管区横径为 20～22 mm。

第 4 天:前脑泡向侧面突出,开始形成大脑半球。胚体进一步弯曲,喙、四肢、内脏和尿囊原基出现。照蛋时,可见胚胎与卵黄囊血管分叉似蚊子,俗称"蚊虫珠"。

第 5 天:胚胎头部明显增大,并与卵黄分离,前脑开始分成两个半球,第五对三叉神经发达。口开始形成,额突生长,眼有明显的色素沉着。脾脏和生殖细胞奠基。尿囊迅速增大形成一个有柄的囊状,其直径可达 5.5～6 mm。照蛋时卵黄囊血管形似一只小蜘蛛,又称"小蜘蛛"。

第 6 天:胚胎极度弯曲,中脑迅速发育,出现脑沟、视叶。眼皮原基形成,口腔部分形成,额突增大,四肢开始发育,性腺原基出现,各器官已初具特征,尿囊迅速生长,覆盖于胚体后部,尿囊血液循环开始,照蛋时,可见到黑色的眼点,俗称"起珠"。

第 7 天:胚胎鳃裂愈合,喙原基增大,肢芽分成各部。胚胎开始活动,尿囊体积增大,直径达到 12～17 mm,并且完全覆盖胚胎。照蛋时可见到头部和弯曲增大的躯干部分,俗称"双珠"。

第 8 天:喙原基已成一定形状,翅和脚明显分成几部,趾原基出现。雌雄性腺已可区分,尿囊体积急剧增大,直径达到 22～25 mm。照蛋时可见半枚蛋面布满血管。

第 9 天:舌原基形成,肝具有叶状特征,肺已有发育良好的支气管系统,后肢出现蹼。尿囊继续增大,胚胎重 0.69～1.28 g。照蛋时,正面易看到在羊水中浮游的胚胎。

第 10 天:除头、额、翼部外,全部覆盖绒羽原基,腹腔愈合。尿囊迅速向小头伸展。

第 11 天:眼裂呈椭圆形,眼睑变小。绒羽原基扩展到头部、颈及翅部,脚趾出现爪。

第 12 天:喙具有鸭喙的形状,开始角质化,眼睑已达瞳孔。胚胎背部开始覆盖绒羽。胚胎仍自由地浮于羊水中,尿囊开始在小头合拢。照蛋时,可见到尿囊血管合拢,但还未完全接合。

第 13 天:胚胎头部转向气室外,胚体长轴由垂直蛋的横轴变成倾斜。尿囊在小头完全合拢,包围胚胎全部。眼裂缩小,爪角质化。照蛋时除气室外整枚蛋表面都有血管分布,俗称"合拢"。

第 14 天:眼裂更为缩小,下眼睑把瞳孔的下半部遮住。肢的磷原基继续发育,体腹侧绒羽开始发育,全身除颈部外皆覆盖绒羽。胚胎重 3.5～4.5 g。

第 15 天:胚胎完成 90°角的转动,身体长轴和蛋的长轴一致。眼睑继续生长发育,眼裂缩小,下眼睑向上举达到瞳孔中部,绒羽已覆盖胚胎全部,并继续增长。尿囊血管加粗,颜色加深。

第 16 天:胚胎头部弯曲达于两脚之间,脚的鳞片明显。蛋白在尖端由一管道输入羊膜囊中。尿囊血管继续加粗,血管颜色加深。胚胎重 6.6～12 g。

第 17 天:头部向下弯曲,位于两足之间,两足也急剧弯曲,眼裂继续减少。开始大量吞食蛋白,蛋白迅速减少,胚胎生长迅速,骨化作用加强。

第 18 天:胚胎头部移于右翼之下,足部的鳞片继续发育。蛋白水分大量蒸发,气室逐渐加大。可见大头黑影继续扩大,小头透亮区继续缩小。

第 19 天:眼睛全部合上,未利用完的蛋白继续减少,变得浓稠。大头黑影进一步扩大。

第 20 天:蛋白基本利用完,开始利用卵黄营养物质,小头透亮区差不多消失。

第 21 天:蛋白利用完。羊膜和尿囊膜中液体减少,尿囊与蛋壳易于剥离。背面全部黑影覆盖,看不到亮区,俗称"关门"。

第 22 天:胚胎转身,气室明显增大,喙开始转向气室端。少量卵黄进入腹腔。照蛋时可见气室向一方倾斜,俗称"斜口"。

第 23 天:喙朝向气室端,卵黄利用明显增加。胚重 28.4～32.6 g。气室倾斜增大。

第 24 天:卵黄囊开始吸入腹腔,内容物收缩,可见气室附近黑影"闪动"。

第 25 天:胚胎大转身,喙、颈和翅部穿破内壳膜突入气室,卵黄囊大部分被吸入腹腔,胚胎体积明显增大。胚胎重 35.9 g。可见气室内黑影明显闪动,俗称"大闪毛"。

第 26 天:卵黄囊全部吸入腹腔。开始啄壳,并转为肺呼吸,易听到叫声,俗称"见嘴"。

第 27 天:大批啄壳,发育快的雏鸭破壳而出。

第 28 天:出壳高峰时间。出壳体重一般为蛋重的 65%。胚胎腹中存有少量卵黄。

105.种鸭蛋孵化的条件是怎样的?

孵化期正常的受精蛋,在合适的孵化条件下,28 d 出壳(半番鸭 30 d,瘤头鸭 35 d)。如出壳时间提前或迟后 8～12 h,对雏鸭体质影响不大,若超过 14 h 则要查明原因。种蛋从贮藏室取出后,要在孵化室内自然预热 5～6 h,待蛋表温度达到室温后即进行码盘入孵,码盘位置与贮存时一致。对孵化机事先清洗、消毒、调试,并要预热。

(1)温度。温度是鸭的人工孵化最主要的外界条件。温度过低(26.6℃以上)或过高(40.6℃)或忽高忽低,都直接影响胚胎的发育,甚至造成死亡。一般情况下鸭胚胎发育的适宜温度为37.8℃(36.6～38.7℃)。鸭胚胎发育不同时期对温度要求不同。如胚胎在孵化初期代谢处于低级阶段,本身产热较少,需要相对较高的温度;孵化中期胚胎物质代谢日益增强,产生一定体热,则需要比孵化初期稍低的温度;孵化后期,胚胎物质代谢达高潮,产生大量体热,则需要较低的温度。

在孵化过程中,可根据孵化场的具体情况和季节、品种(系)以及孵化机的性能,制定出合理的施温方案、一般采用立体孵化器,通常可参考以下两种施温方案。

恒温孵化:这是进行分批入孵的施温方案,以满足不同胚龄种蛋的需要。通常孵化器内有 3～4 批种蛋。在室温过高时,整批孵化必然在孵化的中后期代谢热大大过剩,分批入孵就可以充分利用代谢热作为热源,既可减少"自温"超温,又可节约能源。采取恒温孵化时,新老蛋的位置一定要交错放置,这样老蛋多余的热量被新蛋吸收,解决了在同一温度条件下新蛋温度偏低、老蛋温度偏高的矛盾,从而提高了孵化率。通常机内空气温度控制在 37.8℃。但应注意孵化机内上下、前后、左右的温差不能大大,温差越小越有利于孵化,一般情况下温差不能超过±(0.1～0.2)℃,温差可通过调整进出气孔等方式得到解决。如果温差较大时,也应注意定时调盘;减少温差对孵化率的影响。

变温孵化:又叫整批孵化,适用于种蛋来源充足情况下所采用的孵化方法。由于鸭蛋大,特别是大型肉鸭种蛋,脂肪含量较高。孵化 13 d 后,代谢热上升较快,如不改变孵化机的温度,会造成孵化机内局部超温而引起胚蛋的死亡。针对不同胚龄的种蛋采取不同的孵化温度,有利于胚胎的生长发育,特别是减少早期和后期胚胎的死亡。孵化的第 1 天温度为 39~39.5℃,第 2 天为 38.5~39℃,第 3 天为 38~38.5℃,第 4~20 天 37.8℃,第 21~25 天 37.5~37.6℃,第26~28 天为 37.2℃~37.3℃。第 21 天以后多数转入摊床孵化。采用变温孵化时,应尽量减少机内的温差,另外温度的调整应做到快速而准确,特别是孵化的头三天。

(2)湿度。孵化期间孵化机内湿度应掌握"两头高中间低"的原则。因为孵化初期胚胎要产生羊水和尿囊液,并从空气中吸收一些水蒸气,同时孵化初期给温又高,所以相对湿度以 70%~75%为宜;孵化中期胚胎要排除羊水和尿囊液,因此,相对湿度保持在 60%为宜;孵化后期即出壳前 2~3 d,为有适当的水分与空气中的二氧化碳作用产生碳酸,使蛋壳的碳酸钙变为碳酸氢钙而变脆,有利于雏鸭啄壳,并防止雏鸭绒毛粘壳,相对湿度应保持在 70%~75%,以促使雏鸭顺利出壳。湿度可在机内挂相对湿度计测定,用增减水盘面积或通过孵化室地面洒水或直接在蛋面喷洒温水来调节。现代全自动孵化机已安装自动控湿装置,只需连接水箱即可。鸭胚对湿度的要求虽不如温度要求严格,但是,湿度过小(小于 40%),蛋内水分蒸发快,胚胎与壳膜易粘连,影响出雏,且孵出的雏鸭个体小、毛短、毛梢发焦;湿度过大(超过 80%),蛋内水分不能正常蒸发,孵出的雏鸭壮大,没精神,成活率低。

(3)通风换气。胚胎在发育过程中必须不断进行气体交换,吸入新鲜空气,排出二氧化碳。气体交换量随着胚龄的增长而增多,出壳时,需氧量和二氧化碳排出量约为 1 胚龄的 100 倍。孵化箱内的二氧化碳含量达到 0.5%以上时,即对胚胎产生不良影响,达到 2％以上就会使孵化率急剧下降,如果达 5％时,孵化率可降至0。通风量的大小还会影响机内温湿度的变化,冬季或早春孵化时,应注意控制通风量,夏季应注意加大通风量。

(4)翻蛋。翻蛋的主要作用在于防止胚胎与壳膜的粘连,同时,定时转动蛋的位置,还可增加胚胎运动,也增加了卵黄囊、尿囊血管与蛋黄、蛋白的接触面,有利于营养物质的吸收。最新研究表明,通过翻蛋震动,会增强初生雏的"抗应激能力",使其对后天的"应激"因素具有适应性。大型电孵机每昼夜应翻蛋 10～12 次,人工翻蛋的一般 2 h 1 次,昼夜翻蛋次数不少于 4 次。翻蛋应从入孵第 1 天开始直至落盘,翻蛋的角度最好能达到 180°,因鸭蛋体积大,含水量比鸡低,蛋白黏稠,因此要求翻蛋角度要大,便于胚胎转动。

(5)凉蛋。鸭蛋的脂肪含量高,蛋大。随着孵化胚龄的增加,胚胎增大,脂肪代谢加强,胚胎产热量越来越多,需要散发的热量也随之增多。多余的热量如不及时散发掉,会引起蛋温升高而影响胚胎发育,甚至"烧死"胚蛋。因此,当孵化至 14 d 后,开始凉蛋,直至出雏。分批入孵,恒温孵化时,以最早入孵的种蛋为准确定凉蛋时间。凉蛋的方法很多如关闭电源,打开孵化机门,将蛋盘移出机门外;或掀去摊床上的覆盖物;或在蛋面上喷 40.5℃的温水等。凉蛋时间依季节、室温和孵化胚龄而定,一般每昼夜凉 2 次(如早 9：00,晚 21：00),每次 15～40 min。何时结束凉蛋,可用人工的方法来试温,即将鸭蛋贴在眼皮处,感到温和(32～34℃)就该停止凉蛋。此外,如采用同批入孵变温孵化制度再加上机内凉蛋或喷水则效果更好,又可节省劳力。

106.在鸭蛋的孵化过程中如何进行技术管理?

(1)温度的调节。我们经常谈到的孵化温度,所指的是孵化器给温的温度。在生产上又大多以孵化器"门表"所示温度为标准。但应当指出,在孵化作业中实际存在着 3 种温度,即孵化给温、胚胎发育温度、孵化器"门表"温度,要清楚地加以区别。

①孵化给温。也称设定温度。指固定在孵化器里的感温器件,如水银电接点的温度计所控制的温度,这是孵化技术人员人为设定的。当孵化器里温度超过设定的温度时,它能自动切断加热电源停止供温;当低于设定温度时,又接通电源,恢复加温。

②胚蛋温度。胚蛋发育过程中,自身所产生的热量,使胚蛋温度逐渐上升,实际操作中,胚蛋温度指紧贴胚蛋表面温度计所示温度或有经验的人用眼皮测得的温度。

③门表温度。指固定在孵化器门上观察窗里的温度计所示的温度,也是值班人员记录的温度。

孵化器的控温系统,在入孵后到达设定温度后,一般不要随意变动。照蛋、停电或维修引起的机温下降,一般不需要调节控制系统,过一段时间它将自动恢复正常。在正常情况下机温偏低或偏高 $0.2 \sim 0.4℃$ 时,要及时调整,并要观察调整后的温度变化。

(2)通风的调节。当恒温时间过长时,说明机内胚胎代谢热过剩,加热系统不需要加热,如不及时降温可能会导致胚胎"自温"超温,因此,当发现恒温时间过长时,就应该打开风门,必要时开启孵化器门来加强通风。当温度计显示的温度维持的时间与机器加热的时间交替进行时,说明孵化机内通风基本正常。加热系统工作时间过长,门表温度达不到设定温度,说明新鲜冷空气进入机内太多或排气量过大,需要调小风门。

(3)照检。在孵化过程中应对入孵种蛋进行 3 次照检,入孵后的 6～7 d 进行第一次照检,剔除无精蛋和死胚蛋,如发现种蛋受精率低,应及时调整公鸭和改善种鸭的饲养管理。入孵后第 13 天进行第二次照检,将死胚蛋和漏检的无精蛋剔除,如果此时尿囊膜已在蛋的小头"合拢",则表明胚胎发育正常,孵化条件控制合适。第三次照检可结合落盘进行。

(4)落盘。蛋鸭、骡鸭和野鸭蛋 24～25 d,番鸭蛋 32 d 进行最后一次照检,将死胚蛋剔除后,把发育正常的蛋转入出雏机继续孵化,称之"落盘"。落盘时,如发现胚胎发育延缓,应推迟落盘时间。落盘后应注意提高出雏机内的湿度和增大通风量。落盘过程中,要注意提高环境温度,动作要轻、要快,减少破损蛋,并利用落盘注意调盘调架,弥补因孵化过程中胚胎受热不匀而致胚胎发育不齐的影响。

(5)出雏以及雏鸭管理。过去认为分批出雏(3~4次)对雏禽的质量有益处,避免了早出雏在孵化器里的时间过长而引起脱水。但随着孵化技术的提高,种鸭场规模扩大,一次孵化量增大,如果种蛋品质好,胚胎发育整齐度好,在很短的时间里能出雏完毕,则采用一次性拣雏能提高劳动效率。在出雏末期,对已啄壳但无力出壳的弱雏,可进行人工破壳助产。助产要在尿囊血管枯萎时方可施行,否则易引起大量出血,造成雏鸭死亡。从出雏器里拣出的雏鸭,要按不同的品种、代次存放在苗鸭存放室,并贴上标签或放入卡片,以免搞混。夏季要注意通风,冬季要保持室内一定的温度,尽快做好雏鸭的雌雄鉴别、注射疫苗、分级装盒等工作。

(6)孵化记录和孵化率的计算。孵化率的计算分两种:一种是以出雏数占入孵蛋数的百分比来表示;另一种是以出雏数占受精蛋的百分比来表示。两种计算孵化率的计算公式如下:

入孵蛋孵化率=出雏数÷入孵蛋数×100%

受精蛋孵化率=出雏数÷入孵受精蛋数×100%

107. 什么是看胎施温技术?

(1)看胎施温技术的应用范围。看胎施温是指在人工孵化过程中,用灯光照蛋观察检查胚胎的发育情况,根据胚胎发育的快慢,采取相应的给温标准(即提供适宜的温度),确保胚胎发育始终正常,达到逐日发育的标准特征,从而获得良好的孵化成绩。看胎施温是我国现代人工孵化技术的精华,是由江苏省家禽研究所总结出的一套宝贵经验,是搞好人工孵化的一项基本技术。看胎施温的原理在于：孵化率的高低，实质上是取决于胚胎发育的正常与否，而胚胎发育则取决于内因（种蛋的品质）和外因（孵化条件）这两大因素。用同样的优质种蛋孵化时，孵化条件就起决定性的作用，在四大孵化条件中，温度最为重要。胚胎发育的快慢，主要取决于温度的高度，温度稍高，胚胎发育就要加快，温度稍低，胚胎发育就会减慢，当温度过高或太低还会致死胚胎。比较起来，其他三个孵化条件对胚胎发育的快慢影响则小得多。在四大孵化条件中，即使湿度、空气、翻蛋等其他条件都很正常，如果温度不当，孵化也会失败。而在其他条件基本具备的情况下，掌握好温度就成了提高孵化率的关键性措施。

可见通过控制、调节温度使胚胎发育正常，从而提高孵化率是可能的。人工孵化的实践证明看胎施温技术具有普遍的实用价值。不论采用什么孵化方式（如电孵、平箱孵、炕孵、缸孵、炒谷孵、温室孵等），什么品种，也不论在什么地区，在什么季节孵化都可以采用。

（2）看胎施温技术要点。

①熟练掌握鸭胚在照蛋时看到的逐日发育标准。鸭胚在照蛋时看到的逐日发育标准前已述及，从事人工孵化的人员必须熟练掌握，才能运用自如，正确对照。为此，初学者应该坚持逐日照检胚胎发育情况。照蛋时间每天固定，要求在达到整日龄时进行，即从入孵后温度达到标准是开始，每经过 24 h 算 1 d。这样，看得多了就能逐渐掌握，记准特征。

②抓住三个关键时间照蛋，检查胚胎发育是否正常，以便准确调节温度。

头照：在孵化满 6 d 时进行。这时发育正常的胚胎能明显看到"起珠"的特征。如果看到的特征是"双珠"，即前 6 d 发育快了，说明温度偏高，需要适当降温；假若只看到"小蜘蛛"和"钉壳"的特征，即表明发育慢了，是温度偏低的结果，需要适当升温。

二照：有恒温孵化时，在第 14 天时进行，若用变温孵法则在第

13.5 天进行。这次照蛋时,发育正常的胚胎应该刚好达到"合拢"标准。如果尚未合拢,小头仅剩有一点白亮部分,并无血管充血或烧伤痕迹,则表明发育慢了(再过半天至一天还可以合拢),这是温度偏低的结果。若发现提前合拢,说明温度偏高,应该略微降温。

三照:在第 20.5 天时进行。这时正常胚蛋的特征是刚好"封门",这表明前 20 d 发育都很正常,如果往后不发生问题,这个胚蛋就可以孵出小鸭。如果尚未封门,但无烧伤痕迹,表明发育较慢,温度偏低,这时不可升温,只能等候推迟出雏了。因为这里升温极易烧伤,造成的损失比迟出的损失更大。假若提前封门了,表明发育稍快,温度略高,应该适当降温,以免以后烧伤。

③通过遇检发现问题。及早纠正,保证胚胎正常发育。预检在孵化的第 3 天进行。为了使第 6 天按时"起珠",需要在第 4 天进行 1 次预检。如果第 4 天时明显出现"蚊虫珠"的特征,即表明前 4 d 温度适宜,到第 6 天可以按时起珠;若预检时发现已有"小蜘蛛"和"钉壳"的特征,则表明温度偏高,要立即降温,假若预检时,"蚊虫珠"还看不清楚,则说明前 3 d 温度不足,应该适当升温,争取在第 5 天时能达到"起珠"的标准。

(4)看胎施温的注意事项。

①照检或预检时,必须根据大多数胚蛋的发育情况来作出判断并采取措施。因此,每次都必须多照些,以防局部不正常的胚蛋干扰对全局采取措施的准确性。

②看胎施温技术的熟练掌握和正确运用,对提高孵化率十分重要,但是主要适用于"封门"之前,尤其在"合拢"之前至关重要。而在以后几天"看胎施温"技术的效果就不显著了。

③"封门"后最容易出现问题,往往是由于孵化室温度高、孵化机通风不良或者晾蛋不够而使胚蛋积热散发不出,从而烧伤致死胚胎,为了防止后期出现超温烧伤事故,在孵化后期,尤其是在孵化时 15 d 后应该坚持经常用"眼皮感温"法直接感测蛋温。一般情况下,如果前期发育正常,并能按时封门,结合眼皮感温法,又能

防止后期蛋温超高,就可使孵化率达到正常水平。

④为了能切实查明"起珠"、"合拢"和"封门"的准确时间,这几次照蛋必须按时进行外,还应提前 8～12 h 抽查一二次。这样做虽较麻烦,但是较为准确可靠。

108.种蛋在孵化过程中如何进行照蛋检查?

(1)照蛋器组成与技术指标。由一个照蛋灯电源和两个照蛋灯头组成。主要技术指标①适用鹅蛋的各孵化阶段的照蛋;②电源 220 V,±10% 范围内,50 Hz;③灯口温度≤10℃(环境温度为20℃情况下);④持续工作时间≤3 h。

(2)照蛋方法。当前普遍使用孵化机进行孵化,种蛋数量大,采用照蛋器进行照蛋速度快,省工省力。把要照蛋的蛋盘从孵化机内取出,放在桌子上,直接在蛋盘上照,光源从种蛋的钝部由上向下照。或整盘照蛋,整盘照蛋的照蛋箱顶部和孵化机蛋盘一般大,上面镶耐热玻璃,里放 4 根 40 W 荧光灯作光源。照蛋时亮度大的是无精蛋或死胚蛋,暗度深的是活胚蛋,将剔出的死胚蛋在侧面照蛋孔里再复照一遍。"头照"在入孵后第 6 天进行,把无精蛋和死胚蛋剔出,以便充分利用孵化箱空间。通过照蛋,拣出无精蛋和死胚蛋。受精蛋胚胎发育正常,血管呈放射状分布,颜色鲜艳发红;死胚蛋颜色较浅,内有不规则的血环、血弧,无放射状血管;无精蛋发亮无血管分布,只能看到蛋黄的影子。"二照"在入孵后第13～14 天进行,把死胚蛋剔出,防止腐臭变质污染活胚蛋和孵化箱。以删除死胚蛋,活的正常胚蛋移入出雏盘和出雏器。活胚蛋呈黑红色、气室倾斜、边界弯曲、周围有粗大的血管;死胚蛋气室周围看不到暗红色的血管,边缘模糊,有的蛋颜色较浅,小头发亮。落盘时最好再照一遍,剔出死胚蛋,防止它们混在活胚蛋中间吸收热量,影响活胚蛋温度的均匀度而影响出雏率。除"头照"、"二照"和落盘时照蛋外,日常孵化中还应该每两天抽查照蛋一次,每次照10～20 枚,检查胚蛋的发育状况和气室的大小,以便确定孵化温度和湿度是否合适,随时予以调整。

照蛋检查各类胚蛋的发育特征见表 9,照蛋出现的异常情况与可能的原因见表 10。

表 9　照蛋检查各类胚蛋的发育特征

时间	胚蛋类型	发育特征
6～7 d	受精蛋	照蛋特征是"起珠"(正常发育胚胎的黑眼珠)。鲜红的卵黄血管网向外延伸。血管扩散范围占孵蛋一侧面的 2/3 宽。典型的受精蛋要占本批入孵蛋的 70% 以上
	无精蛋	蛋内透明,看不到胚胎和血管,只能看到蛋内浅黄色的蛋黄朦胧地悬浮在蛋白中间,四周蛋白透明,隐约看见气室边缘;有时因散黄呈一片浊状,但没有任何血痕。正常的无精蛋只占入孵蛋的 5% 左右
	弱精蛋	在发育过程中到期而没有出现该期正常发育特征的蛋,叫弱精蛋。如 7 日龄胚胎看不到"起珠",血管微细,胚胎活动微弱,血管分布不到一枚蛋侧面的 1/2
	死精蛋	受精蛋在孵化发育过程中死亡,出现血管破裂、胚胎粘连在蛋壳内膜上,蛋的颜色较淡。死精蛋的特征有血圈、血弧、血环、血点、血块,有时出现带血的扩散卵黄、血管变暗等。死精蛋一般占受精蛋的比例为 3%～4%
13胚龄	活胚蛋	照蛋特征是"合拢"(鸭胚孵化至 13 d 末,尿囊与尿囊血管正好从蛋的钝端两侧向小头端会合)。气室增大,边缘明显。由于血管布满整枚蛋面,红润的血管网遮盖住蛋白,因此,照蛋时看不到透明的蛋白。发育正常的活胚应占整枚入孵蛋的 70% 以上
	弱胚蛋	胚胎发育慢,发育落后的胚胎主要表现尿囊在小头不能合拢,用照蛋灯对准胚蛋小头观察,能看到一个透明的三角区,透明区的大小可判断胚胎发育落后程度
	死胎蛋	鸭胚在 13 d 以前死亡,通过照蛋灯能看到蛋的两头呈灰白,中间漂浮着灰暗阴霾状的死胎,或者沉落一边,血管不明显或破裂。胚蛋放到室内很快变凉,与活胚有明显的温差。正常孵化的死胎蛋占 2%～3%

续表9

时间	胚蛋类型	发育特征
24～25 胚龄	活胚蛋	照蛋特征是"闪毛"（胚胎的右翅突入气室）。气室显著增大，边缘变成弯曲倾斜，黑影呈小山丘状，胚占满蛋的全部容积，能在气室下方红润处看到一较粗的血管，气室边缘有黑影闪动。正常发育的胚胎占活胎的75%以上
	弱胚蛋	发育落后的胚胎表现气室边缘平齐，黑影边缘较远，可见明显的血管
	死胎蛋	胚胎变得灰暗，蛋表面发凉，看不清暗红色的或有时看到有血管，但周围不红润而暗淡，胚胎不动变成铁灰色，无蛋温。死胎蛋后期一般只占3%～4%

表10　异常情况与可能的原因

照蛋时间	异常情况	原因分析
6～7 胚龄	死精蛋不多，无精蛋多，或气室大，散黄多	可能是种蛋存放时间过长、受冻、运输中受震动，或种鸭群公母比例不协调，公鸭过多或过少
	胚胎发育慢，但死精蛋没有超过规定标准	说明入孵后温度偏低
	胚胎发育正常，死精蛋过多	可能是种鸭群营养不良、鸭群内血缘有近亲现象，或者孵化机性能不好、局部孵蛋受热、靠近热源散热不匀、停电时间过多等原因
	胚胎发育过快，死精蛋多，血管末端有破裂现象	表明温度偏高

续表 10

照蛋时间	异常情况	原因分析
13 胚龄	大部分没有"合拢",但死胎不多	说明孵化温度偏低,从观察未合拢的部位大小可推测孵化温度偏低的幅度
	尿囊血管绝大多数早已合拢,大头端出现黑影,死胎多,少数不合拢的尿囊血管末端有不同程度的充血	说明孵化温度偏高
	孵化箱内同一批不同位置胚蛋发育不整齐,差异大,死胎正常或稍偏多,部分胚胎出现血管充血	说明孵化机温差大,翻蛋次数和角度不够,或停电频繁,造成局部超温
	胚胎发育快慢不一,血管微细	表明陈蛋多
24~25 胚龄	气室偏小,边缘整齐,无黑影闪毛现象	说明孵化温度偏低,湿度偏大
	啄壳早(如 25 d),死胎多	说明后期较长时间孵温偏高
	胚胎发育正常,死胎蛋多 剖检发现心有充血、瘀血、肝脏变形	多数是因局部受高温的影响
	剖检软骨营养不良症,具有肢短而弯曲,嘴短曲似鹦鹉喙,皮下结缔组织异常,多半呈水肿,死胎蛋多呈黄色而发脆,肝肾肿大	如果残留有不少蛋白质,可能是种鸭饲喂不良、缺乏维生素 B_2 和全价蛋白质、氨基酸不平衡所致
	蛋白质被完全吸收,心脏肥大并有出血点,肝肿大、变性,胆囊大,胚胎多死于 18 d 后	可能种鸭因饲喂未经去毒的棉籽饼、菜籽饼,受饲料残毒的影响

109.如何进行落盘与出雏处理?

鸭种蛋孵化至 26 d,应将活的胚蛋落盘。落盘后要按种蛋孵化的温度与湿度要求来控制温度和湿度,即较前一孵化阶段,温度适当降低,而湿度适当增加,以利出雏。为保证有足够湿度,应适当增加水盘数量,保持水盘内的清洁,以利水分蒸发。鸭种蛋孵化至第 27.5 天即开始出雏,满 28 d 入 29 d 出雏完毕,鸭雏出壳后,在出雏器内要停留至羽毛干透,而后取出,放入育雏室或箱中。注意事项:拣雏过早,幼雏羽毛未干,对环境适应性差;拣雏过晚,幼雏羽毛干后四处活动,鸭雏可能自行爬出,掉入水盘淹死。出雏期间应尽量少开照明灯,只在拣雏时开灯,以免幼雏爬行时损伤关节。一般拣雏 2～3 次。

110.如何检查与分析孵化效果?

每次孵化结束之后应统计孵化成绩(入孵蛋孵化率、受精蛋孵化率、健雏率),并进行分析,以便总结,积累经验,提高孵化技术水平。

产蛋高峰期的种蛋头照无精蛋不超过 5%,死胚蛋不超过 3%。如果死胚率过高,其原因分析是由于种蛋保管不当、孵化温度过高或过低。无授精蛋过多,则多是种鸭群雌雄配比不当、种鸭患病、公鸭雄性不强和精液差等原因。

二照时死胚蛋不超过 3%～5% 为正常,死蛋过多往往由种鸭饲养不良、胚胎营养不足、孵化温度不适宜及通风不良所致。孵化末期移盘后死胚蛋为 6%～7%,如死胚蛋过高可能是中后期孵化条件不良,特别是胚胎的供氧不足,废弃排不出去,主要表现啄壳不出的死胎较多。

从种蛋的收集→消毒→保存→入孵,要尽量减少人为的不利干扰,运输的颠簸,保持种蛋的新鲜度,孵化中的施温方案要确保有较高的孵化率和健雏率,达到理想的孵化成绩和经济效益。

111.怎样对雏鸭进行雌雄鉴别?

蛋用型的鸭,初生时就要拣出公雏另行处理,可节约育雏的房舍、设备和饲料;肉用型的可以公母分群饲养,发育整齐,公鸭可按营养要求给料,促进快速肥育,缩短饲养期,种鸭在出售时,可以按性比配套提供。因此,现代养鸭业非常重视鉴别雌雄。鉴别雏鸭的性别方法主要有以下几种:

(1)外貌鉴别法。

①根据体形鉴别:雏公鸭喙长、头大、颈粗,体躯长而圆,脚杆高,尾羽尖集;雏母鸭则喙短、头小、颈细,体躯短而扁,脚矮,尾羽散开。

②根据鼻孔鉴别:雏公鸭鼻孔狭小呈线状,鼻边粗硬明显有起伏,雏母鸭鼻孔宽大,圆状,鼻孔边柔软,无起伏。这些特点在20日龄后表现更为突出。

③根据额毛鉴别:雏公鸭头部额毛中部低陷,不圆弧;雏母鸭则中部圆弧,不低陷。

④根据上下颚羽毛与喙基部的分界曲线来鉴别:雏公鸭上颚羽毛呈尖角突入喙部;雏母鸭上颚羽毛与喙基部的分界线呈圆弧形。下颚均同上。

(2)动作鉴别法。雏公鸭气质雄健,雏母鸭气质文静。以4个手指托住胸部,用大拇指轻轻按压腰部,雏公鸭尾巴会向下压,雏母鸭尾巴会向上翘。

(3)翻肛鉴别法。雏公鸭有阴茎,长1～2 mm,像芝麻,长在肛门口的下方。翻肛时以左手捉鸭,中指与无名指夹住雏鸭的两只脚,使鸭头朝下,以食指压住雏鸭背腰部,拇指压住腹部尾端,右手的拇指、食指即翻开肛门及泄殖腔。如有芝麻大树立的小突起就是阴茎。如无小突起就是母鸭。

(4)捏肛鉴别法。是所有雌雄鉴别法中速度最快、准确率最高的鉴别法。雏鸭出壳干毛后即可进行。捏肛者右手拇指、食指必须皮薄肉嫩,感觉灵敏。左手拇指、食指在雏鸭的颈前分开,托住雏鸭。右手拇指、食指将肛门两侧捏住,上下或前后稍一揉搓,就有时会感到有芝麻粒大的小突起,尖端可以滑动,根端固定,即是阴茎。如肛门边有干粪,则往往粗糙,揉搓时不滑动;有稀粪则一摸就泻出。母鸭则任你怎么揉搓,也只有肛门口和泄殖腔肌肉随拇、食指的揉搓而柔和、平滑地摩擦,没有突起阻手的感觉。

(5)鸣管鉴别法。在鸭颈的基部两锁骨内,气管分叉处有球状软骨,称为鸣管。是鸭的发声器官。公鸭雏的鸣管较大,直径有3～4 mm,横圆柱形,稍偏于左侧。母雏鸭的鸣管较小,仅在气管的分叉处。触摸时,左手大拇指和食指抬起鸭头部,右手从腹部握住雏鸭,食指触摸颈的基部,如有直径 3～4 mm 大的小突起则为公雏鸭。

112. 鸭场如何确定育雏的时间?

适度规模养鸭场育雏的应考虑当地产蛋期蛋的价格、外界环境温度和野生饲料资源、外界条件等条件。由于我国地域辽阔,各地自然气候的差异较大,相应的在野生饲料资源的生长情况、环境温度等方面也存在很大差异。因此,在确定育雏时间的时候应该以所采取的饲养方式和当地的具体气候变化特点为依据。

每年的 3～5 月环境温度逐渐上升、自然光照时间逐渐延长,水温逐渐升高,伴随的是青草、昆虫、水生动物等天然饲料数量的逐渐增多,饲养成本相对较低、成活率比较高。因育成期天然的饲料资源比较丰富,其性成熟期容易提前。6～8 月气温高、湿度大,野生饲料资源丰富;育雏期间的保温要求容易满足,3 周龄后就可以将雏鸭群放到附近进行放牧饲养,1 月龄后放牧范围可以扩大。育成期是野生饲料资源丰盛的时期,在育成期进行放牧饲养不仅可以节省饲料费用,还能增强鸭的体质,为成年后的高产打下良好基础。8 月中旬到 10 月在育雏阶段要考虑保温问题,在北方的省区育成期处于野生饲料资源缺乏时期,需要以舍饲为主。

113. 养鸭场如何确定育雏的数量？

适度规模养鸭场育雏的数量应该考虑饲养者的资金、养殖场的环境与设备条件和市场需求等因素，数量过大、过少都会直接影响到养殖效益。

在确定存栏数量时必须根据自己的资金基础作出决定，避免在饲养过程中由于资金的短缺而出现饲料及其他生产必需品无法保证的问题。对于蛋鸭生产一般按照每只成年母鸭计算在 16～24 元，由于各地情况不同会有较大的差别。对于 1 000 只产蛋鸭的饲养者来说，初期的固定投资就需要 1.6 万～2.4 万元。一只雏鸭饲养至开产的投资需要 10～16 元。

饲养和活动面积不足则会影响鸭群正常的生产效益。每只成年母鸭约需要 0.25 m^2 的鸭舍面积，0.3 m^2 的运动场面积和 0.1 m^2 以上的水面面积。

对于一个鸭场来说生产效益最主要的决定因素是产品的销售价格。因此，如果判断出当鸭群开产后鸭蛋（或种蛋）的价格较高时可以适当增加饲养量，相反则应该适当压缩饲养规模。

114. 养鸭场育雏前应该做好哪些准备工作？

养鸭场在育雏前应该首选做好育雏舍和设备的检修、清洗消毒，准备好与育雏数量相适应的用具，选好责任心强的饲养人员，铺设好垫草以及试温工作。

育雏舍是育雏阶段的主要场所。为了减少育雏舍中的微生物数量，保证舍内环境的适宜和稳定，有效防止其他动物的进入，育雏开始前要对鸭舍的屋顶、墙壁、地面、取暖、供水、供料、供电等设备进行彻底的清扫、检修，能冲洗的要冲洗干净，清洗干净的设备用具需经太阳晒干，鼠洞要堵死，然后用石灰水、碱水或其他消毒药水喷洒或涂刷消毒。

清扫和整理完毕后在舍内地面铺上一层干净、柔软的势料，厚度为 5～8 cm,厚薄均匀,用福尔马林熏蒸法消毒(按每立方米空间用福尔马林 30 mL,高锰酸钾 15 g 熏蒸 24 h,然后放尽烟雾)。对于育雏室外附设有小型洗浴他的鸭场池进行清理消毒,然后注入清水。

根据雏鸭饲养的数量和饲养方式配备足够的保温设备、垫料(干燥、无发霉、无异味、柔软、吸水性强)、阀栏、料槽、水槽、水盆(前期雏鸭洗浴用)、清洁工具等设备、用具,备好饲料、药品、疫苗、温度计,制订好操作规程和生产记录表。

育雏是一项细致、复杂而辛苦的工作,育雏前要慎重地选好饲养人员。作为育雏人员要有一定的科学养鸭知识和技能,要热爱育雏工作,具有认真负责的工作态度。对于初次做此项工作的人员,要进行岗前技术培训。

根据育雏季节和加热方式,进雏前 1 d 对育雏舍进行测温,保证舍内温度达到 33℃,并注意加热设备的调试以保持温度的稳定。

115. 雏鸭有哪些生理特点?

雏鸭具有适应能力差、体温调节能力差、消化吸收能力差、雏鸭抗病力差、增重代谢快的"四差一快"生理特点,在育雏时必须根据这些特点,才能采取符合雏鸭需求的饲养管理技术。

雏鸭体质弱,神经系统和内分泌系统发育不健全,对环境的适应能力需要有一个逐步适应的过程,当环境条件不适宜雏鸭很难进行完善的自身调节,会造成生长受阻或健康受影响,甚至死亡。一般在半个月后,适应性就会有明显提高。

刚出壳的雏鸭绒毛短,绒状羽保温能力很差;皮下脂肪极薄,保温能力很差,也无法缓冲外界不适温度的影响。此外,雏鸭体重小、产热少,单位体重散热面积大,且产热、散热有关的神经和内分泌调节功能发育不健全,也是造成雏鸭体温调节能力差原因。

雏鸭喙比较软,撕啄较大食物的能力差,肌胃壁的收缩所产生的内压小,研磨饲料颗粒的能力低;消化道短,饲料在消化道内的时间短;雏鸭的消化腺分泌功能能差,消化酶量少且活力低;微生物消化作用极其微弱。在育雏期要求饲料的颗粒适中、不太坚硬,易于消化,在饲料中添加适当的酶制采用少喂多餐形式饲喂。

雏鸭的免疫系统尚处于发育过程中,对许多病原微生物缺乏免疫能力,体内营养成分(尤其是一些与抗病有关的成分)的积聚很少,许多疾病(包括传染病和营养代谢病)对其有很大的威胁。因此,要特别注意卫生防疫工作。

雏鸭生长速度快,初出壳的绍鸭体重约 40 g。14 日龄的体重可达到 100 g,28 日龄体重达到 350 g。体重的快速增加要求雏鸭必须摄入足够的营养物质。雏鸭阶段尤其是骨骼的生长更快,需要丰富而全面的营养物质,才能满足雏鸭的受长发育需求。

此外,当饲养员进入鸭舍的时候雏鸭蜂拥向前,容易被踩死踩伤。在晚上休息的时候如果老鼠进入育雏舍则会咬死大量雏鸭,在舍外活动时也可能会受到鹰类猛禽和猫、狗及其他野生动物(如蛇等)的袭击。

116. 雏鸭对环境温度有哪些要求？怎样观察环境温度是否适宜雏鸭的生长？

环境温度是育期环境条件中影响重要的因素。环境温度的过高或过低会造成雏鸭体温的升高或降低,偏离正常的生理体温,这对雏鸭的健康和生长是很有害的。

雏鸭自身调节体温的能力差,而且个体小,绒毛稀,对外界个适宜的温度反应十分敏感,特别注意在第一周保持适当高的环境温度,这是育雏能否成功的关键。

育雏温度随供暖方式不同而不同。采用保温伞供暖时,1 日龄时的伞下温度应控制在 33~35℃,伞周围区域为 30~32℃。室温为 27℃。其他供暖方式如微风炉、锅炉、煤炉等。在 1 日龄时的室内温度保持在 29~31℃即可,2~3 周龄末降至室温,室温在

18～21℃时最好,每天应检查温度。3周龄以后的雏鸭已有一定的抗寒能力,如气温在15℃以上。就不必再行人工加温。降温应做到适宜平稳,切忌大幅度降温或忽高忽低,否则容易诱发疾病。

育雏鸭的温度是否适宜,可通过温度计进行观察,也可以结合观察雏鸭群的行为表现来判断。如果雏鸭远离热源,张口喘气,饮水增加,说明温度高,要适当降低温度。如果雏鸭低头缩颈,常堆挤在一起,外边的鸭不断地往鸭群里边钻,并发出不安的叫声,或靠近热源取暖,说明温度偏低,需要提高温度,否则,时间长了,会造成压伤或窒息死亡,如果雏鸭精神活泼、食欲良好,饮水适度,羽毛光滑整齐,吃饱后散开卧地休息,伸腿舒颈,静卧无声,说明温度是适应的。

117. 雏鸭对环境湿度有哪些要求？怎样观察环境湿度是否适宜雏鸭的生长？

雏鸭身体含水量约为70％,喜欢干爽的环境,65％左右的相对湿度对于育雏阶段的鸭是比较适宜的。育雏第1周内使舍内空气温度在60％以上,1周以后以不超过70％为宜。湿度偏低对于10日龄前的雏鸭容易皮肤干燥;湿度大则会造成羽毛脏污,寄生虫和微生物容易繁殖。

育雏舍内湿度不能过大,圈窝不能潮湿,垫草必须经常保持干燥,尤其是在雏鸭吃过饲料或下水游泳回来休息时,一定要在干燥松软的垫草上休息。如果雏鸭久卧阴冷潮湿的地面,不仅影响饲料的消化吸收,造成烂毛,也易发生感冒和胃肠疾病。因此,在管理上必须做到勤换垫草,保持鸭舍或窝棚内干燥和清洁。喂水时一定不能将水洒在地面上。为防止育雏早期舍内过分干燥,特别是前5 d,可在火炉上烧开水或喷些水雾,以增加舍内的空气湿度。

118. 如何控制雏鸭舍的通风换气？

由于雏鸭生长快,新陈代谢旺盛,鸭每千克体重1 h呼出二氧化碳为 1.5～2.3L,特别是在高温、高湿的情况下,排出的粪便分解快,挥发出大量的氨气和硫化氢等有害气体,刺激眼、鼻、呼吸道,影响雏鸭生长发育,严重者会造成中毒。在育雏饲养过程中必须注意通风换气,保持舍内空气新鲜,不受污染。为了保证通风应该在育雏舍安装排风扇,采用负压通风换气。

在低温季节时,要处理好通风和保温这对矛盾,做到育雏舍每天要定时换气,第 1 周以保温为主,第 2、3 周保温与通风兼顾,在采用火炉加热时注意防止一氧化碳中毒和氧气含量不足。朝南的窗要适当打开,但要防贼风,不要让风直接吹到鸭身上。特别是冬春季节,冷风直接吹向鸭体会诱发感冒。

119.雏鸭饲养如何控制光照时间?

适宜的光照对雏鸭的生长发育、物质代谢、运动等有重要作用。可以提高鸭体表温度,增强血液循环;促进骨骼的生长,刺激消化系统功能,增进食欲,有助于新陈代谢。因此,雏鸭饲养过程注意控制好光照时间、光照强度,同时注意光线分布均匀。在不能利用自然光照或自然光照不足时,可以用人工光照来补充。

光照时间随周龄增大而逐渐缩短。为 0～3 日龄采用连续照明,4～7 日龄的雏鸭,每天光照 20～22 h;从 8 日龄开始,逐步缩短光照时间(第 2 周每天光照约 18 h),3～4 周每天照明时间维持在 14 h。夜间非光照期间,育雏舍内保留 2～4 个灯泡,有微弱的光线,有助于保持鸭群的安静。

前 3 d 育雏保持较高光照强度利于雏鸭适应环境和减少其他动物的危害。4 日龄后人工照明的亮度以工作人员进入育雏舍后能够清晰地观察鸭群的状态、料桶内的饲料、饮水器水等情况为准,从 15 日龄起,白天利用自然光照、夜间以较暗的灯光(每30 m² 地面可用 1 个 15 W 的灯泡)通宵照明,只在喂料时间用较亮的灯光照 0.5 h;在自然光照时间短的季节可在傍晚适当增加1～2 h光照,夜间其余时间仍用较暗的灯光通宵照明。

120.怎样饲养管理好育雏鸭?

(1)适时"潮水"与"开食"。

①潮水。雏鸭在开食前首次下水活动和饮水俗称"潮水"或"开水"。潮水能促进雏鸭的新陈代谢,刺激食欲,增进健康,提高生活力,因此,雏鸭必须先饮水后开食。潮水的时间应根据雏鸭的动态决定,一般在雏鸭干毛后能行走,并有啄食行为时(约出壳后24~26 h)进行。潮水的方法视气温和鸭群规模而定。早春气候寒冷,可在室内用水盆盛水1 cm深,水中加入0.02%的土霉素,让雏鸭放入水盆中嬉水3~5 min,让它熟悉水性,饮些土霉素,以利排泄胎粪,促进生长,预防疾病。天气暖和时,将每只鸭篮装雏鸭50~60只,轻轻浸入水中少许,以水淹盖到雏鸭脚背为准,勿使腹部绒毛浸湿,让雏鸭饮水、拉粪、嬉水3~5 min,然后提出水面,放在干草上,让其理干绒毛。大群饲养时,可分批潮水。天气炎热,雏鸭数量多,来不及分批潮水时,可将溶有土霉素的水喷在雏鸭身上,让其互相吸吮绒毛上的水珠。在盆内或塘边潮水时,要避免浸湿绒毛。喷水时也不要把绒毛喷得过湿,以成水珠而不滴水为度,防止雏鸭受冻而感冒。

②开食。雏鸭第一次喂食称为"开食"。潮水后,让雏鸭理干绒毛。当雏鸭在鸭篮里兜圈子寻找食物,以手试之,有伸头张嘴啄食的表现时,即应开食,一般在潮水后2 h左右进行,也可在潮水后就接着开食。在工厂化笼养雏鸭时,饮水和开食应同时进行。开食饲料大多用蒸煮的大米或碎米,也可用碎玉米、碎大麦、碎小麦和小米。开食时,将饲料均匀地撒在竹席或塑料布上,随吃随撒,引逗雏鸭找食认食。对不会吃食的雏鸭,要注意调教。现代化养鸭业多用食槽盛装碎粒料开食的饲喂。食垫或食槽旁边要设饮水处,让雏鸭边吃食边饮水,防止饲料粘嘴和影响吞咽,以促进食欲,帮助采食。吃食后,将雏鸭缓慢赶入运动场上,让其理毛休息,待毛干后,再赶入育雏室,捉入鸭篮内。由于雏鸭消化机能还未健

全,开食时只能吃六七成饱,以后喂量逐渐增加,3日龄后即可喂饱。

(2)适时"开青""开荤"。"开青"即开始喂给青绿饲料。饲养量少的养鸭户为了节约维生素添加剂的支出,往往补充青饲料来弥补维生素不足。青料一般在雏鸭"开食"后3～4 d喂。雏鸭可吃的青饲料种类很多,如各种水草、青菜、苦荬菜等。一般将青饲料切碎单独喂给,也可拌在饲料中喂,以单独喂最好,以免雏鸭先挑食青饲料,影响精饲料的采食量。"开荤"即给雏鸭开始饲喂动物性蛋白质饲料,即给雏鸭饲喂新鲜的"荤食"(如小鱼、小虾、黄鳝、泥鳅、螺蛳、蚯蚓等)。一般在5日龄左右就可"开荤",先以黄鳝、泥鳅为主,日龄稍大一些以小鱼、螺蛳为主。

(3)放水和放牧。放水要从小开始训练,开始的头5 d可与"开水"结合起来,若用水盆给水,可以逐步提高水的深度,然后将水由室内逐步转到室外,即逐步过渡,连续几天雏鸭就习惯下水了。若是人工控制下水,就必须掌握先喂料后下水,且要等待雏鸭全部吃饱后才放水。待雏鸭习惯在陆上运动场活动后,就要引诱雏鸭逐步到水上运动场或水塘中任意饮水、游戏。开始时可以引3～5只雏鸭先下水,然后逐步扩大下水鸭群,以达到全部自然地下水,千万不能硬赶下水。雏鸭下水的时间,开始每次10～20 min,逐步延长,随着适应水上生活,次数也可逐步增加。下水的雏鸭上岸后,要让其在背风且温暖的地方理毛,使身上的湿毛尽快干燥后,进育雏室休息,千万不能让湿毛雏鸭进育雏室休息。

(4)及时分群。雏鸭分群是提高成活率的重要环节。雏鸭在"开水"前,可根据出雏的迟早和强弱分开饲养。笼养的雏鸭,将弱雏放在笼的上层、温度较高的地方。平养的要根据保温形式来进行,健雏放在近门口的育雏室,弱雏放在一幢鸭舍中温度最高处。第二次分群是在"开食"后3 d左右,可逐只检查,将吃食少或不吃食的放在一起饲养,适当增加饲喂次数,并比其他雏鸭的环境温度提高1～2℃,同时,查看是否存在疾病等原因。此外,可根据雏鸭各阶段的体重和羽毛生长情况分群,各品种都有自己的标准和生长发育规律,各阶段可以抽称 5%～10% 的雏鸭体重,结合羽毛生长情况,未达到标准的要适当增加饲喂量,超过标准的要适当扣除部分饲料。

(5)投药管理。饲养雏鸭前 3 d 给喂些营养性药物。例如,饮水中添加 0.1% 电解多维、5% 葡萄糖。这样可以缓解雏鸭由于长途运输造成的疲劳,增强雏鸭抵抗力,减少新环境造成的应激。肉鸭育雏期易发病日龄在 12～15 日龄,这期间易发生大肠杆菌病和浆膜炎。养殖户一定要提前全群用一次抗生素,饮水投药连用 3 d。饮水给药注意事先要给鸭群控水 2 h 再给鸭群饮用药水,药水饮完再给饮清水。切忌不控水就直接饮药水,否则会有部分鸭饮不上药水,达不到预防疾病的效果。

(6)消毒管理。控制肉鸭育雏期间疾病应以预防为主,而多数养殖户往往忽略不重视消毒,存在侥幸心理。适得其反,一旦肉鸭发生疾病,不仅浪费很多药品钱,还很难控制疾病的发生和蔓延。所以养殖户要想养好肉鸭,提高效益就必须重视日常预防性消毒工作。要做到每两天消毒一次,至少也得 3 d 消毒一次。带鸭消毒时注意不要将消毒药直接喷到鸭体上,正确方法是喷雾器喷嘴朝上喷雾,叫雾滴慢慢降落到鸭体上或舍内其他空间。消毒药用量要严格遵守消毒药说明用量,千万不要认为浓度大消毒效果就好,饲养户千万不要随意增加消毒物品的浓度和用量。

(7)垫料管理。平地养鸭都要使用垫料,选择质优价廉的垫料对于搞好育雏乃至肉鸭全程管理都十分重要。育雏期间垫料一般选择麦秸或稻壳,肉鸭进舍前铺在育雏舍地面上,厚度不少于 2 cm,冬天还要加厚 1～2 cm。当饲养人员发现垫料表层布满鸭粪并且潮湿时可以用耙子将垫料翻扒松动使粪便沉落到底层去,表层露出新鲜垫料。育雏期间垫料要保持干燥,雏鸭趴在潮湿垫料上面太凉,影响卵黄的吸收,如果卵黄吸收慢则肉鸭抵抗力很差,易发生疾病。这期间随着雏鸭日龄的增加,采食量加大,排泄物不断增多,鸭舍垫料极易潮湿。因此,要经常更换垫料,保持鸭舍干燥,搞好清洁卫生,给鸭创造一个干净舒适的饲养环境。为节约养鸭生产成本,清理出来的育雏垫料可以放到鸭舍外边通风处,利用太阳光照晒干,晒干后装袋备用,待肉鸭出栏前 7 d 再重复使用一次。

121. 怎样才算把好育雏关?

(1)育雏舍的消毒。首先要做好育雏舍卫生消毒工作,进雏鸭前搞好育雏舍的卫生清洁,彻底将鸭粪清洗干净,用消毒药物(0.2％百毒杀溶液)喷洒一次,饮水器、料盘、料槽等清洗晒干后消毒。

(2)选择合适的育雏方法。规模化饲养肉鸭一般采用地面育雏和网上育雏方法;网上育雏比地面育雏好处多,卫生环境好、提高育雏密度和育雏舍地面的利用率,减少雏密度的饲料报酬高,生长速度快。若采用笼养育雏,则鸭笼采用单层、双层直立或阶梯式笼养均可。多为吊挂式或笼架式。笼组布局采用中间两排,或南北各一排,当中留走道。笼四周用竹木制成,每只长 2 m、宽 0.8～1 m、高 20～25 cm,底板采用铁丝网或竹片制,网眼为 2 cm 见方,双层直立式鸭笼上层底板离地面 1.2 m,下层底板离地面 0.6 m。上层底板下需装一层承粪板,下层粪便可直接落在地上。如为单层,底板离地面 1 m,粪便直接落下。食槽、饮水槽放在笼外一边。

122. 怎样做好育雏期的管理?

(1)适温。比较适宜的温度有利于雏鸭的茁壮成长,出壳后的雏鸭因绒毛短,调节体温能力差,一旦外界温度不适,会影响成活率。雏鸭对笼舍温度的要求是:1～2 日龄为 30～29℃,3～7 日龄为 29～24℃,8～14 日龄为 24～19℃,15～21 日龄为 19～17℃,21 日龄后可适应常温。每天温差不能超过 4℃,最低不能低于15℃;在恢复常温时要逐步降温。

（2）合适的饲养密度。每群雏鸭以 500 只为宜。7 日龄以内每平方米饲养 60～65 只（即比平养增加 2 倍左右），7～15 日龄40～45只，15 日龄后 15～18 只。

（3）良好的通风。雏鸭新陈代谢旺盛，要求笼舍内的空气必须新鲜。因此，在控制笼舍温度的同时，还要注意保证舍内空气流通。最好是在窗户上装一个风斗通风，但要防止贼风直接吹及鸭体。舍内空气的新鲜度，应以饲养者进入育雏舍感到舒服、无强烈的刺激味而宜。

（4）适当的光照。适度光照，不但便于雏鸭采食、饮水、活动和饲养者进行调教，而且还可促进雏鸭的生长发育。方法是：每个育雏间安装一个 10 W 灯泡，最初 3 d 采用全日光照；随着雏鸭的生长，以后每周减少 2～3 h，到 4 周龄后采用自然光照。

（5）放水。笼养雏鸭出壳 2～5 d 后即可用漏筛装雏放入水中 5～7 min。先湿脚，再徐徐下沉，让其游泳、嬉戏、钻水、洗绒。以后便可每天定时放水。7 d 前每天放水 2～3 次，每次 10～15 min；7 d 后，可在每次喂料后放入 8～10 cm 深的浅水围中，每次 15～20 min；15 d 后，围内水深增至 15～20 cm，每次放水 20～30 min。

（6）防病。雏鸭 15 日龄时用鸭瘟弱毒疫苗 100 倍稀释液，每只肌内注射 0.5 mL；20 日龄鸭每只胸肌内注射禽出败氢氧化铝菌苗 2 mL。笼养要特别注意雏鸭软脚病的防治，一旦发现，不要让雏鸭多睡，应适当驱赶走动，并用缝衣针扎鸭脚上的小红筋（不能扎粗筋），即可治愈。平时用磺胺二甲嘧啶或磺胺塞唑按 0.5%～1% 的比例拌饲料中连喂 3～5 d，停 10 d 后又喂，可有效预防雏鸭球虫和鸭痢病。

123.怎样对雏鸭进行合理的喂饲？

（1）开食。当雏鸭听到响声即站起来，头颈伸长，开嘴啄食，即可开食（一般在雏鸭出壳后 20～30 h 内）。开食时先给饮水，然后喂料。首次饮水应配入少量高锰酸钾,浓度以水色变红,手伸入水中能看清指纹为度,以促排胎粪。饮水后及时用煮得半生半熟、不散不硬的米饭、经清水浸泡,除去黏性,沥水后拌入 1.5%～2% 的白糖,放在食槽内让雏鸭自食。开食当天,每隔 1.5～2 h 饮、喂一次,每次只喂八九成饱。防止雏鸭胀嗉。

(2)饲喂。开食第 2～4 天,每天饮水、喂食各 5～6 次(先饮后喂或边饮边喂)。第 5～15 天变为 4～5 次,15 d 后每天饮、喂 3～4 次。饲料仍用半生半熟的米饭,但从第 4 天起不加白糖,改加配合饲料。其配方为(%):玉米 46、碎米 10、小麦 5、米糠 5、加豆(炒)10、豌豆(炒)10、鱼粉 6、蚕蛹 4、骨粉 3、石膏 1;或玉米 45、碎米 10、小麦 5、麦麸 5、黄豆(炒)17、菜籽饼 7、蚕蛹 7、贝壳粉 2.7、骨粉 1、食盐 0.3。同时,要加喂青饲料(切细)从第 4～10 天,青饲料可占日粮的 20% 左右;10 d 后占日粮的 30%～40%,单喂、混喂均可。晚间不喂料,如天气炎热,可饮水一次。喂料时要经常检查雏鸭的饱满程度不喂得过多。

124.如何在育雏期选择种鸭?

种鸭育雏期的选择包括种雏鸭和育雏期末的选择。初生雏鸭质量的好坏直接影响到生长发育以及群体的整齐度。只有健雏才能留做种鸭。健雏的选留标准为:大小均匀,体重符合品种要求,绒毛整齐,富有光泽,腹部大小适中,脐部收缩良好,眼大有神,行动灵活,抓在手中挣扎有力。

种鸭场(公司)在提供配套种鸭时,往往超量提供公鸭,以便在育雏期结束时,即在 28 日龄根据种鸭的体重指标、外形特征等进行初选。公鸭应选择体重大、体质健壮的个体,母鸭则要求选择体重中等大小、生长发育良好的个体留种。初选后,公、母鸭的配种比例为 1:4。

六、适度规模经营蛋鸭饲养管理技术

125.产蛋鸭有哪些特点?

母鸭从开始产蛋直至淘汰,均称产蛋鸭。一般蛋用型麻鸭的利用期约 350 d 左右(150～500 日龄),称为第一个产蛋年;也有经换羽休整后,再利用第二年、第三年的,但其生产性能逐年下降,不宜留用。

公鸭一般在 100 日龄左右有性行为表现,但性成熟约在 150 日龄前后。故留种交配,大都用 5 月龄以上的公鸭,种公鸭只利用 1 年(实际上是一个配种期)。

公母鸭从性成熟开始,就进入一个新的阶段,在这个阶段里,公鸭要交尾配种,母鸭要产蛋繁殖,身体各部分的生长发育已经基本结束,其一切活动都环绕"繁殖"这个中心,各项饲养管理工作也都要服务于这个中心,尽一切可能去创造一个能够连续高产稳产的环境和条件,去获得高质量的种蛋。

(1)我国蛋鸭品种的最大特点是无就巢性,蛋鸭的产蛋量高,90%以上产蛋率可维持 20 周左右,整个主产期的产蛋率基本稳定在 80%以上。蛋鸭的这种产蛋能力,需要大量的营养物质。因此,进入产蛋期的母鸭代谢旺盛,为满足代谢的需要,蛋鸭表现出很强的觅食能力,尤其是放牧的鸭群。

(2)开产以后的鸭,性情变得温顺起来,进鸭舍后就独个儿伏下,安静地休息,不乱跑乱叫,放牧出去,喜欢单独活动。生产和产蛋规律性很强,鸭产蛋在正常情况下,都在深夜 1:00～2:00 时,此时夜深人静,没有任何吵扰,最适合鸭类繁殖后代的特殊要求。如在此时突然停止光照(停电或煤油灯被风吹灭)或有人走近,则要引起骚乱,出现惊群,影响产蛋。除产蛋时间以外的其他时间,操作规程和饲养环境也要尽量保持稳定,不许外人随便进出鸭舍,避免各种鸟兽动物在舍内窜进窜出。在管理制度上,何时放鸭,何时喂料,何时休息,都按一定次序严格执行,如改变喂料餐数,大幅度调整饲料品种,都会影起鸭生理机能紊乱,造成减产或停产。

(3)产蛋鸭胆大,性情温顺,喜欢离群。与青年鸭时期相比,开产以后,胆子逐渐大起来,敢接近陌生人。

(4)产蛋鸭食量大,食欲好。无论是圈养或放牧饲养,产蛋鸭(尤其高产鸭)最勤于觅食,早晨醒得早,出舍后四外觅食,放牧时到处觅食,喂料时最先响应,踊跃抢食,下午收牧或入舍时,虽已吃得很饱了,但还想吃,总是走在最后,恋恋不舍地离开牧区。

(5)产蛋鸭代谢旺盛,对饲料要求高。由于连续产蛋,消耗的营养物质特别多,如每天产一枚蛋,蛋重按 65 g 计算,则需要粗蛋白质 8.75 g(按全蛋含粗蛋白质 13.5% 计算)、粗脂肪 9.43 g(按粗脂肪含量占全蛋的 14.5% 计算)。此外,还需要大量无机盐和各种维生素。饲料中营养物质不全面,或缺乏某几种元素,则产蛋量下降,如蛋数减少,产蛋时间推迟,蛋壳粗糙或鸭体重下降,羽毛松乱,食欲不振,反应迟钝,怕下水等。所以,产蛋鸭要求质量较高的饲料。

126. 产蛋鸭对环境有哪些要求?

(1)饲养方式。产蛋鸭饲养方式包括放牧、全舍饲、半舍饲三种。半舍饲最常见,其饲养密度为 7 只/m²。

(2)温度。鸭对外界环境温度的变化有一定的适应范围,成年鸭适宜的环境温度是 5～27℃。由于禽类没有汗腺,当环境温度超过 30℃时,体热散发较慢,采食量减少,正常的生理机能受到干扰,蛋重降低,蛋壳变薄,产蛋量下降,饲料利用率降低,种蛋受精率和孵化率下降,严重时会引起中暑死亡;如环境温度过低,为了维持鸭的体温,就要多消耗能量,降低饲料利用率,当温度继续下降,在 0℃ 以下时,鸭体的正常生活受阻,产蛋率明显下降。产蛋鸭最适宜的环境温度是 13～20℃,此时期的饲料利用率、产蛋率都处于最佳状态。

(3)光照。在育成期,控制光照时间,目的是防止育成鸭过早性成熟;进入产蛋期后,要逐步增加光照时间,提高光照强度,促使性器官的发育,达到适时开产;进入产蛋高峰期后,要稳定光照时间和光照强度,使达到持续高产。光照一般可分为自然光照和人工光照两种。开放式鸭舍一般使用自然光照加人工光照,而封闭式鸭舍则采用人工光照。光照时间从 17～19 周龄就可以开始逐步延长,到 22 周龄,达到 16～17 h 为止,以后维持不变。在整个产蛋期光照时间不能缩短,更不能忽长忽短。光照时间的延长可以采用等时递增,即每天增加 15～20 min,产蛋期的光照强度有 5 lx 即可,即每平方米鸭舍 1.3 W。当灯泡离地面 2 m 时,一个 25 W 的灯泡,就可满足 18 m² 鸭舍的照明。

127. 怎样选择蛋鸭的育雏季节?

采用关养或圈养方式,依靠人工饲养管理,原则上一年四季均可饲养,但最好避开盛夏或严冬进入产蛋高峰期;而全期或部分靠放牧觅食,就要根据自然条件和农田茬口来安排育雏的最佳时期,这不仅关系到成活率的高低,还影响饲养成本和经济效益的大小。

(1)春鸭。从春分到立夏、甚至到小满之间,即 3 月下旬至 5 月份饲养的雏鸭都称为春鸭,而清明至谷雨前,即 4 月 20 日前饲养的春鸭为早春鸭。这个时期育雏要注意保温,育雏期一过,天气日趋变暖,自然饲料丰富,又正值春耕播种阶段,放牧场地很多,雏鸭可以充分觅食水生动植物,如蚯蚓、螺蛳以及各种水草和麦田的落谷。春鸭不但生长快,饲料省,而且开产早,当然产生效益。

(2)夏鸭。从芒种至产秋前,即从 6 月上旬至 8 月上旬饲养的雏鸭,称为夏鸭。这个时期气温高,雨水多,气候潮湿,农作物生长旺盛,雏鸭育雏期短,不需要什么保温,可节省育雏保温费用。

6月上、中旬饲养的夏鸭,早期可以放牧秧稻田,帮助稻田耕锄草,可充分利用早稻收割后的落谷,节省部分饲料,而且开产早,进入冬季即可达到产蛋高峰,当年可产生效益。但是,夏鸭的前期气温闷热,管理较困难,要注意防潮湿、防暑和防病工作。开产前要注意补充光照。

(3)秋鸭。从立秋至白露,即从8月中旬至9月饲养的雏鸭称为秋鸭。此期秋高气爽,气温由高到低逐渐下降,是育雏的好季节。秋鸭可以充分利用杂交稻和晚稻的稻茬地放牧,放牧时间长,可能节省很多饲料,故成本较低。但是,秋鸭的育成期正值寒冬,气温低,天然饲料少,放牧场地少,因此要注意防寒和适当补料。过了冬天,日照逐渐变长,对促进性成熟有利,但仍然要注意光照的补充,促进早开产,开产后的种蛋可提供一年生产用的雏鸭。我国长江中下游大部分地区都利用秋鸭做为作鸭。

128. 蛋鸭的育雏方式是怎样的?

(1)地面育雏:是在育雏舍的地面上铺上5 cm厚的松软垫料,将雏鸭直接饲养在垫料上,采用地下(或地上)加温管道、煤炉、保姆伞或红外线灯泡等加热方式提高育雏舍内的温度,这种方法简单易行,投资少,但房舍的利用率低,且雏鸭直接与粪便接触,羽毛较脏,易感染疾病。

(2)立体笼育:是指将雏鸭饲养在特制的多层金属笼或毛竹笼内,这种育雏方式比平面育雏更能有效地利用房舍和热量,既有网上育雏的优点,还可以提高劳动生产率,缺点也是投资较大。目前生产商品肉鸭多采用网上育雏或立体笼育,肉用种鸭一般采用地面育雏或网上育雏。

(3)网上育雏:是指在育雏舍内设置离地面30~80 cm高的金属网、塑料网或竹木栅条,将雏鸭饲养在网上,粪便由网眼或栅条的缝隙落到地面上。这种方式雏鸭不与地面接触,感染疾病机会减少了,房舍的利用率比地面饲养增加1倍以上,提高了劳动生产率,节省了大量垫料,缺点是一次性投资较大。

129. 如何选择蛋鸭的雏鸭?

(1)选择在同一时间内出壳、绒毛整洁、毛色正常、大小均匀,眼大有神,行动活泼,脐带愈合良好,体膘丰满,尾端不下垂的壮雏。在挑选种鸭时,还要特别注意雏鸭要符合本品种特征。凡是腹大而紧,脐带愈合不好,绒毛参差不齐、畸形、精神不振、软弱无力的不应入选。

(2)根据本地的自然饲养条件和采用的饲养方式选择蛋鸭品种。圈养可以引进高产的蛋鸭品种。放牧要根据自然放牧条件确定品种,有农田水网地区,要选觅食能力强,善于在稻田之间穿行的小型蛋鸭,如绍鸭、攸县麻鸭等;在丘陵山区,要选善于在山地爬行的小型蛋鸭,如连城白鸭、山麻鸭等;在湖泊地区,湖泊较浅的可以选中、小型蛋鸭,若放牧的湖泊较深可选用善潜水的鸭;在海滩地区,则要选耐盐水的金定鸭、莆田黑鸭,其他鸭种很难适应。

130. 蛋鸭育成鸭有哪些特点?

(1)体重增长快。以绍鸭为例,28 日龄以后体重的绝对增长加快,42～44 日龄达到高峰,56 日龄起逐渐降低,然后趋于平稳增长,至 16 周龄的体重已接近成年体重。

(2)羽毛生长迅速。仍以绍鸭为例,育雏期结束时,雏鸭身上还掩盖着绒毛,棕红色麻雀羽毛才将要长出,而到 42～44 日龄时胸腹部羽毛已长齐,平整光滑,达到"滑底",48～52 日龄青年鸭已达"三面光",52～56 日龄已长出主翼羽,81～91 日龄蛋鸭腹部已换好第二次新羽毛,102 日龄蛋鸭全身羽毛已长齐,两翅主翼羽已"交翅"。

(3)性器官发育快。10 周龄后,在第二次换羽期间,卵巢上的卵泡也在快速长大,12 周龄后,性器官的发育尤其迅速。为了保证青年鸭的骨骼和肌肉的充分生长,必须严格控制青年鸭过早性成熟,这对提高产蛋性能是十分必要的。

(4)适应性强。青年鸭随着日龄的增长,体温调节能力增强,对外界气温变化的适应能力也随之加强。同时,由于羽毛的着生,御寒能力也逐步加强。因此,青年鸭可以在常温下,甚至可以在露天饲养。随着青年鸭体重的增长,消化器官也随之增大,贮存饲料的容积增大,消化能力增强。此期的青年鸭杂食性强,可以充分利用天然动植物性饲料。充分利用青年鸭的生理特点,加强饲养管理,提高生活力,使生长期发育整齐,为产蛋期的稳产、高产打下良好的基础。

131. 蛋鸭育成鸭的饲养方式有哪些?

(1)放牧饲养。育成鸭的放牧饲养是我国传统的饲养方式。大规模生产时采用放牧饲养的方式已越来越少。

(2)全舍饲饲养。育成鸭的整个饲养过程始终在鸭舍内进行称为全舍饲圈养或关养。鸭舍内采用厚垫草(料)饲养,或是网状地面饲养,或是栅条地面饲养。由于吃料、饮水、运动和休息全在鸭舍内进行,因此,饲养管理较放牧饲养方式严格。舍内必须设置饮水和排水系统。采用垫料饲养的,垫料要厚,要经常翻松,必要时要翻晒,以保持垫料干燥。地下水位高的地区不宜采用厚垫料饲料,可选用网状地面或栅条地面饲养,这两种地面要比鸭舍地面高 60 cm 以上,鸭舍地面用水泥铺成,并有一定的坡度(每米落差6~10 cm),便于清除鸭粪。网状地面最好用涂塑铁丝网,网眼为24 mm×12 mm,栅条地面可用宽 20~25 mm,厚 5~8 mm 的木板条或 25 mm 宽的竹片,或者是用竹子制成相距 15 mm 空隙的栅状地面,这些结构都要制成组装式,以便拆卸、冲洗和消毒。全舍饲饲养方式的优点是可以人为地控制饲养环境,有利于科学养鸭,达到稳产、高产的目的;由于集中饲养,便于向集约化生产过渡。同时可以增加饲养量,提高劳动效率。此法饲养成本较高。

(3)半舍饲饲养。鸭群饲养在鸭舍、陆上运动场和水上运动场,不外出放牧。吃食、饮水可设在舍内,也可设在舍外,一般不设饮水系统,饲养管理不如全圈养那样严格。其优点与全舍饲一样,便于科学饲养。这种饲养方式一般与鱼塘结合在一起,形成一个良性循环。

132.如何对蛋鸭育成鸭进行饲养管理?

(1)饲料与营养。育成期与其他时期相比,营养水平宜低不宜高,饲料宜粗不宜精,目的是使育成鸭得到充分锻炼,使蛋鸭长好骨架。因此,代谢能只能为 11.30～11.51 MJ/kg,蛋白质为15%～18%。尽量用青绿饲料代替精饲料和维生素添加剂,青绿饲料占整个饲料量的 30%～50%。

(2)限制饲喂。放牧鸭群由于运动量大,能量消耗也较大,且每天都要不停地找食吃,整个过程就是很好地限喂过程,不足补料时,要注意限制补充(饲喂)量。而圈养和半圈养鸭则要重视限制饲喂,否则会造成不良的后果。限制饲喂一般从 8 周龄开始,到16～18 周龄结束。当鸭的体重符合本品种的各阶段体重时,可不需要限喂。养鸭场可根据饲养方式、管理方法、蛋鸭品种、饲养季节和环境条件等,确定采用哪种方法限制饲喂。不管采用哪种限喂方法,限喂前必须称重,每两周抽样称重一次,整个限制饲喂过程是由称重-分群-调节喂料量(营养需要)三个环节组成,最后将体重控制在标准范围。

(3)分群与密度。分群可以使鸭生长发育一致,便于管理。在育成期分群的另一个原因是,育成鸭对外界环境十分敏感,尤其是在长血管时期,饲养密度较高时,互相挤动会引起鸭群骚动,使刚生长的羽毛轴受伤出血,甚至互相践踏,导致生长发育停滞,影响今后的产蛋。因而,育成鸭要按体重大小、强弱和公母分群饲养,一般放牧时每群 500～1 000 只,而舍饲鸭每栏 200～300 只。其饲养密度,因品种、周龄而异。5～8 周龄 215 只/m² 左右,9～12周龄 212 只/m² 左右,13 周龄起 210 只/m² 左右。

(4)光照。限制饲喂、控制体重要与光照控制相结合,才能有效控制种用鸭的性成熟和开产时间。三者应相互配合,统一安排,认真执行。育成期是鸭的一生中光照最易出问题的阶段,光照太长或太短都会引起一定的经济损失。如果在育成期光照时间过长,会导致过早性成熟和过早开产,产蛋少,蛋重小、受精率低等;如果光照时间过短,可导致延迟性成熟,开产推迟。开放式鸭舍应根据出雏日期、当地日照时间规律,来制定合理的光照制度。开产前 8 周左右起,可提供适当的人工光照,每周增加 0.5~1 h。产蛋高峰期光照时间达到最长;从开始增加光照时间开始,每日光照时间可保持恒定或逐渐增加,但绝对不能减少,因为正常的光照制度被中断或光照时间被减少,将会引起产蛋量降低且难以恢复。最好每日光照时间为 18 h。人工补充光照最好在早上日出前,因为这样将促进所有母鸭在早上日出前产蛋。

(5)放牧。

①选择放牧场所。早春在浅水塘、小河、小港放牧,让鸭觅食螺蛳、鱼虾、草根等水生物。春耕开始后在翻耕的田内放牧,觅取田里的草籽、草根和蚯蚓、昆虫等天然动植物饲料。水稻栽插之前,将鸭放牧在麦田,充分觅食遗落的麦粒。稻田插秧后 2 周左右,至水稻成熟期前这一段时间,可在稻田放牧。由于鸭在稻田中觅食害虫,不但节省了饲料,还增加了野生动物性蛋白的摄取量,待水稻收割后再放牧,可让鸭觅食落地稻粒和草籽。

②放牧前的采食调教。在放牧青年鸭之前,首先要让其学会采食各种食物(包括螺蛳和谷子等)。吃螺蛳的调教方法先将螺蛳放入开水锅里煮一会儿,使螺肉稍微收缩(肉色发白),然后放到轧螺机上轧一下,将硬壳轧碎,去掉大片的硬壳,再把螺肉和细螺壳捞起,放在浅水盆内,让鸭自由采食,或将少量螺肉拌入粉料中,待鸭群处于饥饿状态时喂给,引诱其采食。待螺肉喂过几次后,改成只将螺蛳轧碎后连壳投喂。轧碎的连壳螺蛳喂过几次后,就直接喂给过筛的小螺蛳,如此便可以培养它采食整只螺蛳的习惯。采

食谷子的调教先将谷子洗净后,加水于锅里用猛火煮一下,直至米粒从谷壳里爆开,再放在冷水中浸凉。然后将饥饿的鸭群围起来,垫上喂料的塑料布,饲养员提着料桶进入鸭群先走几圈,引诱鸭产生强烈的采食感,然后在空的塑料布上撒几把煮过的稻谷,当鸭看到谷壳中有白色的饭粒,立刻便去啄食,但谷壳不易剥离,由于饥不择食,自然就吃下去。必须注意,第一次不要撒得太多,既要撒得均匀,不要撒得少,逐步添加,以后就会越吃越多。此外,青年鸭放牧以前,还要调教其吃落谷的方法,先将喂料用的塑料布抽去一半,有意将一部分谷子撒到地上,让鸭采食。这样喂过几次后,将喂料用的塑料布抽去,将谷子全部撒在地上,鸭便会主动在稻田寻找落谷,采食。

③放牧信号调教。放牧鸭群,必须要听懂各种指令。因此,要用固定的信号和动作进行训练,使鸭群建立起听指挥的条件反射。较为通用的口令是:"来-来-来"呼鸭来集合吃料;"嘘-嘘-嘘"呼鸭慢走;"咳-咳-咳"大声吆喝,表示警告。常用的指挥信号是:前进——牧鸭人将放牧竿平靠地上时,钝端在前,尖端在后;停止前进——牧鸭人将放牧竿握在手中,立于鸭群前面;转弯——向左转弯时,牧鸭人将放牧竿的尖端在右方不断挥动,竿梢指向左方。向右转弯时,将放牧竿的尖端在左方不断挥动,竿梢指向右方;停下采食——将放牧竿插在田的四方,表示在这个范围内活动,经过训练的鸭群,就会停下来安心采食。

④放牧的方法。青年鸭的觅食能力很强,是鸭一生中最适宜放牧的时期,但不同的放牧场地,采用不同的放牧方式,收效往往不同。最常见的放牧方法有3种:

一条龙放牧法。这种放牧法一般由2~3人管理,由最有经验的牧鸭人在前面领路,另有两名助手在后方的左右侧压阵,使鸭群形成5~10层次,缓慢前进,把稻田的落谷和昆虫吃干净。这种放牧法适于将要翻耕、泥巴稀而不硬的落谷田,宜在下午进行。

满天星放牧法。即将鸭驱赶到放牧地区后,不是有秩序地前进,而是让它散开来,自由采食,先将具有迁徙性的活昆虫吃掉,适当"闯群",留下大部分遗粒,以后再放,这种放牧法适于干田块,或近期不会翻耕的田块,宜在上午进行。

定时放牧法。青年鸭的生活有一定的规律性。在一天的放牧过程中,要出现 3~4 次积极采食的高潮,3~4 次集中休息和浮游。根据这一规律,在放牧时,不要让鸭群整天泡在田里或水上,而要根据季节和放牧条件采取定时放牧法。春天至秋初,一般每天采食 4 次,即早晨采食 2 h,9:00~11:00 时采食 1~2 h,下午2:30~3:30采食 1 h,傍晚前,采食 2 h。秋后至初春,气候寒冷。能觅的食物极少,日照少,一般每日分早、中晚采食 3 次,饲养员要选择好放牧场地,把天然饲料丰富的地方留作采食高潮时放牧。由于鸭群经过休息,体力充沛,又处在较饥饿状态,所以一进入牧地,立即低头采食,对饲料的选择性降低,能在短时间内,吃饱肚子,然后再下水浮游,洗澡,在阴凉的草地上休息。这样有利于饲料的消化吸收。

⑤放牧路线的选择。每次放牧,路线远近要适当,鸭龄从小到大,路线由近到远,逐步锻炼,不能使鸭过度疲劳;往返路线尽可能固定,便于管理。过河过江时,要选择水浅的地方;上下河岸时,应选择坡度小,场面宽广之处,以免拥挤践踏。在水里浮游,应逆水放牧,便于觅食;在有风的天气放牧,应逆风前进,以免鸭毛被风吹开,使鸭体受凉,每次放牧途中,都要选择 1~2 个可避风雨的阴凉地方,在中午炎热或遇雷阵雨时,都要把鸭赶回阴凉处休息。

133. 什么是育成鸭限制饲喂？限制饲喂的具体方法有哪些？

限制饲喂的目的是防止青年鸭吃料过多而造成性成熟过早或过肥,从而保证种鸭的正常生长发育和满足种鸭对营养物质的合理需要。

(1)限量法。限制饲料的供给量,在日粮营养水平较高的情况下,适当减少其采食量。限喂前应根据季节、出雏日期、体重标准、饲料及饲养方式等条件制定限制饲喂计划。具体方法有:隔日限饲,把2d的饲喂量集中在1d喂完,另一天不喂;每周限制,把7d的饲喂量均摊在5d喂完,2d不喂;4/3限饲,把7d的饲喂量均摊在4d喂完,2d不喂;6/1限饲,把7d的饲喂量均摊在6d喂完,1d不喂;3/2限饲,把5d的饲喂量均在3d喂完,2d不喂;2/1限饲,把3d的饲喂量均摊在2d喂完,1d不喂等等。2/1限饲的方法,更符合育成鸭的饲养需要,效果最佳。

(2)限质法。限制饲料的质量,不限制采食量,控制饲料的营养水平,降低日粮中粗蛋白和能量的含量,增加纤维素的含量。但钙、磷等矿物质及微量元素和维生素仍要保证满足需要,以促使鸭体骨骼和肌肉的正常生长发育。

(3)限时法。限时饲喂,或减少饲喂次数,或缩短饲喂时间,其本质也是限量法。

无论采取何种限饲方法,必须注意:

①育成期种鸭的日粮应为营养全面的全价颗粒饲料,特别是限制性氨基酸和多种维生素不可缺少,因此不能经常随意改变饲料配方。

②观察采食变化,如隔日饲喂法,投喂的饲料应在4~6h吃完;若发现采食时间发生变化,则需检查原因,投喂量是否过多或过少,有无应激及疾病发生等。

③要保证充足的采食位置,使每只鸭获得其定量饲料的机会均等。饲料和饮水用具的分布应当均匀。

④称量饲料要准确,使饲喂的饲料量准确无误;要定期称量鸭体通常每1 000只鸭中抽样称量50只,需随机抽样,称量要准确,而必须在非饲喂日或在饲喂之前称量,即统一用空腹体重衡量。

⑤调整饲喂量,准确称量鸭的平均体重,饲喂量增加或减少的幅度应按每100只鸭0.5 kg的比例掌握,不要超过这个比例。

⑥在母鸭开产前一段时间,需逐渐增加饲喂量,(140~160 d)

一般是每周增加 2 次或 3 次,每次按每 100 只鸭增加 1 kg;到刚开始产蛋时,需改为每日饲喂,并更大程度地增加饲喂量;至母鸭产蛋量达 5%左右时,应采取自由采食。这样既能供给其足够的营养,刺激产蛋,又能很好地控制其体重,并且尽量减少应激。

134. 育成鸭的体重标准如何？ 体重及均匀度的控制要领是怎样的？

通过限制饲喂的手段来实现控制体重的目的,要求达到标准体重。限饲的结果必须通过抽样,进行体重测定来和标准相对照。称重必须在同一时间空腹进行,因为品种标准表列出的是空腹体重。体重测定应该从第 4 周开始,每周定期称重一次,直到开产。具体抽样称重方法是:先随机抽取雌鸭的 5%和公鸭的 5%,分别称量其总重,算出平均数;再将这部分鸭的个体重逐只称出;如果平均数特别高或特别低,则需增加抽样数量为群体的 10%,并且再逐只测量其个体重。将公、母鸭体重平均数分别与其品种标准比较,如果相同或很接近,则饲喂量正常;若两者不同,就要相应改变饲喂量;如果样本鸭的体重个体差异大,则表明群体整齐度差,要改善饲喂方法,例如,增加饲喂设备、改变饲喂时间、分群饲养等,同时将弱残鸭淘汰。

种鸭体重与均匀度的控制水平与种鸭产蛋高峰、高峰维持时间长短、整个产蛋周期的产蛋总量密切相关。在整个育成期所有的工作要紧紧围绕此项工作进行。

(1)为了保证体重的合理增长和较高的均匀度,要注意以下几点:

①控制鸭群适宜的密度和群体大小;每只鸭至少要保证 0.30 m² 的舍内面积和 0.30 m² 的运动场面积;每群 300 只为宜。

②及早分群。

③料量准确,称料精确。

(2)喂料方式的要求。必须将饲料均匀分布到舍外运动足够

大的面积上,随鸭的生长及时增加撒料面积,并注意防止以下几点:

①地面潮湿导致颗粒料溶解,造成饲料的浪费和鸭实际采食量的不足。

②撒料时饲料溅落到鸭无法采食的区域导致饲料的浪费和鸭采食量的不足;

③撒料时将颗粒料踩碎成粉末,导致饲料的浪费和鸭采食量的不足;

④粉料不得用于撒料饲喂。

(3)称重时要注意的事项。

①称重要早,雏鸭到达育雏舍就要称取初生重,以后每周至少称重一次。

②称重比例不少于10%,称重要定点、定时、定人。

③称重后准确计算出每圈、每栋、全群的平均体重和体重均匀度;计算体重均匀度,要以标准体重和实际平均体重±5%分别计算,据此对鸭群的体重和均匀度作出正确的评估。

④根据称重结果,仔细周密核定出下一周的料量。

(4)按体重大小、个体强弱将鸭调群时要注意的事项:

①根据体重和均匀度情况,及时将体重不同的鸭按大中小调整到相应的栏圈中去;此项工作是体重和均匀度太差时的应急措施,最好避免。

②在均匀度、体重状况不是太差时,最好不要进行全群称重分群,这样会导致群序的极大变动,这是在种鸭饲养中特别要避免的;特别是公鸭更要注意防止此问题的出现,保持群体的稳定性。

③对体重特别小的种鸭的处理。每栋鸭舍设立一专门的机动小圈栏作为小母鸭圈,每天将大群内目测体重比较小的母鸭单独挑到小母鸭圈进行单独加料,并用比较容易辨认的颜色在鸭身上做上记号,便于在每次喂完料后将其挑出;每次单独补完料后应将鸭及时放回大群;此项工作重复进行,直到它们的体重达到标准

为止。

135.育成鸭的日常管理需要做的工作有哪些？

（1）调节密度。一般来说，育成期地面平养每平方米不超过 5 只，具体饲养密度需视房舍设计、天气情况、饲料和饮水设备以及通风状况等决定。在运动场和户外饲养的种用育成鸭应保证每平方米不超过 1 只，而且场地地面应排水良好，有遮阳设施，最好为水泥地面或沙地。

（2）注意通风。必须保持通风良好，以排除污浊空气，使鸭得到新鲜的空气和足够的氧气，感觉舒适，以维持健康和正常新陈代谢，促使其生长良好均衡。要避免贼风入侵和温度突然大幅度变化。

（3）控制垫料。地面平养时需用水泥地面，大部分地面应干燥，垫料厚薄均匀．最好用抛撒的方式撒铺垫料，且每日保持垫料干燥清洁，供鸭休息睡眠。良好的通风、排水及饮水器的放置位置等都可保持垫料和地面干燥。运动场最好为沙地，而且有一定的坡度，使多余的水能排除出去，保持场地干燥。种鸭不一定需要游泳，但水面对种鸭的防暑散热和高蛋的受精率有一定的帮助，而且可节省陆地，综合利用水面，因此可充分利用水面饲养种用育成鸭。

（4）适量喂沙。禽类的共同特点之一是无牙齿，靠肌胃内的沙磨碎食物。因此，从第 6 周龄开始，应该提供给鸭不溶的、颗粒大小适当的沙砾。沙砾应稍粗但直径不应大于 0.5 cm，用量为每周每 100 只鸭加 500 g，有运动场的鸭舍养鸭时不需要喂沙砾，因为鸭能采食到运动场里的沙砾来满足自身的需要。

136.如何做好产蛋种鸭的饲养管理工作？

后备种鸭养到临近产蛋时，再经过挑选，符合要求的则转入成年种鸭阶段，进行产蛋期的饲养管理；不符合要求的作菜鸭处理。

饲养产蛋鸭的目的是为了产蛋多,种蛋的受精率和孵化率高,雏鸭健壮。产蛋鸭对营养物质的需要,除了维持正常生命活动外,还要用于蛋的形成,因此要求较多的蛋白质、矿物质和维生素。产蛋鸭的饲养管理可分为以放牧为主和以舍饲为主两种方式。

(1)以放牧饲养为主的饲养管理。产蛋鸭的放牧饲养主要是利用江河、湖泊、海滩、农田等动物性饲料和青饲料较丰富的天然牧地牧饲种鸭,并加强补料,尽量满足产蛋的营养需要,以充分发挥它的产蛋潜力。水稻产区向来就有春季放湖塘,秋季放稻田的习惯。放牧饲养产蛋鸭,必须注意如下几点:放牧前,要了解牧地情况,选择水生饲料较多,水质良好,水流缓慢的水域和农田,不要在刚下过农药或下农药不久的地方放牧;除恶劣天气外,白天大部分时间,将种鸭放养在天然牧地让鸭群活动,觅食和交配;放牧时要掌握空腹快赶,饱肚慢赶,上午多赶,下午少赶,爬坡上下、过堤坝沟渠都不能急赶的原则;要注意当地天气预报和观察天气变化,如天气不太好,要少放,近放;放牧路程不宜太远,以在 0.5~1 km为宜:在牧地要注意鸭群的动态,要注意个别离群的鸭的行动,防止走失。对一些觅食不勤,经常休息的鸭只要多赶动,让它们多觅食;清晨和傍晚种鸭交配较频繁,要让鸭群在一定水面上嬉水配种,以提高受精率。由于一年四季气候条件,天然饲料数量,鸭群的产蛋情况不同,各季的饲养管理也有所不同。

①春季:南方气候温和,是母鸭的盛产期;北方气温回暖,冬季停产的母鸭正在恢复产蛋。由于春季的母鸭产蛋强度很大,产蛋率可达 85% 以上,每天放牧游走的活动量也大,而春季气候变暖,天然饲料逐渐增多,因此,要抓紧放牧,增加放牧时间,同时根据鸭群每天产蛋的多少与鸭群采食天然饲料的情况适当补喂一定量的谷实、糠麸和动物性蛋白质饲料,使能恢复过冬时的营养消耗,迅速恢复体质,以提高产蛋量和保证种蛋品质。每天补喂次数可视产蛋率的高低而定。早上出牧前约喂七成饱,晚上则尽量喂饱。

每次放牧路线变动不宜过大,游牧距离不宜过远。早上出牧时宜逆流而上,便于觅食和吃饱,中午如不回舍,可在牧地补料,收牧时宜顺流而下。

为提高种蛋的受精率,种鸭的公母比例要适量,一般肉用型鸭为 1∶(4～6),兼用型鸭为 1∶(10～12),蛋用型鸭为 1∶(15～20)。

②夏季:初夏时鸭群的产蛋量仍较高,但体重有减轻趋势,为了延长产蛋时间,必须加强放牧,尽量利用天然饲料。放牧时间尽量延长,每天早出晚归,中午注意防暑,不要让鸭群在水温较高的浅水中浮游,应赶到阴凉处休息,以免影响产蛋。夏季暴风雨较多,要在雷雨之前将鸭群赶回鸭舍或到避风遮雨的地方休息。在夏收期间,上午和下午放在稻(麦)田中觅食遗粒;中午赶至水深的江河、湖泊或池塘浮游;傍晚收牧后,视饥饱程度适当补料,并留在运动场休息,至深夜天气凉爽后才赶回舍内。炎夏时,由于受热的应激,食欲减退,新陈代谢降低,鸭群的产蛋率下降,很多母鸭出现生理上的换羽停产。为了使鸭群在秋季能提前恢复产蛋,缩短休产期,要有计划地进行人工强制换羽。

鸭群任其自然换羽,约需 4 个月的时间。换羽期间产蛋率很低,蛋形变小,品质不良,受精率明显降低,换羽不一致,换羽后再次产蛋参差不齐;实行人工强制换羽,一般只需 2 个多月时间,换羽一致,换羽后产蛋齐,蛋的品质好,能达到较高的产蛋高峰。

③秋季:夏季经过人工强制换羽的鸭群已开始恢复产蛋,是全年中的第二个产蛋高峰。秋季又是晚稻收割季节,在秋收时节将鸭群放田觅食遗谷,可减少补料。但深秋以后,水草逐渐减少,动物性饲料缺乏,需适当增加补料,晚上补喂豆饼,鱼粉等,以提高产蛋率和延长产蛋期。

④冬季,对正在产蛋的鸭群要增料,以使能多产些蛋,即使停止产蛋也要补充一些精料,使产蛋鸭过冬不至于过度瘦弱,为采年春季产蛋打好基础。入冬以后,气候转冷,放牧时间应减少。早上推迟放牧,下午提早收牧,晚上早入舍避寒。应尽量选择背风向阳

的地段放牧鸭群。冬季鸭不大活动,要注意勤赶勤轰,以增加运动,晚上在鸭舍内也要赶动鸭群,对减少种鸭肥度有利。

冬季一般每天喂料 3 次,早上放牧前喂料 1 次,中午在牧地补料,傍晚收牧回舍后喂 1 次,并让鸭吃饱。补料以谷实类为主,适当喂些动物性饲料和青料。

(2)以舍饲为主的饲养管理。一般肉用型品种多采用以舍饲为主,牧饲为辅的饲养方式,种鸭舍应建在靠近河汊、水塘的地方,或设置人工水池以供放水、运动、洗浴和交配。

舍饲时,应根据产蛋率高低来配合日粮,日粮中粗蛋白质为 14%～22%,代谢能 2 400～2 800 kcal/ kg。日粮组成中以谷实类为主,占 60%～70%,豆饼 10%～15%,糠麸类 15%～20%,鱼粉 5%～10%,另添加骨粉 1%～2.5%,贝壳粉 3%～5%,食盐 0.5%。一般青饲料与精料比例各为 50%。产蛋鸭过肥时,可增加青饲料量。青饲料缺乏时,每 50 kg 配合饲料添加 10 g 复合维生素。北京鸭一般每天喂 3 次,盛产期晚上加喂 1 次,停产期每天喂 2 次,每天每只鸭约需配合饲料 200 g。麻鸭一般每天喂 2 次,每天每只需配合饲料 120～130 g。

管理上要根据四季气候变化采取相应措施:冬季和早春做好防寒工作,春季多到舍外活动,夏季可在运动场搭棚遮阳,做好防暑降温工作,鸭舍要通风凉爽,盛夏的晚上可让鸭群在运动场露宿;梅雨季节要适当补充光照,要注意防潮防湿,防止饲料发霉变质,勤换垫草,保持鸭舍干燥。每天清洗饲料槽和饮水器,秋季日照渐短,可在早晨或晚上适当补充光照。秋季昼夜温差较大,要注意气温的突然变化。冬季要注意防寒,做好保温工作。有阳光的天气,可让鸭群在舍外活动,放出前,应先将舍内窗户逐步打开,待舍内外温度接近时,再放出舍外,以免感冒。冬季要注意补充光照。补充光照与自然光照每昼夜应达到 16 h。

舍内饲养时,一般利用附近水流平缓、繁生水草鱼虾的坑塘或人工水池供鸭群洗浴和交配。放水要定时,有规律地进行,以免影响产蛋造成减产。人工水池要经常更换清水,以免水质腐臭,影响鸭的健康。

137. 如何划分产蛋鸭的产蛋期?

根据绍鸭、金定鸭和卡基—康贝尔鸭产蛋性能的测定,150 日龄时产蛋率可达 50%,至 200 日龄可达 90% 以上,在正常饲养管理条件下,高产鸭群产蛋高峰期可维持到 450 日龄左右,以后逐渐下降。因此,蛋鸭的产蛋可分为以下 4 个阶段:150~200 日龄为产蛋初期;201~300 日龄为产蛋前期;301~400 日龄为产蛋中期;401~500 日龄为产蛋后期。

138. 如何对产蛋鸭进行饲养管理?

(1)产蛋初期和前期的饲养管理。当母鸭适龄开产后,产蛋量逐日增加,日粮营养水平逐步提高。特别是粗蛋白质要随产蛋率的递增而调整,并注意能量蛋白比,使鸭群尽快达到产蛋高峰;达到高峰期后要稳定饲料种类和营养水平,使产蛋高峰期尽可能保持长久。此期自由采食,白天喂料 3 次,21:00~22:00 给料 1 次,光照时间逐渐增加,达到产蛋高峰期光照应保持 16~17 h。在201~300 日龄期内,每月应空腹抽测母鸭的体重,如超过或低于此时期的标准体重 5% 以上,应检查原因,并调整日粮的营养水平。

(2)产蛋中期的饲养管理。因鸭群已进入产蛋高峰期并持续100 多天,体力消耗较大,对环境条件的变化敏感,如不精心饲养管理,难以保持高峰产蛋率,甚至引起换羽停产。这是蛋鸭最难养好的阶段。此期内的营养水平要在前期的基础上适当提高,日粮中粗蛋白的含量应达 20%。并注意钙量的添加,日粮含钙量过高会影响适口性,可在粉料中添加 1%~2% 的颗粒状贝壳粉,也可在舍内单独放置碎贝壳片,供其自由采食,并适量喂给青绿饲料或添加多种维生素。光照时间保持 16~17 h。在日常管理中要注意观察蛋重、蛋壳质量有无明显的变化,产蛋时间是否集中,精神状态是否良好,洗浴后羽毛是否沾湿等,以便及时采取有效措施。

(3)产蛋后期的饲养管理。鸭群经长期持续产蛋后,产蛋率将会不断下降。此期饲养管理的主要目标是尽量减缓鸭群产蛋率的下降幅度。如果饲养管理得当,鸭群的平均产蛋率仍可保持75%～80%。此时应按鸭群的体重和产蛋率的变化调整日粮营养水平和给料量。如果鸭群体重增加,应将日粮中的能量水平适当下调,或适量增加青绿饲料,或控制采食量。如果鸭群产蛋率仍维持在80%左右,而体重有所下降,则应增加动物性蛋白质的含量。如果产蛋率已下降到60%左右,则应及早淘汰。

139. 如何对圈养蛋鸭进行分期管理?

(1)圈养鸭的分群及适宜的饲养密度。每个鸭群以500只左右为宜。分群时尽量做到品种一致,日龄相同,大小一致。青年鸭的饲养密度随鸭龄、季节和气温的不同而变化,一般可按以下标准掌握:4～10周龄,每平方米12～20只;11～20周龄,每平方米8～12只。

(2)雏鸭(1～30日龄)。育雏前要安排好育雏室、运雏纸箱并进行消毒,备好小鸭全价配合饲料、饮水器、料槽、干湿球温度计等。

①育雏温度。头几天雏鸭调节体内温度的能力很差,头3 d温度标准为33～35℃,以后逐渐降低。在实际操作中,可从雏鸭的活动情况判定温度是否合适。如果鸭群分布均匀,活泼好动,食欲旺盛,粪便正常,就表明温度正常;如果雏鸭尽量靠近热源,拥挤扎堆,表明温度低,要马上升温;如远离热源,张嘴喘气,大量饮水,表明温度过高。

②开食与饲养。应在雏鸭出壳后24 h内开食,头几天雏鸭消化能力差,可将煮熟悉的鸡鸭蛋黄搓入料中喂,三五天后就可喂雏鸭全价配合料了。要特别注意维生素要当日拌入当日喂,用不含

过多盐分的优质鱼粉,绝不用变质的原料,因为雏鸭对饲料的品质很敏感。雏鸭容易发生药物中毒,所以不要盲目喂药,也不要喂雏鸡饲料。饲料要拌湿再喂,保证经常有饮水,料不断。

③注意卫生。雏鸭的垫草要用没有霉变的长麦秸、稻草、干青草,细碎的、变质的垫草,雏鸭啄食后会引起消化不良。垫草要每天换,保持干燥,潮湿的污物沾湿绒毛会导致雏鸭生病。最好采取网上平养育雏。

④光照。前三天用60 W灯泡21～24 h照明,从第4天龄起,逐步降低光照强度,减少光照时间,如春雏,主要利用自然光照,晚上使用较暗的灯。

⑤饮水。水是鸭生长所必需的,自出壳至淘汰一刻也不能断水。要先开水后开食,一般清洁的水就可以,水温20℃左右,水温过低影响雏鸭体温,水温过高雏鸭容易往里钻。大群饲养时每200只雏鸭一个饮水器,饮水器要摆放均匀,下面要垫吸水的炉灰,以防将垫草弄湿。总之要让雏鸭随时都能喝上清水,又不使雏鸭跳入水中,身上不沾水,地上不流水。

圈养法不用大面积水面放养,但必须供给它洗浴头部的水,一般是放一个20 cm高的水盆,长期保持水满,鸭在盆里洗头,保持鸭鼻孔不干燥,还能把粘在头上的细料和泥土一同洗掉。鼻孔干裂容易生病,如果头部及眼睛周围的羽毛被粘掉,就无法保持头部温度。鸭吃食时不能分泌唾液,吃料后要饮一口水来帮助下咽,所以水盆不要离料太远。

(3)青年鸭(31～20日龄)。青年鸭的管理目标是培育健壮良好的体型。

①加强运动。每天要赶着鸭在运动场上缓慢地走几圈,或者到外边慢慢驱赶放牧,以增强体质;人要多接触鸭,提高鸭胆量,这样进入产蛋期就不怕惊吓了。

②青年鸭的饲喂。青年鸭是长骨架肌肉阶段,育成阶段营养的原则是:宜低不宜高;饲料的原则是:宜粗不宜精。精料不宜太

多,多吃些青绿饲料,以增强鸭消化能力。饲料中原料的品种尽量多样化,锻炼鸭的杂食性。供应充足的维生素、微量元素、钙等。总之,青年鸭管理原则,使它能适应各种不同的饲料与环境,开产前体重应在 1 500～1 750 g。

(4)产蛋鸭的管理。

①产蛋初期(151～200 日龄)和前期(201～300 日龄)。不断提高饲料质量,增加饲喂次数,每日喂 4 次,每日每只 150 g 料。光照逐渐加至 16 h。本期内蛋重增加,产蛋率上升,体重要维持开产时的标准,不能降下来,也不能增加。

②产蛋中期(301～400 日龄)。本期是产蛋高峰,比较难养,稍不注意会降蛋换羽,营养上要保证满足,蛋白水平达到 20%,适量饲喂一些青绿饲料或添加多种维生素,每日光照稳定 16 h。日常管理要保持相对稳定,避免一切突然变化,棚内温度要求在 5～27℃之间。如出现产蛋下降或产蛋时间推迟要当天找出原因,马上采取措施改正。如果 3 d 以上找不出原因,不能采取有效措施时会出现产蛋连续下降现象,再努力也很难恢复到以前的产蛋水平。

③产蛋后期(401～500 日龄)。产蛋率开始下降,这段时间要根据体重与产蛋率来定饲料的质量与数量。如果体重减轻,产蛋率 80%左右,要多加动物性蛋白;如体重增加,发胖,产蛋率还在 80%左右,要降低饲料中的代谢能或增喂青料,蛋白保持原水平;如果产蛋已下降至 60%左右,就要降低饲料水平,此时再加好料产蛋也上不去了。80%产蛋率时保持 16 h 光照,60%产蛋时加到 17 h。要多增加运动,防止突然刺激。

140.不同季节蛋鸭的饲养管理技术有哪些?

温度、湿度和光照直接受到外界气候的影响而变化,因此,要养好产蛋鸭,必须结合季节的变化,采取相应的饲养管理措施,才能达到产蛋鸭高产高效的生产目的。

（1）春季饲养管理。春季气候由冷转暖，日照时间逐日增加，气候条件对产蛋很有利，要充分利用这一有利因素，创造稳产、高产的环境。此期首先要加足饲料，从数量上和质量上都要满足需要，这个季节里优秀的个体，产蛋率有时会超过100%。其次还要注意保温，该季节的前期会偶有寒流侵袭，春夏之交，天气多变，会出现早热天气，或出现连续阴雨，要因时制宜，区别对待，保持鸭舍内干燥、通风，搞好清洁卫生工作，定期进行消毒。如逢阴雨天，要适当改变操作规程，缩短放鸭时间。舍内垫料不要蓄积得过厚，要定期进行清除，每次清除垫草时，要结合进行一次消毒。

（2）梅雨季节的饲养管理。春末夏初，南方各省大都在6月末和6月出现梅雨季节，常常阴雨连绵，温度高、湿度大，有些低洼地常有洪水发生，此时稍不谨慎会出现掉蛋、换毛。梅雨季节管理的重点是防霉、通风。采取的措施是：第一，敞开鸭舍的门窗（草舍可将前后的草帘卸下），充分通风，排除舍内的污浊空气，高温高湿时，要特别注意防止氨中毒；第二，要勤换垫草，保持鸭舍内干燥；第三，要疏通排水沟，保持运动场干燥，不可积存污水；第四，严防饲料发霉变质，每次进料不要太多，饲料应保存在干燥之处，运输途中要防止雨淋，发霉变质的饲料绝对不可用来喂鸭；第五，鸭舍应定期进行消毒，舍内地面最好铺砻糠灰，既能吸潮气，又有一定的消毒作用；第六，应及时修复围栏、鸭滩。运动场如出现凹坑，要及时垫平。

（3）夏季的饲养管理。6月底至8月，是一年中最热的时期，此时管理不好，不但造成产蛋率下降，而且还会造成鸭的死亡，但此时若能精心饲养，鸭的产蛋率仍可保持在90%以上。这个时期的管理重点是防暑降温。可采取如下措施：其一，可将鸭舍刷白，或种植丝瓜、南瓜，让藤蔓爬上屋顶，隔热降温。运动场（鸭滩）搭凉棚，或让南瓜、丝瓜的藤蔓爬上去遮阴；其二，将鸭舍内的门窗敞开，草屋的前后墙上的草帘全部卸下，以加速空气流通，有条件的可安装排风扇或吊扇，进行通风降温；其三，早放鸭，迟关鸭，增加中午休息时间和下水次数。傍晚不要赶鸭入舍,夜间让鸭露天乘凉,但需在运动场中央或四周点灯照明,防止老鼠、野兽危害鸭群;其四,供水不能中断,全天保持有充足、洁净的饮水,最好饮凉井水;其五,应当多喂些水草等青料,提高精饲料中的蛋白质含量。饲料要保持新鲜,现吃现拌,以防腐败变酸;其六,降低饲养密度,适当疏散鸭群,以降低舍温;其七,雷雨前要赶鸭入舍,防止雷阵雨袭击;其八,鸭舍及运动场要勤打扫,水盆、料盆吃一次洗一次,保持卫生和地面干燥。

(4)秋季的饲养管理。进入 9、10 月,正是冷暖空气交替的时候,此时气候多变,如果养的是上一年孵出的秋鸭,经过大半年的产蛋,鸭的身体较疲劳,稍有不慎,就要停产换毛,故群众有"春怕四、秋怕八,拖过八,生到腊"的谚语。所谓"秋怕八",就是指农历八月是个难关,既有保持 80% 以上产蛋率的可能性,也有急剧下降的危险,此时的饲养管理要点:其一,要采取补充人工光照,使每日光照时间(自然光照加补充光照)不少于 16 h;其二,要克服气候变化的影响,使鸭舍内的小气候变化幅度不要太大;其三,适当增加营养,注意补充动物性蛋白质饲料;其四,操作规程和饲养环境应当尽量保持相对稳定;其五,要注意适当补充无机盐饲料,最好在鸭舍内另置无机盐盆,任鸭自由采食。

(5)冬季的饲养管理。从 11 月底至来年 2 月上旬,是一年中最冷的季节,也是日照时数最少的时期。但如果是当年春孵的新母鸭,只要管理得法,也可以保持 80% 以上的产蛋率;如果管理不当,也会使上升的产蛋率又降下来,使整个冬季都处在低水平上。冬季饲养管理的重点是防寒保温和保持一定的光照时数。其措施有:其一,提高饲料中的代谢能浓度,达到每 12 100~12 500 kJ/kg 的水平,适当降低蛋白质的含量,以 17%~18% 为宜;其二,提高鸭舍内单位面积上的饲养密度,每平方米可饲养 8~9 只;其三,鸭舍内垫干草,用以保持舍内干燥;其四,关好门窗,防止贼风侵袭,北窗必须堵严,气温低时,最好屋顶下加一个夹层,或者在离地面

2 m处,横架竹竿,铺上草帘或塑料布,以利保温;其五,冬季饮水最好用温水,拌料用热水;其六,早上迟放鸭,傍晚早关鸭,减少下水次数,缩短下水时间。上下午阳光充足的时候,各洗澡一次,时间 10 min 左右;其七,人工补充光照,每日光照时间不少于 16 h;其八,每日放鸭出舍前,要先开窗通气,再在舍内操鸭 5～10 min,促使鸭多运动。

141.对蛋鸭饲养管理日常操作规程是怎样的?

(1)早晨(5:00～8:00 视季节而变化,冬季迟,夏季早)。放鸭出门,在水面撒水草,让鸭群在水中洗澡、交配、食草;进鸭舍拣蛋,观察并记载鸭蛋数量、重量及质量情况;把饲料盆、水盆拿出洗净,置于运动场上;观察鸭粪状态(研究饲料消化情况);拌好饲料,进行第一次喂食。

(2)上午(8:30～11:00)。在水面撒上草,喂青饲料;舍内清理,铺上干净的垫草或砻糠灰,铺草时人要倒退,以免新铺的垫草被踩踏;喂一次螺蛳等鲜活饲料(根据当地具体情况而定);拌好第二顿饲料,将水盆、料盆清洗后移到舍内,加好饲料和清水;将白天产在运动场上的蛋收集起来,运蛋入库。

(3)中午(11:00～13:00)赶鸭入舍,吃食后休息。

(4)下午(13:30～17:30)放鸭出门,在水面撒水草,让鸭群在水中吃草、交配、洗澡;将舍内的料盆、水盆拿出,清理后置于运动场上;拌好饲料,15:00～16:00,喂第三次饲料;进鸭舍再铺垫一次干草;将料盆、水盆移进鸭舍内加好饲料和饮水,17:30～18:00赶鸭入舍(时间随季节变化);室内开亮电灯。

(5)晚上。晚上 21:00 左右入舍检查一次,并加水、加料,22:00将关闭电灯,只留弱光通宵照明。

142.如何管理好蛋鸭的产蛋箱和垫料?

产蛋箱必须要求数量充足,设计质量良好,方便母鸭出入,在产蛋时可避免外界的干扰。每 4 只母鸭应配有 1 个产蛋箱,产蛋箱内的垫料必须柔软、清洁、干燥,比其他地方的垫料好,使鸭感到产蛋箱内最舒适,并喜欢在产蛋箱里产蛋。若见产蛋箱里有粪便和破蛋等脏物,应立即除去、更换污湿垫料。产蛋箱内的垫料最好是刨花,其次是谷壳,木屑和垫料每周至少更换 2 次,将旧垫料取出铺在鸭舍其他地面,再将最新鲜、柔软的垫料铺进产蛋箱。下雨天若鸭群在户外活动多而易弄湿地面和垫料时,则需每日更换全部产蛋箱垫料。垫料必须防霉。地面上的垫料也必须经常保持干燥、清洁、柔软,若其变脏变湿,不仅影响种鸭的产蛋能,而且影响产蛋箱卫生,从而影响种蛋的清洁和孵化结果。垫料潮湿不洁还会引起腿病和寄生虫病,从而影响公、母鸭交配及受精率,导致其他疾病流行。

保持产蛋箱和垫料情况良好需注意:

(1)通风必须良好,以排除产蛋棚内的湿气。

(2)饮水器必须放置在排水良好的地方,如没有排水沟的区域或运动场,应及时排除溢出的水而不要弄湿弄脏地面及垫料。

(3)在炎热季节喷水降温时,不要喷到产蛋箱区域,而且不能弄湿地面及垫料。

(4)湿污的、板结变硬的、差的垫料必须及时更换,或者添加新鲜、干燥、柔软的新垫料以覆盖。

(5)淘汰病次鸭。鸭群中的病次鸭或无生产力的鸭,应该尽快地予以淘汰,正常情况母鸭每个月的淘汰和死亡总数不应超过鸭群的 1%,超过此标准时,要彻底检查饲养管理方法和免疫用药程序等。公鸭的淘汰,则应参考合理的公、母鸭比例。

(6)其他注意事项。舍内应通风良好而无贼风侵袭;夏天做好防暑降温工作,减少热应激;冬季注意防寒,控制好光照,即从增加光照时间开始至产蛋结束这段时间不可减少光照时间;严格执行接种计划,搞好卫生和隔离消毒工作;保持环境安静以及做好各项记录等,以确保种鸭处于完善、舒适的条件下,发挥最佳的繁殖性能。

143. 如何测定蛋鸭的生产性能？

（1）开产日龄。个体记录群以产第一个蛋的平均日龄计算。群体记录中，鸭按日产蛋率 50％的日龄计算。

（2）产蛋量。

按入舍母鸭数统计：

入舍母鸭数产蛋量（枚）＝统计期内的总产蛋量/入舍母鸭数

按母鸭饲养日数统计：

母鸭饲养日产蛋量（枚）＝统计期内的总产蛋量/统计期内日平均饲养母鸭只数

或＝统计期内的总产蛋量÷（统计期内日饲养只数累加数÷统计期日数）

如果需要测定个体产蛋记录，则在晚间，逐个捉住母鸭，用中指伸入泄殖腔内，向下控查有无硬壳蛋进入子宫部或阴道部，这叫"探蛋"。将有蛋的母鸭放入自闭产蛋箱内关好，待次日产蛋后放出。

（3）产蛋率。母鸭在统计期内的产蛋百分比。

按饲养日计算：

$$饲养日产蛋率＝统计期内的总产蛋量÷实际饲养日母鸭只数的累加数×100％$$

注：统计期内总产蛋量指周、月、年或规定期内统计的产蛋量。

按入舍母鸭数计算：

$$入舍母鸭数产蛋率＝（统计期内的总产蛋量÷入舍母鸭数×统计日数）×100％$$

（4）蛋重。平均蛋重：从 300 日龄开始计算（以 g 为单位），个体记录者须连续称取 3 枚以上的蛋,求平均值,群体记录时,则连续称取 3 d 总产量平均值。大型鸭场按日产蛋量的 5% 称测蛋重,求平均值。

总蛋重:指每只种母鸭在一个产蛋期内的产蛋总重。

总蛋重(kg)=平均蛋重(g)×平均产蛋量(枚)/1 000

(5)母鸭存活率。入舍母鸭数减去死亡数和淘汰数后的存活数占入舍母鸭数的百分比。

母鸭存活率=[入舍母鸭数-(死亡数+淘汰数)]÷入舍母鸭数×100% 。

144.如何淘汰低产蛋鸭?

一群蛋鸭在饲养过程中,由于饲养和个体差异等因素,常有 10%~20% 的鸭产蛋少或不产蛋。为了降低饲养成本,提高鸭群产蛋率,在产蛋期间可以根据以下特征判断,逐步淘汰低产鸭。

(1)饲养年限超过 3 年以上。

(2)换羽早、时间长、次数多。

(3)泄殖腔很小,多皱纹且干燥。

(4)头大颈粗短,嘴短而窄,且尖端平,向上方凸起不明显。

(5)腹部较小且硬、耻骨末端只能容纳 2 指,高产鸭可容纳 3~5 指。

(6)胸背狭窄,羽毛粗乱,蓬松无光泽。

(7)体躯短、翅膀基部与腿跟部只相距 3~4 指,高产鸭一般相距 4 指以上。

(8)体态过于肥胖,贪吃贪卧的懒鸭。

(9)手提鸭颈时,双脚上下不断划动。高产鸭两脚伸直,不摆动。

(10)有病及残疾鸭,如跛行、产畸形蛋、习惯性产软壳蛋、体瘦膘差的病鸭。

145.如何人工强制母鸭换羽提高产蛋率？

母鸭经过几个月连续不断的产蛋,体内营养物质不断消耗,或因日粮中营养不完善及管理不善,都会出现脱毛换羽现象,换羽期间,母鸭产蛋量减少甚至停产;所产的蛋,品质也不好,容易破损;而且自然换羽的时间较长(约4个月),换羽后的初期产蛋也参差不齐,影响鸭群的饲养管理和种蛋的孵化。

为了保持鸭群产蛋平衡,争取秋冬季多产蛋,和冬季有较多的肉鸭供应市场,可以将一部分产蛋鸭(种鸭)在夏季实行人工强制换羽,在短期内恢复产蛋。

人工强制换羽的时间,应根据各地饲养条件,鸭群产蛋率和孵化季节等来决定,一般在7、8月份进行。北京地区多在6月初,广东地区多在春末夏初(芒种前后)进行人工换羽。如鸭产蛋率下降到30%,有部分鸭已开始换羽,又不是孵化旺季,也可进行强制换羽。强制换羽分为三个步骤:

(1)停产。也叫"关蛋":即在短短的几天里,使母鸭由产蛋变为不产蛋。把要进行强制换羽的鸭关在棚舍内不放牧,舍内保持较暗的光线,不清除垫草、粪便,有意将羽毛脏污,头两天仅白天喂两次,喂量为正常量的一半,夜量不喂。到第3、4天仅供给水草和清水,或者连续2~3 d不喂任何饲料,只给饮水;3 d后才给粗饲料(糠麸、水草、瘪谷、番薯等)。由于生活条件的急剧变化,鸭前胸和背部羽毛已相继脱落,主翼羽、副翼羽和尾羽的根已呈现干枯透明而中空等现象,这时便可进行人工拔羽。

(2)拔羽。在拔羽前必须详细观察鸭的生理变化,判断是否已到了拔羽的适当时机。一个特征是嘴、脚色素减退,如北京鸭的嘴、脚可由橘黄色变为淡黄色,最后近于白色;第二个特征是两膀肌肉收缩;第三个特征是羽管根部"脱壳",这是拔羽前最重要的一个特征。所谓"脱壳",是指拔出的羽毛的羽管尖端不带血与筋肉丝。出现上述情况以后,便开即拔羽。拔羽时,用左手抓住鸭的两翼,然后用右手由内向外侧,从第一根往第十根逐渐试拔。先拔主翼羽,后拔副翼羽,再拔尾羽。如试拔时不太费劲,拔出的羽根不带嫩尖或血液,可一次拔完;否则,可隔 2～5 d 再拔一次。

(3)恢复。母鸭拔羽后,再逐渐恢复正常的饲养管理。但增加饲料不能操之过急,应由少到多,由粗到精,逐步过渡到正常。每天除白天喂两次外,晚上增加一次,并在日粮中增加维生素饲料和矿物质饲料(如石膏),促使羽毛生长。

舍内每天要铺新干草,夏季要阴凉防暑,这样新羽毛可在拔除旧羽后 25～30 d 长齐。人工强制换羽从停产到恢复产蛋,35～45 d。

鸭拔羽后,当天不宜放水和放牧,因此时毛孔的伤口未愈合,放水放牧容易感染细菌。最好让鸭休息一天再放水和放牧,但时间要短,地点要近。以后逐渐增加,并要防止被雨水淋湿,至拔羽后 10 d 才能恢复正常管理。

强制换羽时要将公、母鸭分开,以防母鸭受害。在头 2 d 减料时,要使每只鸭都能同时采食,以防采食不均,达不到普遍控制采食量的目的。

146. 肉种鸭各生长阶段如何划分?

肉种鸭从 1 日龄开始到进入产蛋期前(22 周龄)的整个生长过程为生长阶段,此阶段是养好种鸭的关键性阶段,生长阶段又分为两个时期,即育雏期和育成期。育雏期有按 1～4 周龄的,也有按 1～8 周龄的,相应育成期为 5～22 周龄或 9～22 周龄;不论如何划分,这些都不是主要的,关键是肉种鸭进入不同的周龄,就必须按不同周龄的生理生长特点要求来进行合理的饲养管理。下面以樱桃谷肉种鸭的饲养管理的分段方法,即 1～4 周龄为育雏期,5～22 周龄为育成期为例,分别进行介绍。

147. 樱桃谷肉种鸭育雏期如何饲养管理？

雏鸭体质娇嫩,发育不完全,对外界抵抗力差,因此,必须保证提供适宜的饲养管理条件,以提高育雏成活率及育雏质量。

(1)育雏舍的准备。种苗到达前至少1个月将育雏舍腾空,全面彻底地清扫消毒。检查维修供水、供电、供暖、通风等设施设备,清洗消毒饮水器及供料器具。检修房舍,堵塞所有的孔洞和缝隙,检查门窗的完好性。最后将所有设备、用具、垫料置于育雏舍内进行熏蒸消毒,每立方米空间用24 mL甲醛溶液,12 g高锰酸钾,熏蒸12～24 h。种雏鸭到达前3 d将所有用具、垫料都再次按首次熏蒸消毒方法消毒1次,24 h后打开门窗换气。在种雏鸭到达前12 h,应将舍内温度升至27℃,育雏区温度升至33～35℃,并对饲养区的道路、育雏舍的门窗外面进行喷洒消毒。

(2)选好种苗。在选购种苗时,要了解引种祖代场的防疫情况,疫病流行情况,不能从疫区和发病的种鸭场购买种苗。当地没有威胁鸭的传染病流行时,要了解种鸭饲养孵化场内的饲养管理水平及以往种苗销售情况、生长情况。确定好种苗供应厂家后,供需双方应就所承担的责任义务达成协议或签订合同,以确保种苗质量。进种苗时要选择个体中等、精神饱满、羽毛金黄色的健康个体,尤其要注意脐部的愈合情况。有些厂家往往给一定比例的种雏鸭,以作为途中死亡补偿,切记不能要弱残雏鸭。

(3)种苗运输。接种苗之前必须将育雏舍的一切准备工作做好,在接远种雏鸭前还要将运输种苗的准备工作做好,特别是车辆及装苗的容器要干净,并要经过严格消毒。若是短距离运输,既要注意保暖,又应注意通风,还要注意防雨淋。长距离运输最好选用冷暖空调车辆,途中也要适当开窗调节一下车厢内空气,车厢内的温度要控制在26℃以上,夏季中午不要超过33℃。途中每隔2～3 h要对鸭绒毛喷水1次,以免运途时间过长而引起雏鸭脱水。喷水要使用能喷雾的"打气式喷雾器",只有喷雾才能在鸭体绒毛上形成雾珠,方可使雏鸭饮上水珠,否则雏鸭是无法补充水分的。刚开始喷水,最好使用放凉的开水,以免因水质差而影响育雏质量。运输途中,人员不得随意上下车,若需上下车,必须得经过严格消毒。如果运输路途时间长还可以考虑用洗干净的绿豆芽撒进雏鸭盒内让其采食。

(4)育雏方式。育雏方式比较常见的有两种:一种是地面平养育雏,另一种是网上平养育雏。育雏方式与种雏鸭的成活率及育成后的品质关系密切。

①地面育雏:地面铺垫清洁柔软舒适的垫料,如铡短的稻草或稻壳,若用麦草,一定要压成扁平状,以防止扎伤鸭腹部,对初生雏第一次至少应垫 5~6 cm 厚以上的垫料,以后要经常铺垫,始终保持垫草清洁、干燥。

②网上育雏:在育雏舍内设置 60~100 cm 高的塑料网座,采用这种方法能使雏鸭与粪便隔离,有利于预防和减少疫病发生,而且能节约垫草开支。虽一次性投资较大,但可长期受益。

养种雏鸭一般多采用地面育雏方式,不论采用何种育雏方式,都应将公鸭、母鸭分开放置饲养。在公鸭栏内放入一定数量的有"标识印记的母鸭"以便刺激鸭的正常性成熟。

(5)环境控制。种雏鸭跟商品雏苗的环境控制要求基本一致,相对来讲,种雏鸭的管理要求要更严一些。

①温度控制:育雏前 4 d,应使用两个温度区,育雏伞区下面温度应为 33~35℃,舍温应控制在 27℃,让雏鸭自由选择适温区。4 d 以后伞下温度每周可下降 1~2℃,舍温可下降 0.5~1℃,以后随着日龄的增加,体温调节功能逐渐完善,在 4 周龄后的种雏鸭一般适宜生长温度以 18~25℃为宜。在供暖方式上,可因地制宜,没有以上供暖条件的,若采用其他供暖方式的,但应把握一个原则,要使雏鸭感到舒适。饲养管理人员要勤观察,以雏鸭能均匀分布,饮水采食正常为宜。

脱温时间应在伞下温度降至与室温一致时开始脱温。雏鸭在脱温前 1～2 d 可选择在中午打开南面窗子 3～4 h,3～4 d 要逐渐延长至 6～8 h,5 d 后可全天打开朝阳面窗。在遇到低温天气时,要注意避免空气直接对流,即前后窗不要同时开,以避免使舍内温度迅速下降。

②湿度控制:要勤铺垫草,经常保持垫草干燥。注意饮水方式,防止雏鸭戏水打湿垫草,这里应特别提醒的是垫草必须质量好、新鲜、无霉变,并且是经过熏蒸消毒过的。防止舍内出现高温、高湿现象,以免发生疫病,影响雏鸭的健康生长。

③光照:光照对种鸭后期繁育的成功影响很大。在购买种鸭时,种雏鸭供应商会提供光照模式,以期通过光照的调整达到适时成熟的目的。各种鸭饲养场必须遵循这一规律,控制光照时间及光照强度。在设计的照明时间内,光的强度不应低于 10 lx,使用普通的白炽灯时,每平方米有 5 W 照度便能达到上述要求。

樱桃谷父母代种鸭 SM3 型的光照程序:开始第 1 天按 23 h 光照时间,以后逐渐减少 1 h,即第 2 天为 22 h,第 3 天为 21 h,第 4 天为 20 h,第 5 天为 19 h,第 6 天为 18 h,从第 7 天开始以后整个育成期始终维持 17 h,每天凌晨 4:00 至晚上 21:00 有光照,光照强度为 20 lx。

④饲养密度:雏鸭在接入育雏舍后,先将其分群放入栏围内,每群 300～500 只。1～7 日龄每平方米饲养 10 只,8～28 日龄每平方米可饲养 2～3 只。29 日龄转入地面平养时,要注意防止出现应激现象,一般来讲,养种雏鸭还是以地面平养为宜。

(6)饮水与开食。培育雏鸭要掌握"早饮水,适时开食,先饮水后开食"的原则。一般要求在雏鸭接入育雏舍后就可以安排饮水,在饮水前,先使每只雏鸭的嘴在饮水器中沾湿一下,以保证雏鸭及时找到水源,当种雏鸭有 1/2 以上东奔西跑并有啄食行为时即可开食。饮水的质量必须是以人可饮用的生活用水。地表水万万不可饮用,因地表水微生物、有机物质含量高可引起雏鸭发病。

(7)投料及饲喂。雏鸭喂料应遵循"定量"、"定时"、"1 次投完"的原则。定量就是按投料时的存栏数乘以当天的标准日喂量，准确称取；定时，即每天在同一时间投料，1次投完。种雏鸭实行的是限制饲喂，为了保证每只雏鸭吃料均匀，应1次性地投完，并要勤观察和记录每天的吃料情况。切记投料时，同时供应充足的饮水。1～5日龄雏鸭每小时喂食一次，6～12日龄每2～4 h喂食一次，13～28日龄每3 h限食1次，喂1次后看不足再添加1次。

育雏期种雏鸭每天的饲喂标准应由种雏鸭的供应商提供。

(8)疫苗接种。按照种雏鸭免疫程序进行严格的接种免疫，第1周接种病毒性肝炎、里默菌病疫苗，第4周接种鸭瘟疫苗。

(9)适当的运动和洗浴。种雏鸭生长到7～10日龄后，在适宜的天气里让雏鸭到运动场活动，到水池中洗浴，以促进健康和发育。

(10)注意通风换气，室内要保持空气清洁，没有穿堂风，温度过高时不能急于开窗，防止雏鸭感冒。

148.樱桃谷肉种鸭育成期如何饲养管理？

雏鸭从5周龄开始至产蛋前的22周龄称为育成期，也可称育成阶段。当雏鸭从育雏期进入育成期，各器官系统均进入了旺盛的发育阶段，该阶段的发育对将来产蛋性能的高低非常关键。

(1)限制饲喂。育成阶段对鸭的体重控制是关键，也是种鸭饲养能否成功的决定因素。该阶段鸭只的食欲旺盛，消化能力强，增重迅速（尤其是肉种鸭具有生长快的遗传基础），稍不谨慎体重就会超过标准。饲养种鸭的目的，是使种鸭有良好的产蛋性能，并不是增重，必须按标准体重来控制饲喂量。标准体重只能从种雏鸭供应商那里获取。

限制饲喂不是不让育成种鸭吃好，而是要防止育成种鸭吃料过多，导致脂肪大量蓄积而影响将来产蛋，另外可以节省饲料，提高效益。但是，若过分限制饲喂，使鸭体重达不到标准体重，同样会影响育成鸭进入繁殖阶段的产蛋性能。因此说，必须把握好每天的饲喂量。

喂料量受很多因素影响，如饲料的营养水平、气温的高低等，实际体重是调整喂料量的主要依据。因此，喂养种鸭必须掌握该品种（配套品系）的各周龄喂料量标准和体重发育标准，各标准缺少哪一个都会影响生产效果。

育成期肉种鸭的限制饲养的实施措施为：

①称重：从 4 周龄开始，每周末喂食前空腹进行称重（计量器具要准确），随机抽查每个群体 10％ 的鸭只（弱鸭应剔除），公鸭、母鸭分开单独称重，公鸭栏内的母鸭不称重。计算实际平均体重并与标准体重进行比较，原则上，体重应在体重标准曲线上，起码体重不得超过标准的±5％范围为宜。

②饲喂量调整：实际体重与标准体重进行比较的结果作为饲喂量调整的参考依据。当实际体重大于标准体重时，绝对生长速度过快，可适当减去一定的喂量；如果绝对生长速度较小，可按原饲喂量再延续 1 周；当实际体重等于标准体重时，饲喂量可按标准延续；当实际体重小于标准体重时，每只鸭每天可酌情增加 5～10 g 的喂量。

③投料：每天早上 8：00～8：30 进行投料。为确保种鸭都能够同时采到食，投料时尽量要撒开，撒的面积要足够大，为防止饲料吃不尽而造成浪费及污染现象，可使用大块塑料薄膜铺在地上再撒料。如果使用料槽，必须保证有足够的数量，喂料后每只鸭都能够同时吃到饲料。有条件时可以在下午饲喂适量的青绿饲料。

（2）饮水。饮水要与水面运动场洗浴水分开，以防种鸭喝脏水。饮水要干净，饮水槽要一天一清洗消毒。当停电缺水时，鸭舍内宁肯不喂料也不能缺水，因此，鸭场需要有适当容积的储水器具，贮备一定量的清洁水。水面运动场内的供水应为长流水，尽量防止鸭只饮脏水而引起发病。

（3）提高鸭群的整齐度。整齐度是育成种鸭培育效果的重要衡量指标，整齐度高的群体不仅体重和体格均匀，生殖系统发育也相对一致。达到性成熟的时间比较一致则鸭群的生产性能才高，提高整齐度的措施主要有以下几点：

①保证均匀采食。由于在肉种鸭育成期间需要限制饲养，鸭整天都吃不饱，每次喂料后鸭群会争相采食，如果相互争抢则会使部分体质弱的个体吃不到应有的饲料份额而影响其发育。均匀进食是鸭群体重和体格均匀发育的重要基础，生产上要注意保证有合适的饲养密度、足够的采食位置、白天一次性的投料、保持合适的群量大小、快速的加料等。

②合理分群，抑大促小。在大群饲养情况下鸭群内不可避免会出现个体大小的差异。为了减小这种差异需要及时分群，把体重偏大和偏小的个体从大群中挑出分别组成偏重群和偏轻群；然后减少偏重群的饲料供给量、适当增加偏轻群的饲料供给量，最终达到大群体重相近的目的。

（4）公母分群与并群。育成期公母分群饲养，公鸭群内要有若干只母鸭（称为印记母鸭）。种鸭在19周龄时就应当并群；并群前应当增加母鸭的饲喂量，将公鸭母鸭的喂量调成一致。选择个体素质较好、健壮的鸭只按1：5的公母比例进行搭配。对弱残鸭应予以剔除作淘汰处理。

（5）产蛋槽的设置。19周龄时放入产蛋槽，按每3只鸭一个窝的数量设计，提前训练种鸭进巢产蛋。

（6）卫生防疫。4周龄接种鸭瘟疫苗；19～22周龄期间接种鸭瘟、里默菌疫苗、病毒性肝炎疫苗。必要时接种禽流感疫苗。

育成期的光照管理原则上不延长光照时间或增加光照强度，以防过早性成熟。4～21周龄，每天固定9～10 h的自然光照，在实际生产中此期多采用自然光照。但若日照是逐渐增加的，则与光照原则相矛盾，不利于后期产蛋。解决方法是将光照时间固定在11周龄时的光照时间范围内，但应注意整个育成期固定光照每天不超过11 h，若光照渐减，则就利用自然光照，不够的再人工补充光照。而21周龄开始到26周龄，逐渐增加光照时间，直到26

周龄时达到每天 17 h 的光照。

149. 樱桃谷肉种鸭在繁殖阶段管理要点如何?

繁育阶段的管理要求,重点是要通过对员工的管理从而实现各项生产技术的管理。首要的管理措施是要建好员工的岗位责任制,其次是生产技术管理措施,主要是指对鸭的管理、对蛋的管理和对疫病的预防等。

(1)明确员工岗位责任制。对不同岗位的任务、责任、权力、利益等做详细的规定,使工作的质量、数量、效益与工资、福利挂钩,并形成书面文件。

(2)控制好公母配比。原则上应保持 1∶5 的公母配比。有的为了节省公鸭的使用量,采用 1∶6 的公母配比也得到了比较好的受精率效果,也有模仿鸡的人工授精技术进行操作,这些都在试验之中。公母鸭到了产蛋后期,种蛋的品质偏差,为了获得良好的经济效益,于 46 周龄以后把老公鸭更换成进入成熟期的青年公鸭,效果也比较好。至于种鸭能延长使用多久,应以蛋产量、品质及效益 3 个指标综合考虑而定。

(3)种蛋生产管理。少数种鸭开始出现产蛋在 23 周龄或 24 周龄,但是只有鸭群达到 5% 的产蛋率时,才认为是产蛋开始。在产蛋初期,相当比例的蛋产在产蛋槽外面,随着产蛋数的增加,这一状况会很快改变。另外一种情况,就是在产蛋初期有相当比例的蛋过小或过大,随着产蛋数的增加,这一现象也会很快过去。蛋留在产蛋槽中的时间越短,蛋越干净,被污染的可能性也越小。因此收蛋要及时,同时避免产蛋种鸭产蛋争巢而引起蛋的破裂;每天早晨 5∶00 左右即开灯拣蛋,6∶00 第 2 次拣蛋,7∶00~8∶00 第 3 次拣蛋。有一些鸭只白天产蛋,所以每天 16∶00 再捡第 4 遍蛋。每次拣蛋后及时挑选,剔除不合格蛋(包括破蛋、双黄蛋、小蛋、沙壳蛋、畸形蛋等)。对脏蛋要单独码放,然后将合格蛋及时码盘、消毒。为了强化对产蛋种鸭饲养人员的责任监督,种鸭场与孵化场要密切配合,对不同批次、不同栋别、不同日期的种蛋挑选后分别存放,并且要做好标志。种蛋不宜长久存放,存放不要超过 7 d,每个环节不能将标志搞错,以便考核种蛋的受精率、孵化率和健雏率。有条件的还可做微生物检测,通过这些监督手段来促进饲养水平的提高,以确保种蛋质量。

(4)温度控制。温度对种鸭的产蛋影响较大,特别是夏季,由于天气炎热,鸭群采食减少,很自然地会影响到种鸭的产蛋率、合格蛋率、受精率及孵化率,如果突然遇上超常高温天气,鸭群很容易引起热应激反应,导致产蛋率突然下降甚至发病。夏季对种鸭管理重点要搞好防暑工作,这项工作是预防性工作,必须在夏季到来之前就做好一切防暑准备。在冬季随时注意天气变化,突然发生大雪降温天气,要尽量把室温控制到正常温度,以免影响产蛋率和受精率。成年鸭适宜的环境温度是 5～27℃,产蛋鸭最适宜的环境温度是 13～20℃,此时期的饲料利用率、产蛋率都处于最佳状态。

(5)湿度与垫草卫生。鸭舍内要始终保持垫草干净、干燥。每天要在 8:00 及 20:00 铺垫草,垫草要铺得厚,并保持干燥。铺垫草时应就地摊放,铺垫草时不要腾空撒放,灰尘飞扬。垫草必须来自非疫区的新鲜柔软的稻草或稻壳,并且应在使用前进行熏蒸消毒。在保持垫草干净的同时,还要注意预防鸭只因戏水后携带水分打湿垫草。使用设计合理的饮水槽,这样既能使鸭能饮水又不会打湿羽毛。饮水槽下或旁边应有排水沟,能及时排出溢水。

(6)通风。良好的通风能排除灰尘和污浊的空气,同时降低相对湿度和垫草水分。平时注意通风设备的正常维修,保持完好,确保鸭舍环境空气新鲜和干净。若有条件,应进行空气质量检测,氨的含量在任何时候都不应超过 20 mg/ g。

(7)光照控制。从 20 周龄开始,将自然光照改为每周逐步增加人工光照时间,至 26 周龄应保证稳定的光照制度,即每天 17 h 的光照时间(04:00～21:00),室内光照强度不低于 10 lx,以确保种鸭的良好的产蛋性能。下面提供一个樱桃谷鸭父母代种鸭 SM3 产蛋期的光照程序,分两种情况:一种是针对温和气候及大陆性气候,每天 17 h 一直维持到淘汰;另一种是针对炎热气候情况下从 18～22 周由 17 h 逐步增加至 18 h,时间从凌晨 02:00～20:00,光照强度为 20 lx。产蛋期间,绝对不能改变光照程序,否则,将会影响鸭群的产蛋效果。

(8)合适的饲养密度与避免应激。产蛋种鸭自育成后期进入 18 周龄起,每只鸭至少应有 0.55 m² 的场地,分围栏饲养以 250 只为宜。在饲养过程中要保持环境的相对稳定,保证环境安静舒适。避免应激,在饲养过程中要保持环境的相对稳定,保证环境安静舒适。

(9)饲料喂饲管理。从育成期进入繁殖阶段,饲料要随之由育成鸭料转为产蛋鸭料。从育成期饲料改为种鸭产蛋期饲料,每只鸭每天增加 10 g 喂食量。开始产蛋大约在 23 周龄,每只鸭每天喂食量再增加 15 g。到产蛋达到 5% 以后,每天再适当递增约 5 g 饲喂量。增加 1 周后,使鸭只过渡到随意采食。产蛋期饲喂原则是自由采食,饲料营养必须达到要求。进入产蛋中后期也可试着适当限食,以免后期采食量大、脂肪蓄积而影响产蛋率及蛋的品质,并且可以延长种鸭的使用期限。限食是技术性很强而又严肃的一项工作,应把握一个原则,即以不影响产蛋率及产蛋质量为准。定时喂饲,每天 3 次。应该考虑青绿饲料的使用。

(10)饮水管理。鸭的饮用水与生长期的饮水要求参照执行。

(11)运动与洗浴。在正常气候条件下,每天上午、下午让鸭群到运动场活动,并下水洗浴,每次洗浴的时间为 30～50 min。

(12)搞好种鸭的卫生防疫。种鸭的饲养、种蛋的质量最主要是搞好卫生防疫,严格控制疫病。种鸭场对外要严格隔离,出入种鸭场、孵化繁殖场及生产区的一切人员、设备、车辆、物品都要进行严格有效的消毒。强化饲养管理,提高鸭群的抗病能力。在场内无病或周边没有疫病发生的情况下,使用疫苗,为了确保安全,避免意外情况发生,应在兽医指导下使用。对病死鸭要按兽医卫生要求严格处理。种鸭场不养其他畜禽,工作人员在岗期间不吃其他禽类肉品和同类鸭产品,还要注意控制野鸟及鼠、蝇类的危害。

(13)做好生产记录。做好各项生产记录,以备查考,及时发现问题,及时采取措施,总结改进。生产记录主要包括:每天记录鸭群变化,包括死亡数、淘汰数、转入隔离间鸭数和实际存栏数;每天产蛋数、合格蛋数、不合格蛋数、破蛋数、脏蛋数等;每天按实际喂料的重量记录采食情况;称合格蛋重,并及时记录;记录预防接种日龄、疫苗种类、接种方法;每天大事记;收入、支出、赢利或亏损等情况。

150.樱桃谷肉种鸭产蛋期如何进行饲养管理?

(1)饲养方式。采用圈舍饲养,一般包括屋(或棚)舍,陆地运动场,水面运动场三个部分,四周圈围。采用这种方法可大群饲养,饲养管理方便,产量高。但饲料营养要保证,成本较高。

(2)产蛋鸭的营养需要。种鸭开产以后,让其自由采食,日采食量大大增加,饲料的代谢能可控制在 $10.88\sim11.30$ MJ/kg,就可满足维持体重和产蛋的需要。但日粮蛋白质水平应分阶段进行控制。产蛋初期(产蛋率50%前)日粮蛋白质水平一般为19.5%即可满足产蛋的需要;进入产蛋高峰期(产蛋率50%以上至淘汰)时,日粮蛋白质水平应增加到 $20\%\sim21\%$;同时,应注意日粮中钙、磷的含量以及钙、磷之间的比例。

(3)产蛋鸭对环境要求。

温湿度:鸭虽耐寒,也要为之创造保温条件,使其冬天舍内不低于0℃,夏天不高于25℃,再高就放水洗浴或进行淋浴。湿度则随自然。舍内地面的垫料要保持干燥。当最低温度达到5℃时,要做好防寒。在最高温度达32℃时,要做好防暑。

光照:产蛋期要求每天光照达 $16\sim17$ h,光照时间要固定,不要轻易改变。补光时,早上开灯时间定在4:00最好。光照强度为鸭舍地面 5 W/m²。灯高 2 m,宜加灯伞,灯安在铁管上,以防风吹动使种鸭惊群。灯分布要均匀,经常擦灯泡。停电时,要点灯照明,或自备发电设备,否则鸭蛋破损率和脏污蛋将增加。

通风换气:在不影响舍温的原则下,要尽量通风,排出舍内有害气体和水分,保证舍内空气新鲜和舍内干燥。

密度:种鸭的饲养密度小于肉鸭,一般每 2～3 只/m²。如果有户外运动场,舍内饲养密度可以加大到 3.5～4 只。户外运动场的面积一般为舍内面积的 2～2.5 倍。另外,鸭群的规模也不宜过大。一般每群以 240 只为宜,其中公鸭 40 只,母鸭 200 只。

(4)饲养管理。

喂料、喂水:当产蛋率达到 5% 时,逐日增加饲喂量,直至自由采食。日采食量达 250 g 左右,可分成 2 次(早上和下午各 1 次)饲喂。喂料量掌握的原则是食槽内余料不能过多,第一次喂料量以第二次喂料时食槽基本吃尽为准,第二次的喂料量以晚上关灯前食槽基本吃尽为准。产蛋鸭可以喂粉料,也可以喂颗粒料。若喂粉料,在喂前用少量水把干粉料润潮。要常刷洗饲槽,常备清洁的饮水,水槽内水深必须没过鼻孔,以供鸭洗涤鼻孔。

运动:运动分舍内、舍外两种。舍外运动又分水、陆两种形式。冬天在日光照满运动场时放鸭出舍,傍晚日光从运动场完全消失前收鸭入舍。为了把粪便排在舍外,在收鸭前应进行驱赶运动数分钟。每天驱赶运动 40～50 min,分 6～8 次进行,驱赶运动切忌速度过快。雨、雪天不放鸭出舍。夏天无雨夜可露宿于有足够灯光的运动场上,但鸭出入的小门要敞开,舍内也开灯任鸭出入。白天下雨就收鸭入舍。秋雨更应提防,一般秋雨对鸭影响大。每天 5:30～6:00 早饲后,打开通往水上运动场的圈门,任鸭自由出舍或由运动场去水上运动场洗浴,并任鸭自由回舍。这样,不仅不会丢蛋于水中,反而会因运动充足,能保持良好的食欲和消化机能,因而使母鸭产蛋正常。

种蛋收集:及时将产蛋箱外的蛋收走,不要长时间留在箱外,被污染的蛋不宜作种用。鸭习惯于 3:00～04:00 产蛋,早晨应尽早收集种蛋,初产母鸭可在早上 5 点拣蛋。饲养管理正常,通常母鸭在 7:00 以前产完蛋,而产蛋后期,产蛋时间可能集中在 6:00～8:00。应根据不同的产蛋时间固定每天早晨收集种蛋的时间。迟产的蛋也应及时拣走。若迟产蛋数量超过总蛋数 5%,则应检查饲养管理制度是否正常。要保持蛋壳清洁,蛋壳脏污的蛋不得与清洁蛋混集在一起,而应单拣单放。炎热季节种蛋要放凉后再入库。种蛋必须当天入库。凡不合格作种蛋的,不得入库。鸭蛋的破损率不得大于 1.5%。

(5)提高产蛋量措施。一是从开始产蛋到产蛋达 60% 以前,这个时期供给鸭只蛋白质水平较高的全价配合饲料,并增加饲喂次数。白天喂 3 次,22:00 再增喂 1 次,使产蛋尽快进入高峰。进入产蛋高峰期后,进一步增加饲料营养水平。二是给鸭提供能满足其生产的营养及稳定、安静、干净舒适的环境,以延长产蛋高峰期和使产蛋率下降缓慢。另外,产蛋中期要不断挑选出不产蛋的鸭进行淘汰,包括弱鸭、残鸭和生殖器官发育不良的鸭。三是当鸭产蛋率下降到 80% 左右时,要特别注意防应激。当产蛋率下降到 60% 以下后,先淘汰那些最先换毛的鸭。四是产蛋完毕后,一般 10:00 以后关闭产蛋箱,17:00 后再开蛋箱。五是严格按照作息程序规定的时间开关灯。

(6)提高种蛋质量措施。

①提高箱内产蛋率。其措施主要有:于 22 周龄时在舍内安装好产蛋箱,最迟不得晚于 24 周;每 4 只母鸭配备一个产蛋箱;产蛋箱的位置要固定,不能随意搬动;初产时,可在产蛋箱内设置一个"引蛋";及时把舍内和运动场的窝外蛋拣走;随时保持产蛋箱内垫料新鲜、干燥、松软。

②提高种鸭受精率。供给种鸭专用全价饲料,种鸭饲料如缺乏维生素和微量元素等营养物质时,会大大降低种蛋的受精率及孵化率,微量元素超标也会导致受精率、孵化率下降;保持舍内场

地干燥,光照管理稳定;饲养密度不要超过标准;选择体质健壮、体型符合品种特征的公鸭配种,在产蛋前应对公鸭的性反射强弱进行选择;在大群饲养条件下,公母比为1∶(5～6);场地环境卫生必须搞好,否则会影响孵化。

③及时拣蛋。每天至少拣3次蛋,光照后1 h开始拣第一次,3～5 h后进行第二次,第三次在下午进行。

④洗蛋。用5％新洁尔灭洗蛋,并用毛刷轻轻刷掉蛋壳上的粪便等污物,但不能破坏壳胶膜。

⑤种蛋贮存。放在13～15℃的环境中,存放时种蛋小头向下。如存放时间较长,则须翻蛋。

(7)产蛋期的选择淘汰。母鸭年龄越大,产蛋量和种蛋的合格率越低,受精率和孵化率越低。母鸭以第一个生物学产蛋年的产蛋量最高,第二年比第一年下降30％以上。母鸭一般产蛋9～10个月。进入产蛋末期,陆续出现停产换羽。此时,出现换羽的种鸭可逐渐淘汰,节约饲料,提高种鸭的经济效益。种鸭的淘汰方式有全群淘汰和逐渐淘汰两种方式。

全群淘汰:种鸭大约在70周龄可全群淘汰。这样,既便于管理,又提高鸭舍的周转利用率,有利于鸭舍的彻底清洗消毒。

逐渐淘汰:在产蛋10个月左右,根据羽毛脱换情况及生理状况进行选择淘汰。首先,淘汰那些换羽早、羽毛零乱、主翼羽的羽根已干枯、耻骨间隙在3指以下的母鸭,并淘汰腿部有伤残的和多余的公鸭;留下的种鸭产一段时间蛋后,按此法继续淘汰。

七、适度规模经营肉鸭饲养管理技术

151. 肉鸭的生产特点有哪些?

肉鸭的生产特点表现为生长迅速、出肉率高、肉质好、饲料报酬率高、性情温顺、容易管理、生产周期短等方面,可以进行大批量、全进全出生产。

(1)生长迅速,出肉率高,肉质好,饲料报酬率高。在良好的饲养管理条件下,肉仔鸭 6 周龄体重达 3 kg 左右即可上市,7 周龄上市的肉鸭屠宰率最高,而且胸肉、腿肉也特别发达。全净膛率可达 70% 以上,瘦肉率在 30% 以上。全程的肉料比为 1:(2.3～2.8)。

(2)肉鸭性情温顺,易于管理。肉鸭性情温顺、对环境敏感性强,胆小易受惊,既喜欢戏水,但又怕鸭舍潮湿。在肉鸭饲养过程中,只要饲养管理规范、秩序井然,鸭只就会很正常地进行饮水、采食、运动和休息。天气突然变化或陌生人、畜进入舍内,或饲料突然变换等因素会引起应激反应,出现食欲下降等现象,从而导致其生长速度的下降。

(3)肉鸭合群性好,适宜于规模化生产。肉鸭性情温顺,相互间的争斗现象很少,大群量饲养能够很好相处。

(4)肉鸭生产周期短,可批量全进全出生产。肉鸭最适宜的上市时间在 6～7 周龄,超过 8 周以后不仅生长速度明显下降,饲料效率也明显降低,生产效益急剧下滑。在 6～7 周龄不仅肉的品质好,而且资金周转快,经济效益好。为了加速资金周转,提高鸭场利用率,实行"全进全出"制,1 年可养到 5～6 批,效益比较可观。

152. 肉鸭对环境温度有哪些要求？如何控制肉鸭养殖的环境温度？

肉鸭的生长需要提供适宜的温度。高温不仅会降低肉鸭的日增重、屠体板油含量和水分含量，而且能够提高饲料效率、屠体脂肪和蛋白质含量。在育雏最初 2 d 育雏舍温度应达 33～35℃，绝不要使舍温低于 29℃。3 日龄后鸭舍温度应逐日下降，3～7 日龄为 33～31℃，8～14 日龄为 30～25℃，15～21 日龄为 25～20℃，21 日龄至出栏一般应保持在 20℃左右为最好。对于 3 周龄后的肉鸭来说，20℃左右的室温对于其生长发育、健康、羽毛生长、饲料效率是最适宜的。

鸭群的舒适程度，在取暖区内对温度的反映，可根据雏鸭的反应和行为表现观察，温度适宜的时候，雏鸭均匀分散在取暖区周围；温度高的时候则远离取暖区；温度低则向取暖区靠近并拥挤成堆；如果有贼风的时候雏鸭则会靠边挤堆。

育雏前期，可将鸭舍的一部分用塑料布与其他部分隔开，作为取暖区，以减少取暖面积，便于升温，节约费用。以后可随日龄的增加，再逐渐延伸供暖面积及活动场地。在取暖区内的取暖方式很多，有使用地上火龙管道供暖的，经济条件好的也有使用电热伞供暖的。使用电热伞供暖的取暖室内可形成两个区域，一是高温区，二是室温区，以便鸭只自由选择适宜的温度区域进行活动与休息。对使用地上火龙管道供暖方式的，可根据室内温度灵活掌握生火的大小。为了随时掌握室内温度是否适宜，可在室内挂上温度计，其高度应置于鸭背以上 20 cm 高度，供暖方式不要使用明煤生火加温，避免引起一氧化碳（煤气）中毒，另外也有利防火安全。雏鸭在进场以前，应提前升温，室温达到 32℃。

153. 肉鸭养殖过程中如何控制环境湿度？

鸭舍内应保持适宜的湿度，一般相对湿度以 50%～75% 为宜,过于干燥或过于潮湿都对鸭只的生长不利。鸭只具有喜水又怕湿的特点,养鸭必须提供充足的饮水,同时地面的垫草也必须保持干燥。在高温、高湿、高污染的状况,为致病菌及霉菌等微生物的生长繁殖创造了条件,而且潮湿肮脏的垫草污染鸭体,使鸭羽毛脏污并导致羽毛上的油脂脱落,甚至影响羽毛的生长或脱落,最终导致鸭群不仅生长缓慢,还会影响鸭体品质。

控制舍内湿度,最好在鸭舍的前屋椽下室内外结合部设置饮水槽,槽口不要大于 15 cm,以鸭只能够饮水为宜,或使用自动供水装置防止鸭只跳入水中戏水而污染水质及携带水分浸湿垫草,水槽的四周应用水泥硬化,并同时设置使用漏水盖板的排水沟,以便冲洗消毒。

对于旱养肉鸭,在运动场上应设置适宜的常流水式的水面运动场,利于鸭只饮用洁净的凉水增进食欲,多采食,有利增重。在夏季养鸭,天气炎热时,可用刚抽取的深井水使鸭只通过洗浴来降温。在鸭只在进入鸭舍之前需要在运动场晾干羽毛,避免把水带入鸭舍弄湿垫草。在其他季节一般不要使用水面运动场,以免浸湿垫草。鸭舍内要保持通风良好,有利降低湿度,但要同时注意保持适宜温度,不可顾此失彼。

154. 肉鸭养殖过程中如何控制鸭舍的通风条件?

为了保证鸭只的正常新陈代谢和健康生长,鸭场与鸭舍应保持空气新鲜。通风方式要视不同情况而定,对育雏舍的通风要注意三点:一是从鸭舍上部排气。二是使通风速度缓慢。三是要注意根据舍内温度、气味进行通风调节。若通过门、窗通风应设置缓冲间,用塑料薄膜隔挡避免舍外冷空气直接进入舍内,特别要防止空气对流和出现贼风,避免冷风直接吹到雏鸭身体上。

夏季对中成鸭要注意整个鸭场及鸭舍的全面通风降温,舍内饲养的还可挂湿布帘,有利调剂温度、湿度、空气三者关系。在冬季,对中成鸭要注意既通风又保温,开放式的鸭舍,通风的一面墙应封闭,鸭舍两端设缓冲间,若是鸭群刚脱温,要视天气情况决定朝南一面墙的门窗或塑料薄膜的开启时间及程度,晴天一般在中午开启,若使用的是塑料薄膜代替鸭舍墙面,应从屋椽连接处开门通风,切忌冷风顺地表袭入鸭舍致使鸭群受冷引起感冒。

育雏舍及室内网上养鸭的通风,除以上控制措施外,应考虑在鸭舍建筑的设计上将鸭舍房顶上设置天窗,最好是用人工手动控制,这种通风方式比较理想。

155. 如何控制肉鸭养殖密度?

适当的饲养密度,既可以保证高成活率和鸭群的均匀度,又能充分利用鸭舍面积和设备,从而能够达到增效的目的。饲养密度应随鸭只日龄、季节、饲养方式的不同而合理变化。雏鸭饲养密度,一般 1~7 日龄地面饲养 20~25 只/m²,网上育雏 25~30 只/m²;8~14 日龄地面平养 10~15 只/m²,网上育雏 15~20 只/m²,15~21 日龄,地面平养 7~10 只/m²,网上饲养 10~15 只/m²。对于育肥鸭地面平养以 4~5 只/m² 为宜,网上饲养 4~6 只/m²。冬季与夏季相比,鸭群密度相对应大一些。

为了很好地控制密度,在鸭舍里应使用围栏或隔墙,育雏舍的围栏可使用移动式的,便于随雏鸭的日龄增加而降低密度,小鸭可按 500~800 只为一群(栏),中大鸭可按 300~500 只为一群(栏)。

156. 如何控制肉鸭舍光照?

光照可以促进鸭只的采食和运动,有利于鸭只的生长,对于雏鸭来说还可以减少老鼠的危害;经过大量的试验表明,采用连续照明,可取得比较好的饲养效果。方法为每天 23 h 光照,1 h 黑暗,让鸭群适应黑暗环境,防止突然停电造成大的应激反应。

在育雏舍的喂料处和饮水处光照要相对亮些,但光照强度不可过高,雏鸭光照强度应为 10 lx 左右。一般开始白炽灯 1 m² 应有 3 W 照度,灯泡离地面 2~2.5 m。光照强度应随日龄的增长而逐渐降低,白天利用自然光照,夜晚使用灯光照明。

脱温后只要提供弱的灯光,能找到采食饮水位置即可,在没有电的地方或停电的情况下,使用油灯照明要注意防火安全。日光照射是非常必要的,太阳光能使鸭只增加血液循环,促进骨骼的增长,增进食欲,有助于新陈代谢。舍内饲养应设置透光窗,但要注意夏天不能使鸭只受到曝晒,冬季不能因为让鸭只晒太阳而忽视防寒。

157. 肉雏鸭常见的饲养方式有哪些?

(1)地面平养。根据房舍不同,可以有水泥地面、砖地面、土地面,地面上铺设垫料。这种方式在寒冷季节因鸭粪发酵可增高舍温,但要求通风良好,否则氨浓度升高,会诱发鸭的各种疾病。各种肉用仔鸭均可用这种饲养方式。

(2)网上平养。在地面以上 60 cm 左右铺设金属网或竹条、木栅条。这种饲养方式粪便可由空隙中漏下去,省去日常清圈的操作,并可减少同粪便传播疾病的机会,而且饲养密度较大。采用网材的网眼孔径:0~3 周龄为 10 mm×10 mm,4 周龄以上为 15 mm×15 mm。网状结构最好是组装式的。网面下可采用机械清粪设备,也可用人工清理。采用竹条或栅条时,竹条或栅条宽 2.5 cm,间距 1.5 cm,要求无刺及锐边。根据鸭舍宽度和长度分成小栏,饲养雏鸭,网壁高为 30 cm,每栏可容 150~200 只雏鸭。饲养仔鸭的小栏壁高 45~50 cm,其他与饲养雏鸭相同。食槽和水槽设在网内两侧或网外走道上。要注意饮水装置不能漏水,防止鸭粪发酵。这种饲养方式可饲养大型肉用仔鸭。

(3)笼养。目前笼养方式主要用于鸭的育雏阶段,饲养密度为每平方米 60~65 只。笼养可减少鸭舍和设备的投资,提高劳动效率。饲养员一人可养雏鸭 6 000 只,而平养只能养 3 000 只。笼养鸭比放牧和平养生长快,成活率高,并且整齐;如北京鸭 2 周龄笼育可在 250 g,比平养重 35.4%,成活率高达 96% 以上。笼养育雏一般采用人工加温,因育雏密度加大,雏鸭散发的体温蓄积也多,因而可省燃料。

目前有单层笼养、两层重叠式或半阶梯式笼养。选用哪一种类型,应视建筑情况,并考虑饲养密度、除粪和通风换气等因素。

鸭笼的布局以操作方便为原则。笼子可用金属或竹木制成,长 2 m,宽 0.8~1 m,高 20~25 cm。底板采用竹条或铁丝网,网眼 1.5 cm²。叠层式笼的上层底板离地面 120 cm,下层底板离地面 60 cm,两层间设一承粪板。单层式的底板离地面 1 m,粪便直接落到地面。食槽、水槽置于笼外,一侧为食槽,另一侧为水槽。

158. 肉鸭饮水管理要点有哪些?

鸭只缺水要比缺饲料危害更大,肉鸭从一开始进场至上市出售,要始终供给充足清洁的饮水。饮水必须是符合生活饮用水标准的自来水或深井水。不符合标准要求的自来水、地表水、塘水中可能含有大量的病原微生物、寄生虫或有毒有害物质,它们对鸭只的健康是十分有害的。1 周龄以前的雏鸭最好饮用凉开水,水温略低于或等于舍温,其他生长期可用常温自来水或深井水。

不同周龄肉鸭应使用不同的饮水器具,采用不同的饮水方法。1 周龄时在育雏舍应使用禽类钟形真空饮水器或自动悬挂式饮水器,每只鸭按平均 10 mm 宽度计算,饮水器的周长来决定所需饮水器的数量。2 周龄后,应逐渐增添饮水槽,饮水槽一般长为 2 m,上口宽以 15 cm 为宜,槽上缘卷口,以减少溅水,每只鸭要求水槽宽度为 16 mm。从第 3 周龄开始,可全部更换为饮水槽饮水,满足饮水槽的数量。饮水器与饲料盘要均匀分布,两者之间的距离在 1 m 左右,肉鸭随时能够采食、饮水。

长途运输雏鸭,1 日龄鸭当日不能及时到达鸭场,应在途中供给饮水,因雏鸭量大,饮水不便,可利用喷雾器装上清洁的温开水(20~25℃)对鸭绒毛上轻轻喷雾,使其在绒毛上形成水珠,这样雏鸭可以啄到水珠。喷水必须形成雾状,否则会浸湿鸭绒毛,而鸭只还啄不到水喝,最终会导致脱水甚至死亡。

159. 肉鸭饲料管理要点是怎样的?

饲喂肉鸭要按设计的两期料或三期料进行供应。所购进的饲料必须是近期生产出厂的,一般饲料存量不得超过1周,并要置于通风干燥防鼠的地方,以免发生霉变或鼠害污染。雏鸭开食以出壳后不超过36 h为宜。开食料要求容易消化,不论是颗粒料还是粉粒,必须很好粉碎,以免影响消化,为此开食前要认真检查饲料的粉碎度。最初用开食料盘供食,第1天吃食不要供给太多,应试着每天增加喂食量,当雏鸭养到21日龄左右,更换育肥饲料,换料要平稳过渡。突然换料,口感的改变会造成应激反应。换料时可于19~20日龄按日采食量在育雏料中加入1/3育肥料,到21~22日龄可按两期料各半的日采食量,到23日龄可按1/3育雏料、2/3育肥料,到24日龄以后可全部饲喂育肥料。若是按三期料喂,按同样程序换料。

到鸭群进入上市销售阶段,绝对不得使用任何抗菌、促生长药物,特别是明令限用的药物。一般在上市10 d以前,有的药物要求在上市24 d以前停止使用。

同样的饲料,当冬季气温低时,鸭只采食量增加,相反,在夏季气温高时食欲降低,营养摄取不足,生长相对要缓慢一些,因此,饲料配方必须随季节气温的变化随时适当调整。

160. 肉鸭饲养管理程序是怎样的?

(1)进雏前1~2周。准备育雏舍,搞好清洁卫生工和消毒工作。彻底打扫好鸭舍卫生,用2%~3%的火碱地面泼洒后,再用高效消毒剂消毒快线消毒,最后用福尔马林熏蒸,空闲1~2周。于进雏前1~2 d打开门窗,放掉剩余气体,并将舍温升到30℃左右,因为在常温下通风,福尔马林不能彻底散发,遇热会蒸发有害气体,所以必须提前提高舍内温度,并打开门窗,让有害气体彻底散发。水槽、料槽要加满饮水和饲料;并修补已坏的器具和房舍,每平方米安装 5 W 的白炽灯。

(2)1 日龄。进雏后 300～500 只/群一个育雏伞或一小栏,及时开水、开食、自由采食,随吃随添,平均每只全天 30 g 料左右。光照 24 h,饮水充足。饲养密度 20～30 只/ m²(地面平养)、30～50 只/m²(网上平养)、60～65 只/m²(笼养)。室内温度保持在 29～31℃,育雏室的温度是否合适,除了根据温度计外,还可以从雏鸭的动态表现出来,当室内温度合适时雏鸭活泼好动,采食积极,饮水适量,过夜时均匀散开;若温度过低,则雏鸭密集聚堆,靠近热源,并发出尖叫声;若温度过高雏鸭远离热源,张口喘气,饮水量增加,食欲降低,活动减少;若有贼风(缝隙风、穿堂风)从门窗吹进,则雏鸭密集在热源的一侧。饲养管理人员应根据雏鸭对温度的反应动态,及时调整育雏温度,做到"适温休息,低温喂食,逐步降温"。以后各日龄的温度控制方法如下:在第一日龄舍温为 29～31℃,到第三周即 21 日龄时达到舍温即 18～21℃,在此过程中需要逐步降温,即 1～21 日龄每天降低 0.5℃左右,直至达到舍温后不再降低。雏鸭的体内水分含量大,约占 75%。若室内高温、低湿会因室内环境干燥,使雏鸭脱水,羽毛发干;若群体大、密度高,活动不开,会影响雏鸭的生长和健康,加上供水不足甚至会导致雏鸭脱水死亡。湿度也不能过高,高温、高湿易诱发球虫病等多种疾病。因此肉鸭舍的湿度控制应该为:第一周相对湿度为 65%,第二周相对湿度为 60%,第三周相对湿度为 55%。

雏鸭的开水:教初生的雏鸭第一次饮水称为"开水"。由于雏鸭从入孵到出壳时间较长,且育雏器内的温度较高,体内需水较多,因此,必须适时补充水分。雏鸭一边饮水,一边嬉戏,雏鸭受到水的刺激,生理上处于兴奋状态,促进新陈代谢,促使胎粪的排泄,有利于开食和生长发育。下面介绍饮水器"开水",在干净的饮水器里注满清洁的饮水,放在保温器四周,让其自由饮用。起初要先进行调教,可以用手敲打饮水器的边缘,引导雏鸭饮水;也可将个别雏鸭的喙浸入水中,让其饮到少量的水、只要有个别雏鸭到饮水器边上来饮水,其他雏鸭就会跟上来。

雏鸭的"开食":饮水后 1 h 左右就可以开食,喂食的原则是"少喂多餐逐步过渡到定时定餐"。

(3)2 日龄。光照 23 h,控光 1 h。自由采食,温度下降 0.5℃,平均每只鸭全天采食 31 g。

(4)3 日龄。光照 23 h,控光 1 h。自由采食,温度下降 0.5℃,平均每只鸭全天采食 32 g。

(5)4 日龄。自由采食、饮水,每只鸭全天采食 34 g,光照改为每天 5:00 开灯,21:00 关灯,白天利用自然光照,温度降 0.5℃。

(6)5~7 日龄。同 4 日龄,采食量每只每天 34~36 g,至 1 周龄结束,舍温降至 24~26℃,早晚补充光照。

(7)8~14 日龄。饲喂量平均每天每只 105 g,8~10 日龄 65~90 g,9~14 日龄 95~116 g。饲喂次数改为每天 6 次,早晚喂料时补充光照。饲喂密度,地面平养为 20~30 只/m²,笼养有 60~65 只/m² 下降为 30~40 只/m²,网上平养有 30~50 只/m² 下降为 15~25 只/m²。并可视情况去掉保温伞和护围。温度每天下降 0.5℃,14 日龄时温度可达到 20~22℃。

(8)15~21 日龄。饲喂量每只每天平均 150~165 g,在 20 日龄和 22 日龄分别加入 25% 和 50% 的生长育肥期饲料。整个育雏期,一定要保证充足的饮水,饲喂次数改为每日 5 次,早晚喂料时补加光照。饲养密度地面平养由 10~15 只/m² 下降为 7~10 只/m²,网上平养由 15~25 只/m² 下降为 10~15 只/m²、笼养由 30~40 只/m² 下降为 25~30 只/m²。至 3 周龄结束,使其能适应自然温度。

(9)22~28 日龄。

①转群:涉及到转群(笼养转为平养,舍饲平养转为半舍饲平养)的应提前 1 周做好新鸭舍的准备,做好清洁卫生和消毒工作。

②换料:育雏料换为肥育料,料槽每只 10 cm 以上,水槽每只

1.5 cm 以上。

③温度、光照：采用自然光照育肥，冬季舍温不到 10℃时应加温。采用自然光照，早晚开灯喂料，每平方米用 5 W 的白炽灯。

④密度：地面平养 7～9 只/m²，网上平养可加至 14～18 只/m²。

⑤饲喂：共 4 次/日，早上 6:00 开灯饲喂，上午 11:00、17:00、23:00 开灯加料。4 周龄平均每只每天采食 160 g，自由饮水。

⑥垫料：垫料干燥，更换垫料。

(10)29 日龄以后。

①密度：5～7 只/m²，网上平养可加至 10～14 只/m²。

②饲喂：时间安排不更改，7 周龄平均每只每天喂料量 250 g；8 周龄 220 g。

161. 肉鸭育雏期的饲养管理技术是怎样的？

(1)雏鸭的选择。肉用商品雏鸭必须来源于优良的健康母鸭群，种母鸭在产蛋前已经免疫接种过鸭瘟、禽霍乱、病毒性肝炎等疫苗，以保证雏鸭在育雏期不发病。所选购的雏鸭大小基本一致，体重在 55～60 g，活泼，无大肚脐，歪头拐脚等，毛色为蜡黄色，太深或太淡均淘汰。

(2)分群。雏鸭群过大不利于管理，环境条件不易控制，易出现惊群或挤压死亡，所以为了提高育雏率，进行分群管理，每群 300～500 只。

(3)饮水。水对雏鸭的生长发育至关重要，雏鸭在开食前一定要饮水，饮水又叫开水或潮水。在雏鸭的饮水中加入适量的维生素 C、葡萄糖、抗生素，效果会更好，既增加营养又提高雏鸭的抗病力。提供的饮水器数量要充足，不能断水，也要防止水外溢。

(4)开食。雏鸭出壳 12～24 h 或雏鸭群中有 1/3 的雏鸭开始寻食时进行第一次投料，饲养肉用雏鸭用全价的小颗粒饲料效果较好，如果没有这样的条件，也可用半价加蛋黄饲喂，几天后改用营养丰富的全价饲料饲喂。

（5）饲喂的方法。第一周龄的雏鸭应让其自由采食，保持饲料盘中常有饲料，一次投喂不可太多，防止长时间吃不掉被污染而引起雏鸭生病或者浪费饲料。因此要少喂常添，第一周按每只鸭35 g饲喂，第二周105 g，第三周165 g。

（6）严格注意预防疾病。肉鸭网上密集化饲养，群体大且集中，易发生疫病。因此，除加强日常的饲养管理外，要特别做好防疫工作。饲养至20日龄左右，每只肌肉注射鸭瘟弱毒疫苗1 mL；30日龄左右，每只肌肉注射禽霍乱疫苗2 mL，平时可用0.01%～0.02%的高锰酸钾饮水，效果也很好。

162. 肉鸭育肥期饲养管理技术是怎样的？

育肥方法可分为放牧育肥法，舍饲育肥法和填喂育肥法三种。

（1）放牧育肥法。这种方法季节性较强，主要是结合夏收、秋收，在水稻或小麦收割后，将肉鸭赶至田中，觅食遗粒和各种草籽、昆虫以及矿物性饲料，使肉鸭获得较为全面的营养，迅速生长，达到育肥的目的.也可利用天然池沼湖泊放牧育肥。视觅食饥饱情况适当补料或不补料。用这种方法生产肉鸭，耗料少，成本低。麻鸭品种多采用此法育肥。但不要在有农药或被废水污染的地方放牧。

在管理上，白天则放牧于稻（麦）田，河汊，池沼，湖泊或海滩，任其自由采食。放牧时间视季节和天气而定，一般上、下午各4 h，中午赶到岸上休息。每日补料3次，即早上放牧前，中午休息时和傍晚收牧后各喂1次，喂量视放牧觅食情况而定。如天然饲料丰富，也可减少补料次数。如利用池沼、湖泊长期放牧，宜在湖内选择四面环水又带有缓坡的土墩建造简易舍，便于鸭群歇息和宿夜。

（2）舍饲育肥法。没有放牧条件或天然饲料较少的地区多采用此法。可以因地制宜，就地取材，在有水塘（或建人工水塘）的地方建造既有水面又有运动场的鸭舍。在运动场与水塘之间有 30°的缓坡,便于鸭群出入水塘。水塘的水深以 50 cm 为宜。

这种方法主要是通过适当限制鸭的活动和饲喂稻谷、碎米、米糠、高粱,玉米等含碳水化合物较多的饲料,使肌肉迅速丰满和积聚脂肪,以利于增重和育肥。

舍饲育肥的饲料要多样化而不应过于单纯,同时多喂青饲料。每天喂 3 次,任其食饱。经常供给清洁饮水。每次喂料后将鸭赶到水塘活动片刻,然后在运动场上理干毛。

管理上要限制活动和放水时间,以减少热能的消耗。夏季中午气温较高,鸭的食欲下降,采食量减少时,可多喂青料;而早晚气温较低,鸭的食欲好,采食量大,因此早上要喂得早,晚上要喂得晚,早晚 2 次喂料让鸭只吃饱。

饲料中还应加入 10% 的砂粒或将砂粒放在运动场的角落,任鸭采食,以助消化,提高饲料转化率。日粮的配合以含粗蛋白质 14%,代谢能 2 900 Kcal/kg 为宜。

(3)填喂育肥法(填鸭)。这种方法主要是用人工强制鸭吞食大量高能量饲料,使其在短期内快速增重和积聚脂肪。北京鸭及其杂交鸭均采用这种方法育肥。北京鸭养至 50～55 d,体重达 1.5～1.75 kg 时,便开始填肥,填肥期一般为 2 周左右。

①填鸭饲料:一般以易于消化且含碳水化合物较多的饲料为主,如稻谷粉,大米粉,玉米粉,小麦粉、高粱粉、土面(面粉厂里的飞面)等,配以豆饼和糠麸 10% 左右,骨粉 1%～1.5%,贝壳粉 1%～2%、食盐 0.3%～0.5%,另每 50 kg 饲料掺入 10 kg 直径 0.1～0.2 cm 的砂粒(或设置砂盆放在运动场上让鸭自由采食)。填鸭日粮的粗蛋白质水平为 11%,代谢能 2 800 Kcal/ kg。

为了提高屠宰质量,填鸭日粮可分为前期料和后期料,各填喂一周左右。前期要求填鸭继续长骨骼和肌肉,使填鸭增重和健壮,粗蛋白质水平适当高些,为 15%～16%,而能量稍低;后期要求填鸭积聚皮下脂肪和肌间脂肪,增加肥度,改善屠宰品质,日粮中能量稍高,而粗蛋白质水平可以低些。

前期料:玉米 35％,米糠 30％,土面 30％,黑豆 5％,另加贝壳粉 2％,骨粉 1％,食盐 0.5％。日粮中含粗蛋白质 14.7％,粗纤维5.4％。

后期料:玉米 35％,米糠 25％,土面 30％,高粱 10％,另加贝壳粉 2％,骨粉 1％,食盐 0.5％。日粮中含粗蛋白质 12.6％,粗纤维 4.5％。

填肥开始前,先将鸭按公母、体重分群,以便分别掌握填喂量。一般每天填喂 3～4 次,每次间隔时间相等。

②填喂方法:分为手工填喂法和填料机填喂法两种。

手工填喂法:填喂前,先将填料用水调成干糊状,用手搓成长约 5 cm,粗约 1.5 cm,重约 25 g 的硬如面糕的圆条(俗称"剂子")。填喂时,填喂员用两腿夹住鸭体两翅以下部分,左手掌心执鸭的后脑,大拇指和食指将鸭嘴上下喙撑开,中指压住舌的前端,右手拿剂子 2～3 个,用清水沾一下后——用中指塞入鸭的食道,并顺手由上而下抚摩食道,使剂子滑入食道膨大部。每次要填饱,但注意不要误入气管和填得过饱。每天填 3 次,初期每次填 4～5个剂子,以后逐渐增多,到后期每次可以填 8～10 个剂子。

填料机填喂法:在天气不很热时,填喂前 3～4 h 将填料用清水拌成半流体浆状,使饲料软化,这样可提高消化率和饲料效率。但在天气炎热时则不宜提前拌料,防止填料发酵变质。水与干粉料比例约为 6∶4,一般每天填喂 4 次,每次填喂量按水料计,第 1 天 150～160 g,第 2～3 天 175 g,第 4～5 天 200 g,第 6～7 天225 g,第 8～9 天 275 g,第 10～11 天 325 g,第 12～13 天 400 g,第14 天 450 g。

填喂时,先将拌成浆状的填料装入填料机的料桶,填喂员用左手捉鸭,以左手掌心握住鸭的后脑,以拇指和食指撑开鸭嘴的上下喙,中指压住鸭舌的前端,右手轻握食道膨大部,将鸭嘴送向填食胶管,让胶管插入鸭的咽下部,这时要将鸭体放得与胶管平行,以免损伤鸭的食道；如用手提式填料机，则右手放开食道膨大部，向下扳动压食杆，填喂完毕，将压食杆上抬后再将鸭嘴向下抽出。如用电动填料机，以左脚压动开关，右手扶鸭头，松开左手，待填料全部压入食道膨大部后，再把鸭退下。在松开左手的同时，可捉入第二只鸭，从而提高工效。

③填鸭的管理：抓鸭填喂要慢赶、慢抓，慢入管，慢压食、慢放，防止意外事故；每次填喂后适当放水活动，清洁鸭体；整天供给清洁饮水，以帮助化食；每隔 2～3 h，轻轻轰起填鸭走动一次，促其排粪、饮水，以免久卧不起腿部瘫软或瘀血、胸腹部出现挫伤等；舍内和运动场地面要平整，防止填鸭跌伤；舍内保持干燥；天气炎热时，要注意防暑降温，运动场应搭设凉棚遮阴，白天少填，晚上多填，并让填鸭在运动场上露宿；填鸭的饲养密度不宜过大，每平方米前期 2.5～3 只、后期 2～2.5 只为宜；保持鸭舍环境安静，减少应激，以免影响增重。

④填鸭肥度的检查，一般填鸭经两周左右填肥，体重在 2.5 kg 以上时便可以出售。肥度好的填鸭，胸部丰满，背部宽阔，两翅根下肋骨的脂肪球大而突出，尾部丰满。肥度一般的填鸭，胸骨微有凸起，背部脊椎骨和肋骨可触及，两翅根下肋骨上有少许脂肪球突出，尾部稍丰满，可摸到耻骨。

163. 肉鸭网养育肥技术是怎样的？

肉鸭网上饲养与放牧和地面平养相比，具有省工、省力、省垫料、不受季节限制，肉鸭生长快、得病少、饲料转化率高等优点。实践证明，网上快速育肥肉鸭，可大大缩短饲料周期，提高经济效益。一般经 45～50 d 的饲养，肉鸭活重可达 2.5 kg，成活率 97% 以上。

（1）鸭舍宜选择在离村庄较远，地势干燥、安静、水源充足、通风采光好、交通方便的地方。舍内网床下面设有半倾斜水泥地面或水沟，以利冲洗和扫鸭粪。鸭舍建筑面积按饲养量大小决定，如批养 1 000 只肉鸭，育雏室需 8 m²（育雏室利用率为 80%）。育雏密度为网床 15 只/m²;中成鸭舍 240 m²,饲养密度为网床 5 只/m²。

育雏网床和中、成鸭网床高 70 cm,宽 300～400 cm,长与鸭舍长度相等。可单列式,也可双列式。网床用木架,网用毛竹片(毛竹破成宽 2 cm,长与网床宽相等的竹片)铺钉。育雏网床的竹片间距 1 cm,中成鸭网床的竹片间距 2 cm,网架外侧设有高 50 cm 左右的拦鸭栅栏。在栅栏内侧设置水槽和食槽。若有条件,网床也可用 8 号或 10 号铁丝编织,网眼直径均 1 cm。

(2)雏肉鸭的饲养管理。雏鸭进舍前,要对育雏室及育雏用具进行消毒。室内常用新洁尔灭消毒液消毒,室外地面常用石灰乳消毒。严禁非饲养人员来往鸭舍附近,杜绝外人进入育雏室。雏鸭出壳 24 h 内饮用万分之二高锰酸钾清肠消毒水。饮水后,即可开始训练开食,对个别不会采食的雏鸭,要耐心诱食,要注意温度:1～3 日龄 35℃,4～7 日龄 32℃,8～14 日龄 25℃。湿度要求:1～7 日龄相对湿度 70%,8～14 日龄 65%,15～28 日龄 60%。此外,还要注意光照与饮水。1～10 日龄雏鸭,实行 24 h 全日光照(白天自然光,夜间补充光照);11 日龄后,白天自然光照,夜间除喂食、饮水开灯,最好是红色光照。1～10 日龄雏鸭日喂水 8 次,每隔 3 h 喂 1 次;11～28 日龄雏鸭日喂 6 次,每隔 4 h 喂 1 次。注意先喂料后饮水。

饲养配方:①玉米 60%、大麦 10%、豆饼 15%、鱼粉 10%、草粉 3%、骨粉 1.7%、盐 0.3%;②玉米 50%、大麦 10%、豆饼 20%、麸皮 5%、米糠 5%、鱼粉 8%、骨粉 1.7%、盐 0.3%;③玉米 50%、大麦 6%、米糠 10%、麸皮 5%、鱼粉 10%、松针粉 2%、豆饼 10%、三等粉 5%、骨粉 1.7%、盐 0.3%。

防疫方法:雏鸭 1～5 d,用万分之二的高锰酸钾液作饮水;6～8 日龄,用 4～6 粒粉状氟哌酸胶囊对水 1 000 mL 作饮水;9～13 日龄,再用万分之二的高锰酸钾液作饮水;14～16 日龄,用 4～6 粒粉状氟哌酸胶囊对水 1 000 mL 作饮水。如天气寒冷,1～7 日龄雏鸭饮水最好加入 8％的糖，以增加雏鸭的热量。此外，雏鸭网床上的粪便，每天要打扫 2 次，网床下的粪便，每隔 3 d 要清除 1 次；育雏室外，每隔 7～10 d，用石灰消毒 1 次。

（3）中肉鸭的饲养管理。雏鸭 28 日龄转入成鸭网床时，要淘汰病、瘫、残和个体较小的鸭，饲养密度为 25～27 只/m²。中鸭白天自然光照，夜间吃食时补光。中鸭阶段要通风良好，除严冬外，白天可全开天窗，夜间和严冬季节也要经常开门窗通风透气。日喂料 6 次，每隔 4 h 喂 1 次。饲料为干湿料。全开供给饮水。

饲料配方：①玉米 48％、大麦 15％、麸皮 8％、米糠或稻谷粉 10％、豆饼 10％、鱼粉 5％、松针粉 2.2％、骨粉 1.5％、食盐 0.3％；②玉米 55％、大麦 5％、高粱 8％、麸皮 7％、豆饼 12％、草粉 4％、鱼粉 7.8％、骨粉 1％、食盐 0.2％。此外，在上述两种饲料配方中，每 100 kg 饲料内加沙砾 1～2 kg。

防疫方法：中鸭 35 日龄前后，每天按鸭群每体重 2 mg/kg 的喹乙醇，拌在饲料中连喂 3～5 d，可防治鸭霍乱。鸭网床 2 d 扫 1 次，床下粪便，每隔 7～10 d 打扫一次，鸭舍外每隔 10 d 用石灰消毒 1 次。

（4）成肉鸭的育肥。肉鸭 6 周龄即长为成鸭，最好的方法是进行成鸭填肥。填肥前，淘汰瘫、残、病鸭及体重过小的鸭，并按鸭体重分为大、中、小 3 类，平均饲养密度为 25 只/m²。

填料配方：①玉米 60％、麸皮 10％、草粉 40％、米糠 10％、豆饼 4％、菜饼 5％、鱼粉 5％、骨粉 1.7％、食盐 0.3％；②玉米 58％、大麦 8％、高粱 5％、豆饼 10％、鱼粉 5％、麸皮 7％、草粉 3％、骨粉 1.7％、松针粉 2％、食盐 0.3％。在上述两种饲料配方中，每 100 kg 还要加沙砾 2 kg。

填料方法：采用人工或机械填料均可。填料时要轻赶、慢捉、慢放。填料采用水拌料，水料比例为 1.2∶1。一般开食量每只每天 0.25～0.3 kg，填食后期每只每天 0.4～0.5 kg，日填 4 次，每隔 6 h 1 次。填料前，要停水 30 min，其余时间要供给充足的清洁饮水,夏季填食时,夜间多填,白天少填,对个别食量小和消化不良的鸭要少填或停止填料,以免发生"填鸭病"(即瘫痪或病死)。

管理与防疫:填鸭白天自然光照,夜间除填食补光外,其余时间要暗。填鸭阶段通风尤为重要,鸭舍门窗要经常打开,夏天还要做好防暑工作。网床每隔 2 d 打扫 1 次鸭粪,网床下粪便 5~7 d 打扫 1 次;鸭舍外,每周用石灰消毒 1 次。

(5)出栏。肉鸭在 7 周龄时,体重达到 3.5~4.5 kg,但 7~8 周龄期间生长快,饲料报酬高,且多长肌肉,肉质好,故在 8 周龄时出栏最合算。

164. 肉鸭实行"全进全出"制有哪些优点?

实行"全进全出"制雏鸭整批进场,成鸭整批出场,不得留存。这样可以空舍空场,使整个鸭场全部进行清洁消毒,这是预防疫病发生的关键措施。鸭场的规模不宜太大,在设计规模时,应考虑市场容量和屠宰厂的屠宰能力。一般来说,鸭场越大越不易做好防疫管理。若一场一批鸭一次出售不完或养多批鸭群,就无法全面彻底消毒。有些养鸭场在出售成鸭时,将病弱残鸭留下来继续饲养,或卖给场附近群众饲养;有的场清理、清扫消毒不彻底,垫草粪便不作发酵产热处理;有的在肉鸭出售后很快就购进下一批雏鸭,间隔时间很短。这些都将会留下疫病的隐患。同一鸭舍在饲养两批鸭之间的间隔时间至少应在 2 周以上,最好是 1 个月。因为大多数微生物在环境中的存活时间不少于 2 周,即使是进行了消毒处理也很难把所有的微生物都杀灭。

165. 如何做好肉鸭夏季管理?

夏季天气炎热,鸭本身体温就比较高,鸭体全身被覆着羽毛影响散热,每到夏季鸭群总因天气炎热而采食减少,生长缓慢。因此,夏季必须设法做好防暑降温工作,鸭舍棚顶应使用隔温良好的材料或设天窗通风,或在春季栽植藤条类绿色植物使其爬满房顶而起到隔热作用。鸭舍的前后墙应使用花墙便于通风,有条件的可在舍内安装电风扇或湿布帘。在大型肉鸭生产企业,大型鸭舍一般都安装有大直径轴流风机,采用纵向通风以加大舍内气流速度,缓解热应激。

在舍外运动场周围栽植高大树木以形成浓密的树荫,夏季可以让鸭群到运动场采食、活动和休息,也有助于缓解热应激。每天中午让鸭群饮用或采食添加 0.1% 的碳酸氢钠的饮水或饲料 2 h,有利于调节血液的酸碱度和电解质平衡。除了防暑降温外,还应注意防鼠、驱蝇,搞好卫生,以免引发疫病。

166. 如何做好肉鸭冬季管理?

冬季气温比较低,要这意防寒保暖。鸭舍温度不应低于16℃,这样对脱温后鸭群比较适宜。冬季要注意保持温度相对稳定,温度忽高忽低易引起鸭感冒。当舍内温度较高而舍外温度较低时,应防止舍内外空气直接对流造成舍内空气突然下降。冬季不应忽视在天气好的时候将鸭群放到运动场上晒太阳,若天太冷,中午前后晒太阳为最佳时间。运动场为水泥地面或潮湿地面,应铺上一层干垫草,冬季鸭只消耗热量大,应当增加高热量饲料,饮水温度不要太凉,饮用太凉的水会过多地消耗体内营养,最好使用现抽取的深井水为宜。

冬季也不能忽视鸭舍在夜间的通风问题,尤其是鸭舍密闭效果好的更是如此。夜间不通风虽然有助于保持舍温,但容易导致舍内空气污浊。通风时注意进风口要用风斗遮挡,避免冷风直接吹到鸭身上。

167. 如何做好肉鸭防疫工作?

养鸭最担心疾病,一旦鸭群感染疾病不仅导致生产性能降低、生产成本增高,更重要的是严重影响鸭肉的卫生质量。搞好卫生防疫工作是养鸭成功的关键,在鸭群整个育成过程中每时每刻丝毫都不可麻痹。由于肉仔鸭生长周期短，一旦发病往往很难在出售前恢复，因此必须高度重视卫生防疫工作。主要应从以下 4 个方面来管理。

（1）要注意阻绝传染源。选购雏鸭必须是健康无病的，不要从集贸市场上购同类鸭及其他禽类或其产品进场，防野鸟飞入鸭舍，鸭场内一旦发现有病鸭，要及时隔离治疗，大群进行预防。

（2）要增强鸭群体的抗病能力。要保证全价饲料、清洁饮水供应。尽量创造舒适的环境，若周围同类禽场发生有传染病情况，可根据情况进行免疫注射，但要在兽医指导下进行。

（3）要截断传染途径。建场距离要相隔在 1 km 以上，不要建在集镇、村庄及公路旁边，鸭场要与外界隔离，场周围要有围栏或围墙，防止人畜随意乱进。对来往人员的消毒管理是至关重要的，包括场内饲养人员及其家人、客人来访。垫草、饲料、饮水、饲养用具、清洁用具以及运输车辆等都要及时按规定的消毒程序进行消毒。使用后垫草与粪便必须送出场外通过高温发酵。

（4）接种疫苗：1 日龄接种病毒性肝炎疫苗，5～7 日龄接种里默氏杆菌病疫苗。

168．怎样改善肉鸭胴体品质？

（1）降低肉鸭体脂。

①遗传方面：目前在我国大型肉鸭种源上，主要有北京鸭、福建泉州的丽佳鸭、樱桃谷超级肉鸭、法国的奥白星等。北京鸭主要用于烤鸭，而用于加工盐水鸭、卤鸭、板鸭等的主要是丽佳鸭和樱桃谷鸭等肉鸭。在生产实践中，某一品种肉鸭的生长速度比另一品种快，同一品种肉鸭商品一代比商品二代生长速度快，尤其在饲养后期肉鸭体重达 2.4 kg 以后，但皮脂率和腹脂率高。因此，在遗传方面可结合生产实践通过遗传手段培育低脂、生长速度快的肉鸭新品系，尤其是对控制遗传性能的种公鸭的选育，这是控制肉鸭体脂过多的最有效的途径。

②饲养方面:通过调整日粮配方,饲喂高蛋白低能量饲料,可降低肉鸭体脂及脂肪的蓄积;在饲养上采取限饲,降低肥度。生产上通常是两者结合,一方面调整饲养后期日粮配方;另一方面在饲养后期适当限制饲养,延长屠宰日龄,尤其对大型肉鸭(体重在2.6~2.7 kg)。我公司曾做过试验,在 36 日龄屠宰的大型肉鸭比在 40 日龄屠宰的同体重肉鸭的皮脂率和腹脂率分别高出 15% 和26%。当然,在减缓肉鸭生长速度,降低肉鸭体脂及脂肪的蓄积的同时也增加了生产成本。

(2)除去胴体异味。

①肉鸭饲养:在肉鸭育肥后期尽量少用对胴体产生不良影响的原料,如鱼粉、大豆、米糠、饼粕等。鱼粉含量应控制在 3% 以内,鱼粉含量过多,肉鸭生长速度较快,但肉鸭体脂高,且肉鸭胴体很可能有鱼腥味,我公司因此曾有几十万元的经济损失。首先在预防用药时应少用或慎用一些气味较浓的药物,如大蒜素,长期使用将会造成胴体有强烈的大蒜味。另外,在饲养后期应慎用一些抗生素及化学添加剂,为除去肉鸭胴体异味,可在饲喂中添加一些中草药香味饲料,减少胴体粪臭素含量,使胴体保持其自身特有鲜味。

②肉鸭加工过程:在加工过程中应尽量排除一切造成胴体异味的因素,如不洁净的水等。另外,在前几年使用松香脱毛时,如果在鸭表皮上沾有松香或鸭口腔、鼻孔内有松香也会造成胴体异味。

③冻鸭保存:冻鸭在冷藏库中保存时应与墙壁距离不少于30 cm,与地面距离不少于 10 cm,与天花板保持一定距离,并分垛存放。库内不得存放有碍卫生的物品,同一库内不得存放相互污染或有异味、串味的食品,对长期堆放,有可能发生腐败变味的冻鸭,尤其是贴到墙壁、地面的冻鸭或经多次解冻而未能及时销售的冻鸭,切不可放在库中以免造成其他鸭产生异味。

(3)减少胴体红斑、次斑、皮下溃疡、破皮等。胴体红斑、次斑、

皮下溃疡、破皮等都影响着冻鸭的分等分级和销售价格,因此在肉鸭饲养和加工中应注意:

①饲养密度不可过大。过大容易引起肉鸭惊群,相互拥挤、碰伤,造成鸭体损伤。在夏季对于地面平养的肉鸭,遇到连日阴雨加上蚊虫叮咬,容易造成肉鸭皮下溃疡。

②在出栏肉鸭时,每次赶鸭只数不超过200只,不得一次赶鸭太多,严禁用脚踢和用硬器赶及用手摔,以免造成鸭体伤痕。

③装卸时,一只手只能抓一只鸭,同时注意要轻抓轻放,以防鸭体受伤。

④点刀部位要准,一刀点准避免红颈、红头、红身。

⑤浸烫温度一般控制在 60～65℃,浸烫时间 2～3 min,如浸烫温度过高或浸烫时间过长容易造成破皮。

⑥在打毛过程中,应根据当日鸭大小及时调整打毛机间隙,以防间隙过大打不干净,过小易造成破皮及断翅等现象,严禁二次打毛。

⑦脱毛加工中,应格按脱毛要求操作,严禁人为拔毛造成破皮等。

(4)杜绝胴体绝食不清。胴体绝食不清是指在冻鸭胴体内有饲料残留,尤其是在上消化道膨大部以上 3 cm 段,这段在肉鸭加工中不易被清除,主要原因是绝食时间不够或绝食时没供应充足的饮水,因此为杜绝胴体绝食不清,肉鸭在宰前应绝食 12 h 以上,并充分给予饮水,目的是加快排泄,清洗消化道,同时也利于延长冻鸭的保存期,提高肉鸭品质。

(5)控制胴体药物残留。目前市场上对畜禽肉中药残检测工作不到位,直接影响畜禽生产和销售。养殖户对药物残留普遍不重视,在肉鸭饲养中,只要是提高生长速度的添加剂就用,只要是治好病的药物就上,不管鸭在什么生长阶段,不管什么药物甚至多种药物齐用,没有人去在意药物残留。因此,控制肉鸭胴体药物残留一方面要全面提高养鸭人的素质,规范用药,使用新型无残留添加剂;另一方面尽快将药残检测工作纳入肉鸭养殖业发展的正轨,通过市场来控制肉鸭胴体药物残留。

169.放养肉鸭的饲养管理方法是怎样的?

我国南方水面广阔,气候温暖,野生饲料资源丰富,肉鸭的放牧育肥可以充分利用这些饲料资源,收到很好的经济效益。肉鸭的放牧育肥主要利用了鸭觅食能力强、体格健壮、腿肌发达、行动敏捷、善于行走等适合放牧的特点。放牧育肥的鸭群在 4 周龄的一般是采用舍饲的饲养方式。

在我国南方省区养鸭多为放牧方式,以放牧为主,补饲为辅。这种方式能充分利用当地野生的饲料资源,投资少,并且放养的肉鸭肉质鲜美,口感好,适合于小规模农户经营。放养的肉鸭品种大部分以麻鸭为主。然而,放牧饲养毕竟是粗放的饲养方式,受季节和气候条件影响较大,在实践中,应根据不同季节的气候条件和天然饲料条件,采取相应的放牧方式。放牧育肥的鸭群在 4 周龄前一般是采用舍饲的饲养方式。

(1)农作物收获期育肥。充分利用农作物的收获期是放牧育肥较经济的方法。每年通常有 3 个可充分利用的放牧育肥期:春花田时期、早稻田时期和晚稻田时期。预先估测到达 3 个时期的收获期,将麻鸭养到 40 日龄左右,在作物收获时期,便可将麻鸭放牧到稻田内,使其充分采食落地的谷物和小虫,经 10~20 d 的放牧育肥,体重增加 0.5 kg,可屠宰上市。

(2)稻田育肥鸭群的管理。

①稻田选择。稻田的选择范围很广。但首先应选择大田、肥田、水源丰富和饲料充足的稻田。可利用离家较近的稻田,这样便于管理,在稻田的选择上,也应重视动物性饲料的获得。

稻田须用围栏围好,既防止鸭只的丢失,又可预防天敌的侵害和偷盗。围栏可就地取材,用竹、木等制成。高约 33 cm,上疏下密。为使鸭只充分休息和便于管理,可垒制栖息埂。栖息埂为双埋—沟的形状,埋高 17～25 cm,宽 33 cm,沟宽 65 cm,深 50 cm。所需栖息埋的长度可按每只鸭占 23 cm 计算。

②稻田放牧时间。稻田放牧一是在稻子生长期;二是在稻子收割后。稻子生长期放牧需要在插上的稻秧返青、根部扎牢,秧苗高度达到 20 cm 后进行,当稻穗灌浆时应停止放牧。稻田生长期放牧主要是让鸭群采食稻田杂草、昆虫、鱼虾及其他水生动物。收割后的稻田放牧时间相对较短、以落谷为主要食物。

③人工补饲。为了麻鸭放牧育肥快速增重,可以根据放牧过程中鸭的采食情况进行人工补饲,补饲在早、晚各补 1 次,最好用颗粒料;若用粉料,应使用食槽,并注意防止饲料浪费。

(3)放牧育肥注意事项。

①勤观察记录。日常做好巡田管理,查点鸭数是否相符,围栏有无破损。鸭只食欲是否旺盛,生长发育是否正常,特别是加强夜间的巡视,以防偷盗和兽害。

②防止农药中毒。选择放牧地及稻田的时候要注意农药的残存量,防止鸭群农药中毒。

③防暑降温。在炎热高温季节时放牧,应搭棚遮阳,并做好防暑降温工作。

170. 稻鸭共育的养鸭技术是怎样的?

稻鸭共育技术具有降低水稻种植和养鸭生产成本、提高水稻和鸭产品品质、减少农药和化肥使用带来的环境污染等优点而受到了国内外广泛重视。稻鸭共育鸭在稻田为水稻除草、除虫、浑水、施肥、刺激水稻生长,稻田为鸭提供了放牧场所和食物饵料,二者互为依存,相得益彰。

(1)鸭的品种选择。稻鸭共育的鸭品种选择要求鸭的个体较小,适宜在稻田秧行中穿行,且行动敏捷,除虫、除草、浑水效果好,同时要求鸭的耐水性强,能长时间在稻田中活动。推荐饲养绍兴鸭及其配套系(江南一号、江南二号、白壳一号、青壳二号)、金定鸭、苏邮二号鸭、缙云麻鸭、荆江麻鸭等,这类蛋鸭年产蛋平均 300 枚左右,平均蛋重 68~70 g,也较适合再制蛋加工需要。肉鸭推荐饲养肉蛋兼用品种中个体相对较小的沔阳麻鸭,或以高邮鸭等体型较大的地方肉蛋兼用品种公鸭与高产蛋鸭母鸭杂交,生产既适合稻田养鸭又适合市场俏销的优质麻羽肉鸭。

(2)稻鸭共育的养鸭设施。饲养数量较多时,可在田边选一地势高燥的地方修建鸭舍,鸭舍地面应高出农田 20 cm 以上。鸭舍坐北朝南。推荐搭建塑料大棚鸭舍,棚宽 4 m 左右,棚高 1.8 m 左右,棚长根据养鸭数量而定。用毛竹做大棚屋架,内层铺无滴塑料膜,中间夹 10 cm 厚稻草保温隔热,外层再铺一层塑料膜防水并固定稻草。大棚两侧的塑料膜可放下和收起,以利于鸭舍通风和保温。按养鸭 7~8 只/m²(育成及产蛋鸭)决定鸭舍面积。运动场朝向稻田,向稻田倾斜 15°,以利排水,并在运动场上搭建1.8 m高的防晒网。运动场按每平方米养鸭 3 只圈围。为防止鸭舍潮湿,鸭舍可铺竹板网。

饲养数量较少时,可制作简易鸭棚放置在田边。移动式鸭棚一般高 1.5 m 左右,根据饲养只数确定鸭棚面积,用木条或竹条钉制,条宽 2.5~3 cm,缝隙间隔 1~1.5 cm,底网离地面 20~25 cm。棚的长宽之比 1∶(0.7~0.8)。也可用水泥瓦 6~8 块搭建鸭棚。棚一端高 1.5 m,一端低 0.7 m,高端面向田埂或路边以便管理及观察鸭群,棚顶盖稻草隔热,棚四周用小孔径尼龙网围好,以防鸭只逃跑和天敌进入鸭棚。

(3)养鸭与水稻生产配套处理。

①种蛋入孵与下谷种:通常在水稻育秧的同时入孵种蛋,使秧苗插后返青鸭也能及时下水入田。鸭与秧龄可日龄相同或鸭龄稍大于秧龄,秧龄一般不应大于鸭龄,否则秧高鸭小,除虫、除草效果不理想。

②鸭的下田时间:外界气温高时雏鸭 1 周龄后可进入稻田,气温低时可 12~15 日龄入田。对秧苗而言,移栽 12 d、抛秧 15 d 后

适宜鸭进入稻田。育成鸭及成鸭在秧苗移栽 18～20 d 后可将鸭群放入稻田，过早易损坏秧苗。

③每亩养鸭数量：根据除虫、除草及稻田饵料，每亩稻田配套养鸭 12 只左右。如稻田放养绿萍，每亩可养鸭 15～18 只。

④单元田块大小：根据鸭在田间觅食的活动范围及除草、除虫效果，每块田养鸭规模不宜太多，以 5～10 亩左右一块围成一个单元较适宜，每群鸭数量以 100 只左右为宜。鸭群过大，对秧苗生长不利，往往靠鸭舍处有 5 m² 左右秧苗难以生长。

⑤稻田围网：确定养鸭的田块，每亩按 2.5 kg 尼龙网在田边围 80 cm 高的围网，以防鸭只逃跑和天敌进入稻田，围网的网孔以不大于 2 cm×2 cm 为好。每隔 1.5～2 m 插一支杆固定围网，有条件还可在尼龙网外设三条脉冲电线，防止天敌进入稻田危害雏鸭。

⑥鸭棚设置：在田边通风较好、地势较高、水源便利的地方搭建鸭棚或放置移动式鸭棚（盛夏可放置在树荫下），供鸭休息与补饲。

⑦稻田丰产沟：鸭棚周围没有水的地方，可考虑留丰产沟，沟宽 35 cm，深 30 cm，并经常保持有水，以利鸭群嬉水，如田边有水沟或水塘鸭可随意进入，则不需另开丰产沟。

⑧秧苗行株距：水稻宜宽行窄距栽培。行距 8 寸（1 寸≈3.33 cm），株距 6 寸，亩栽 1.25 万蔸，6 万～7 万基本苗，以利鸭在稻田穿行觅食，水稻亩产可达 550 kg。如为抛秧，秧苗抛的数量适当多点，弥补鸭在田中觅食毁坏部分秧苗。

⑨稻田浑水中耕：稻田保持水深 5～10 cm，以利鸭在田中浑水中耕，促进水稻增产。为利于浑水，稻田应鸭小水浅，鸭大水深。晒田期间，鸭仍可在田间，但保持水沟及鸭舍附近水塘有水即可。

⑩稻田放养绿萍：绿萍具有固氮的能力，同时可为鸭提供更为充足的饲料，对鸭和水稻的生长发育均有好处。通常在水稻返青后稻田放养绿萍。研究证明，不放绿萍的鸭在田间一个批次 2 个月一只鸭产粪 10 kg，而放了绿萍的稻田的鸭可产粪 30 kg。放养

绿萍可使稻田得到更多的肥料。

171. 塑料大棚养鸭技术是怎样的？

（1）塑料大棚的环境特点。普通鸭舍冬季养鸭，其舍温的主要来源是鸭体散发的生物热。外界温度低，鸭舍保温性能差，鸭体散发热较多，这样不仅会使鸭的采食量增加，严重时会造成鸭的死亡。加上普通鸭舍投资较大，增大了饲养成本，风险也较大。塑料棚室养鸭可以很好地保留鸭散发的生物热，还可利用太阳射入的光能转换成热能来升高室温，在冬季使用有一定优势，同时其投资省，又可利用射入的太阳光中的紫外线杀菌，能增强鸭的免疫力和抗病力，促进鸭的骨骼发育，刺激食欲，促进消化，也可促进雏鸭的体温调节机能的发育，其养殖优越性不言而喻。但由于塑料棚透气性较差，饲养中常会造成舍内温度及有害气体含量过高，因而采用塑料大棚时，必须合理设计，考虑必要的通风换气和辅助调节设施，以保持棚内环境处在鸭生长的最佳小气候状态。

（2）塑料大棚的设计及技术要求。塑料大棚应建在地势高燥、阳光充足的地方，应尽可能避开高大建筑物和树林，附近应有自来水源或清洁水源，又有电源线路，且必须交通便利而无干扰，背风向阳又不窝风，棚架最好为东西走向。塑料大棚的结构要求如下。

（3）大棚屋面的坡度。当太阳光与塑料薄膜间的夹角为 $90°$ 时，透光率最高。根据我国冬至正午太阳光入射角在 $21°33'\sim 26°33'$ 的具体情况，塑料膜与地面间的夹角应在 $63°27'\sim 68°27'$。这样的坡度，对屋面全部是用塑料膜覆盖的，养鸭用棚室是完全可以达到的。

（4）棚室的高度。塑料大棚在设计时的高度一般应达到 2.5 m 左右，这样既可有利于饲养人员的操作，又利于舍内的通风换气。

（5）棚室的朝向。在设计大棚时，一般主轴为东西轴，坐北向南，这样有利于太阳光向舍内的直射，有利于充分利用太阳光能。

（6）塑料膜材料。鸭用塑料棚室使用聚氯乙烯膜较为适宜,塑料膜的厚度应在 0.08～0.12 mm。

（7）通风换气口的设置。棚室的排气口应设在大棚的背风面,并要求在高出室顶 50 cm 的排出口设防风帽。这样既可防止冷风的灌入,又有利于通风换气顺利进行。棚室的进气口应设在两边山墙处。排气口的大小应根据所养鸭数而定,如采用地面平养肉鸭的温室（如长 20 m,宽 5 m,饲养后期肉鸭 1 000 只的温室）,可设置面积为 25 cm×25 cm 的背风面排气口和室顶排气口各 5 个。

（8）塑料大棚的技术性能和环境调控。塑料棚室是一个接近封闭的特定环境,其环境条件各因子都有着自己的特殊变化规律。棚室内肉鸭饲养能否成功,一方面取决于棚室环境诸因素对肉鸭的影响程度;另一方面取决于肉鸭适应能力及人工调节棚室环境的能力。了解肉鸭对棚室环境条件的要求和适应能力,熟悉和掌握塑料大棚饲养肉鸭前后的环境因子的一般变化规律和人为调控方法,是搞好塑料大棚养鸭的基础。

（9）大棚的保温性与温度调控。塑料棚室的热量一方面来源于太阳的辐射;另一方面来源于鸭体散发的生物热,据实际生产测定,养鸭后大棚内温度比棚外气温高 5～13℃,但塑料大棚若不采取保温措施,室内昼夜温差为 10～15℃,这种昼夜温差太大对肉鸭饲养是有害的。因此,必须合理设置保温装置,提高室内温度,缩小昼夜温差。从某种意义上说温度管理的好坏会直接影响到肉鸭饲养的成败,因此正确选用合理的塑料大棚结构的同时,要采取一定的保温措施,要通过通风口大小的调节及盖、卷保温帘来调节室温,要给棚温室配备"被"和草帘。夜晚要把"被"盖在塑料膜的表面;当室外气温很低时,还要在"被"外加盖草帘,必要时可关闭背面通风窗。白天当室外气温升高时,需将草帘和"被"卷起来,固定在大棚顶部,12:00～14:00 可打开通风窗通风降温。

（10）塑料大棚的湿度特性与排湿。空气湿度大是塑料大棚养鸭的主要特点。大棚空间小,透气性差,在不注意通风时,气流将相对稳定。在白天温度较高时,蒸发量较大,大棚环境又相对密闭,不易和外界空气对流,因而常会出现室内湿度过高的现象。夜间、阴天、特别是在温度低时,空气的相对湿度甚至处于饱和状态,这种高湿条件对肉鸭的饲养是有害的。大棚内的湿度主要来源于肉鸭排出的粪便和呼吸等水汽的蒸发,尤其是白天采食、运动时,其代谢率高,呼吸频率快,且粪便也较集中在白天排泄,因而白天鸭棚湿度将高于夜晚。要降低棚内的湿度,除在选择棚址时注意地势外,还要注意适时通风换气。通风最好选择在白天,因为白天室内的鸭代谢率高,排粪多且潮湿,同时白天气温较高且鸭的散热量较大,此时通风换气不致使棚温突然下降。另外,饲养中还应及时清除鸭排出的粪便,采用垫草饲养的大棚,应及时更换垫草。只要合理调节,就能控制好湿度。

(11)塑料大棚的空气条件与有害气体的排除。塑料大棚常呈密闭状态,如不加强通风换气,则棚内 H_2S、NH_3、CO_2 等气体浓度将远远大于空气中的含量,这就会影响肉鸭的正常生长。有效控制通风换气的时间和次数是塑料大棚养鸭管理中的一个重要任务。在不影响室内保温的前提下,在设计时应按最大通风量设计。使用时可根据需要选用合理的通风量,通风量的大小主要由肉鸭的适应程度决定,白天可适当多些,成鸭比雏鸭多些。

(12)塑料大棚的透光性能与光照管理。塑料大棚饲养肉鸭的优越性在冬季气候好、太阳普照时尤其明显,但此时也会由于太阳光向棚内直接照射而造成强度过大,特别是在晴朗的中午,更使照射强度大增,这虽有利于提高室温,但也会由于照度过高而造成鸭的啄癖出现。因此,大棚养鸭照度高时要作遮阳处理。采用遮光措施时,为了在冬季能使阳光透入室内来提高室温,可在棚内离塑料膜 50 cm 处搭一草帘遮光;冬季不可在室外遮光,以免影响棚内温度,但在夏季采用大棚养鸭时,为了防止棚内温度过高,就必须在室外进行遮光处理。同时冬季由于日照时间短,特别是阴天,仅有的自然光不能满足肉鸭的采食时间与夜间取暖的需要,甚至不便于饲养人员观察,因而必须补充大棚内的光照时间。

(13)饲养管理要点。

①冬季用大棚饲养肉鸭。向阳面自 9:00～16:00,可卷起 1/3 草帘接受阳光照射,使棚内温度保持在 18～20℃的适宜范围。早晚则将草帘盖好,阴雪天则用草帘将大棚全部盖严,平常根据棚内温度、湿度及空气污浊度不定期开闭棚顶通风换气。由于棚内铺设棚架,既保持了适宜的生长温度,又实现了离地饲养,鸭群发病率显著减少。但须注意的是,大棚搭建中必须做到牢固耐用,养殖中要严密观察温度高低及空气浊度,随时通过开启棚顶等进行调节,切忌长时间密闭而闷死肉鸭。

②夏季用大棚饲养肉鸭时应注意调整日粮配方。适当降低能量水平,相应增加蛋白质、钙、磷含量,在日粮中增加维生素的含量,特别是维生素 C、维生素 E 的含量。改变饲喂方法,8:00 前喂鸭,加强夜间饲喂,通过适当驱赶和引食,让鸭多采食,使其达到正常的采食量。防暑降温,在高温季节,根据实际生产测定,养鸭后大棚内的温度常比大棚外高 7℃～13℃。因此必须做好防暑降温工作:可采取降低饲养密度,增加饮水器,加强通风换气,太阳直射面遮光等方法。

夏季用大棚饲养肉鸭时应注意避免人为应激。应避免人为在大棚内造成鸭群受惊,如上料、断水、湿度过大或人在鸭群中走动等,加剧热应激。同时应将大棚固定牢靠,以免夏季大风吹动塑料膜或遮阳网引起应激,甚至将大棚带走。

夏季用大棚饲养肉鸭时应注意天气变化,尤其注意天气变化时大棚内温度的变化,特别是雷雨天气,一方面避免大棚漏水,淋湿鸭群;另一方面要通过开或关背风处的塑料膜,调节大棚内的温度,以免温差过大引起鸭群感冒。

夏季用大棚饲养肉鸭时应注意防病。一方面加强日常的饲养管理和卫生消毒工作,杜绝传染病的发生;另一方面应注重塑料大棚肉鸭常见病的防治。

夏季用大棚饲养肉鸭时应注意防中暑症,夏季气温高、天气炎热,如果棚内通风不良或太阳直射鸭体,可引起中暑。预防的办法是保持棚内通风凉爽,避免太阳光直射,大棚要有良好的遮光设施。

夏季用大棚饲养肉鸭时应注意防氨中毒,预防的办法是平时定期清除粪便。地面平养一般 2～3 d 清除一次,加强通风换气,尤其是气温低时,在保温的同时要注意通风。

八、适度规模经营鸭病防控与保健技术

172. 给鸭用药的方法都有哪些？

(1)混水给药法。此法是将药物加于饮水中,让动物通过饮水获得药物。这种方法的优点是省时省力、方便实用,适用于大群动物投药;其缺点是由于动物饮水时往往要损失一部分水,因此用药量稍大一些。另外由于动物个体之间饮水量不同,动物个体之间获得药量可能存在差异。混水给药时应注意以下几个问题:①使用的药物必须能溶于水;②要有充足的饮水槽或饮水器,保证每个动物在规定的时间内都能喝到足够量的水;③饮水槽和饮水器必须清洗干净;④饮水清洁卫生,水中不得含有对药物质量有影响的物质;⑤药物使用浓度要准确;⑥饮水前要断水一定时间,夏天断水 1~2 h,冬天断水 3~4 h,让动物产生渴感,这样可保证动物在较短的时间饮到足量的水,以获得足量的药物;⑦要在规定的时间内饮完,超过规定时间药效就会下降。

(2)拌料给药法。把药物拌入饲料中,让动物通过采食获得药物。本法的优点是省时省力,投药方便,适宜大群动物给药,也适宜长期给药;其缺点是如果药物搅拌不匀,就可能发生部分鸭采食药物不足,而另一些鸭则会采食药物过量而发生药物中毒。混饲给药时应注意以下几个问题:①药物浓度要准确;②药物与饲料必须混合均匀;③饲料中不得含有对药效有影响的物质;④饲喂前把料槽清扫干净,在规定的时间内喂完。

(3)注射法。注射方法有皮下注射、肌肉注射和静脉注射三种。肌肉注射的部位有翅根内侧肌肉、胸部肌肉及腿部肌肉,其中以翅根内侧肌肉注射最为安全。肌肉注射法吸收快,药效也比较稳定,适用于刺激性不强的药物。皮下注射常选在颈部皮下或腿内侧皮下。静脉注射的部位是翅内侧静脉,适用于注射刺激性强的药物和高渗溶液药物,这种方法见效快,效果好,但对注射技术要求高。在进行注射给药时,要注意消毒。

173.怎样在现场对鸭病进行临床诊断?

(1)观察鸭群状态及粪便。观察鸭群的总体状态(鸭的营养状况、生长发育情况、体质的强弱等),鸭的精神状态、体态、姿态和运动的行为,鸭的羽毛、皮肤、眼睛有无异常,观察鸭的某些生理活动有无异常,再结合鸭的粪便的观察,进行鸭病的初步诊断。同时还可以结合用手或其他简单的检查工具接触鸭的体表及鸭的某些器官。根据感觉有无异常来判断鸭有无疾病的发生。

(2)鸭的营养状态和精神状态。营养供应充足的鸭群表现为生长发育基本一致,鸭群生长快饲料报酬高。如鸭群生长发育偏慢,则能是饲料营养不全或者是饲养管理不当所致;如鸭群出现大小不一的现象,可能鸭群中有慢性疫病的流行。

健康鸭群的精神状态一般表现为行走有力、敏捷,食欲旺盛,翅膀收缩有力,紧贴躯体,敏感性强。在发生某些疾病时表现精神不振,缩颈垂翅,离群,怕动,闭目呆立,羽毛蓬松,采食减少或停止,在进行触诊表现为鸭的体温高;濒临死亡的病鸭表现为精神萎靡,体温下降,缩颈闭眼,蹲地伏卧,不能站立等。

鸭的羽毛的状态是反映鸭的健康状态的一个重要指标。健康鸭的羽毛紧凑、平整、光滑。当鸭患有慢性传染病、营养代谢性疾病和寄生虫病时,表现为羽毛蓬松、没有光泽、污秽等。羽毛稀少,常见于烟酸、叶酸等的缺乏症,也常见于维生素 D、泛酸的缺乏症;当鸭患有 B 族维生素缺乏症和饲料中的含硫氨基酸不平衡时常表现为羽毛松乱脱落;头颈部羽毛脱落见于泛酸缺乏症;羽毛断裂或脱落常见于鸭外寄生虫病,如羽螨和羽毛虱等。

（3）鸭的运动状态。健康的鸭群行走有力，反应敏捷。当鸭患有急性传染病和寄生虫病时，鸭行走摇晃，步态不稳，如患有鸭瘟、球虫病及严重的绦虫病、吸虫病等；当鸭患有佝偻病或软骨症及葡萄球菌关节炎时，表现为行走无力，行走间常呈蹲伏姿势，并有痛感；当鸭出现营养缺乏症时，表现为走路摇晃，出现不同程度的"O"形或者"×"形外观或运动失调倒向一侧，如缺乏胆碱、叶酸、生物素等；如果雏鸭缺乏维生素 E、维生素 D 或患有鸭传染性浆膜炎、雏鸭病毒性肝炎时，则表现出运动失调、跗关节着地等症状；当鸭缺乏维生素 B_1 时表现为两肢不能站立，仰头蹲伏呈观星姿态；当雏鸭缺乏维生素 B_2 和维生素 A 时常表现为两肢麻痹、瘫痪、不能站立。

当鸭群患有鸭瘟、雏鸭霉菌性脑炎、鸭李氏杆菌病、鸭传染性浆膜炎等病时，常出现扭颈、头颈震颤、角弓反张等神经症状。头颈麻痹可见于鸭肉毒梭菌毒素中毒。

（4）鸭群的呼吸状态。正常的鸭群呼吸几乎没有声音，并且叫声响亮，当鸭群患有鸭曲霉菌素病、鸭传染性浆膜炎、鸭李氏杆菌病、鸭链球菌病、大肠杆菌病和鸭流感等，临床上常表现为气喘、呼吸困难等。当鸭群患有某些寄生虫病时也可出现这样的症状。当鸭患有慢性鸭瘟、鸭流感、鸭结核病等疾病的晚期和某些寄生虫病（如鸭气管内的吸虫病）时，表现为叫声嘶哑、无力等症状。

（5）鸭的头部状态。

①眼睛。健康鸭的眼睛饱满、湿润、反应灵活。当鸭眼球下陷，多见于某些传染病（如大肠杆菌、鸭副伤寒等）、寄生虫病（如鸭的吸虫病、绦虫病）等引起腹泻；眼结膜充血、潮红、流泪，眼睑水肿等症状，多见于鸭霍乱、鸭副伤寒、嗜眼吸虫病、鸭眼线虫病及维生素 A 缺乏症；眼结膜苍白常见于鸭绦虫病、慢性鸭瘟、棘口吸虫病等；虹膜下形成黄色干酪样小球，角膜中央溃疡，多见于曲霉菌性眼炎；角膜浑浊或形成溃疡，多见于慢性鸭瘟和嗜眼吸虫病；眼睛有黏性或脓性分泌物，多见于鸭瘟、鸭副伤寒、雏鸭病毒性肝炎、大

肠杆菌眼炎及其他细菌或霉菌引起的眼结膜炎;眶下窦肿胀,内有黏液性分泌物或干酪样物质,多见于鸭流感和衣原体病;眼结膜有出血斑点,多见于鸭霍乱、鸭瘟等;角膜混浊,流泪,多见于鸭衣原体眼炎和维生素 A 缺乏症;部分病鸭眼眶上方长出一个绿豆到黄豆大小、质地稍硬的瘤状物,多见于鸭曲霉菌病。

②鼻腔。鸭的鼻孔有浆液性或黏液性分泌物流出,主要是由鸭大肠杆菌、鸭霍乱、鸭流感、鸭传染性浆膜炎、支原体病、衣原体病等引起的;当鸭患有维生素 A 缺乏症时,常表现为鼻腔内有乳状或豆渣状物质。

③口腔。鸭口腔黏膜有黄色、干酪样假膜或溃疡,有的甚至蔓延到口腔外部。嘴角形成黄白色假膜,主要是鸭霉菌性口炎的临床症状;口腔流出水样混浊液,多见于鸭瘟、鸭东方杯叶吸虫病;口腔黏膜有白色针尖大小的结节或炎症,主要是由雏鸭维生素 A 缺乏,烟酸缺乏或由于鸭采食被蚜虫等寄生虫污染的青绿饲料所引起的;当鸭表现为口腔流涎的症状,多是由于鸭农药中毒所致;口腔内有刺激性气味,多见于有机磷农药所引起。

④喙。鸭喙颜色发紫,多是鸭霍乱、鸭维生素 E 缺乏症的症状;喙颜色变浅,多见于营养代谢性疾病(如维生素 E、硒缺乏等)和某些慢性寄生虫病(如鸭绦虫病、吸虫病);喙变软,易扭曲,多见于雏鸭的钙磷缺乏、维生素 D 缺乏或氟中毒。

(6)鸭的肢体状态。

①腿部。鸭的关节肿胀、关节囊内有炎性渗出物,触摸时关节热,并有痛感,多见于鸭的葡萄球菌、大肠杆菌等引起的疾病,有时慢性鸭霍乱、鸭传染性浆膜炎等也有这种症状的出现;鸭蹼干燥或有炎症,多是由于 B 族维生素缺乏症及各种慢性腹泻的疾病所引起;蹼颜色变紫,多见于维生素 E 缺乏症、卵黄性腹膜炎;蹼趾爪蜷曲或麻痹,多是由于鸭的钙磷代谢障碍和维生素 D 缺乏症;跖骨变软、易折断,多见于软骨病、佝偻病等。

②腹部。鸭腹围增大,多见于肉仔鸭腹水综合征、成年鸭的淀

粉样病变、鸭的卵黄性腹膜炎;腹围缩小,多见于某些慢性传染病（如慢性鸭副伤寒、慢性鸭瘟）和寄生虫病（如鸭绦虫病等）。

③肛门和泄殖腔。鸭肛门周围有稀粪粘连,多是由于鸭的副伤寒、鸭瘟、鸭传染性浆膜炎、大肠杆菌病等引起的;鸭的肛门周围有炎症、坏死等症状多见于慢性泄殖腔炎等,如果泄殖腔炎严重则出现肛门外翻、泄殖腔脱垂等症状。

（7）鸭粪便的观察。鸭的粪便状态可以反映鸭的健康状态。当鸭群出现腹泻,可见于鸭副伤寒、鸭传染性浆膜炎、鸭绦虫病等;在某些营养代谢病和中毒病如维生素 E 缺乏、有机磷农药中毒等也可引起鸭的腹泻。粪便稀薄、呈青绿色,可见于鸭传染性浆膜炎、鸭肉毒梭菌毒素中毒。鸭细小病毒病粪便为灰白色或淡绿色,并混合脓状物的稀粪。粪便稀薄呈灰白色并混有白色米粒样物质,可见于鸭的绦虫病;粪便稀薄并混有暗红色或深紫色血黏液,常见于鸭球虫病、鸭霍乱等。粪便呈血水样,常见于球虫病,有时磺胺类药物中毒也出现这种症状。

174.如何做好鸭场的常规免疫工作?

为了预防传染病的发生,养殖场必须制定合理的免疫程序以保护鸭群健康。一个地区鸭群可能发生的传染病不止一种,而可以用来预防这些传染病的疫苗（菌苗）的性质不尽相同,在鸭体内所产生的抗体能足够抵抗病原微生物侵袭的期限（免疫期）也不同。因此,一定的鸭群在使用多种疫苗（菌苗）来预防不同疾病,也需要根据各种疫苗（菌苗）的免疫特性来制定预防接种的次数和时间,这就形成了在实践中使用的免疫程序。一个合理的免疫程序能够很好地预防疾病的发生,并尽量减少因为疫苗免疫给鸭群造成的应激反应。因此,种鸭免疫应避开产蛋高峰,雏鸭免疫应考虑母源抗体的存在。给鸭群打的预防针既要减少人力、物力的浪费,又要提高免疫质量,关键要看免疫效果。鸭场可根据本地区和本场疾病发生情况,适时、适度地引入疫苗进行免疫,例如在鸭肝炎的高发区或受肝炎威胁的地区就必须进行鸭传染性肝炎的免疫。

疫苗免疫,对鸭群本身是一种应激,为了减小这种应激,可在饲料或饮水中添加多维电解质。不同季节,免疫接种要注意必要的细节问题。使用油乳剂灭活疫苗时,先要将疫苗恢复至室温,否则注射到皮下的疫苗形成疫苗团而不易吸收;夏季气候炎热,疫苗接种时,首先要保证充足的饮水,并且尽量将免疫时间安排在清晨凉爽的时候。免疫中,要不断摇匀疫苗,使每只鸭都能获得等量有效的抗原免疫。接种组织弱毒苗时,免疫全程时间最好控制在1.5 h内,以防疫苗在温度过高的鸭舍中长时间暴露而影响病毒的免疫活性。

175. 如何建立鸭场疫病预防体系?

(1)把好入口关。大门口严格标识"防疫重地,谢绝参观",设专人把守,严禁外来车辆和人员进场;进入生产区时必须洗手消毒并经消毒通道(有消毒水池和紫外光)方可进入。

(2)防止交叉感染。各舍饲养员禁止串场、串岗,以防交叉感染。场区环境应保持干净无污染,不要轻视野鸟对传染病的传播,严防其粪便污染饲料和运动场;坚持定期的全场消毒和带鸭消毒,发病期间要天天消毒;做好灭鼠和灭蚊蝇工作。病死鸭和解剖病料必须做无害化处理,不得任其污染环境,造成人为的传播疾病。

(3)疾病防治。兽医对病死鸭要勤于解剖,病料应及时进行实验室检验,依据药敏试验结果用药防治。初期投药后,兽医仍应进行跟踪治疗,直到病愈为止。兽医根据药敏试验、临床用药情况、发病日龄和季节,结合生产实践,获得本场的预防用药程序。在选药时,避免使用假冒伪劣兽药而延误病情,导致严重的经济损失。

(4)疫病监测。根据当地实际情况,制定疫病监测方案,肉鸭饲养场常规监测的疫病至少应包括:高致病性禽流感、鸭瘟、鸭病毒性肝炎。除上述疫病外,还应根据当地实际情况,选择其他一些必要的疫病进行监测。

176.鸭群的免疫程序是怎样的?

免疫接种是人工获得性免疫过程,是通过接种疫苗激发鸭机体产生特异性抵抗力,降低易感性,从而预防和控制传染性疫病发生、降低死亡率的一种极为有效的手段。鸭群免疫程序的制定应充分考虑当地鸭疫病流行情况与流行新特点、鸭群抗体水平及疫苗质量与其特性等诸多因素。鸭群建议免疫程序见表 11。

表 11　鸭群建议免疫程序

日龄	疫苗名称	剂型	倍数	剂量/mL	注射部位
1	鸭病毒性肝炎(DVH)	活苗	2	0.3	颈皮下
7	鸭禽流感 H_5 亚型灭活苗(RE_5+RE_4)	油苗	1	0.5	颈皮下
14	鸭传染性浆膜炎+大肠杆菌	油苗	1	0.5	颈皮下
21	鸭瘟	活苗	2	0.5	颈皮下
35	鸭禽流感 H_5 亚型灭活苗(RE_5+RE_4)	油苗	1.5	0.75	胸注
77	鸭传染性浆膜炎+大肠杆菌	油苗	1	0.5	胸注
98	鸭禽流感 H_5 亚型灭活苗(RE_5+RE_4)/H_9	油苗	2	各 0.75	胸注
112	鸭禽流感 H_5(流行株)			0.75	颈皮下
119	鸭新城疫	油苗		1	胸注
126	鸭病毒性肝炎(DVH)	活苗	2	0.5	颈皮下
133	鸭瘟	活苗	2	0.5	颈皮下
147	鸭禽流感 H_5 亚型灭活苗(RE_5+RE_4)	油苗		1	右胸注
147	鸭禽流感 H_5(流行株)/H_9	油苗		各 1	胸注
161	鸭新城疫+鸭传染性支气管炎+鸭产蛋下降症	油苗		1	右胸注
266	鸭病毒性肝炎(DVH)	活苗	2	0.5	颈皮下
266	鸭瘟	活苗	2	0.5	颈皮下

续表11

日龄	疫苗名称	剂型	倍数	剂量（mL）	注射部位
273	鸭新城疫＋鸭传染性支气管炎＋鸭产蛋下降症	油苗		1	右胸注
287	鸭禽流感 H_5 亚型灭活苗（RE_5＋RE_4）/H_9	油苗	2	各1	胸注
385	鸭禽流感 H_5 亚型灭活苗（RE_5＋RE_4）/H_9	油苗	2	各1	胸注
420	鸭病毒性肝炎（DVH）	活苗	2	1	颈皮下
434	鸭瘟	活苗	2	1	颈皮下

177. 鸭群免疫的注意事项有哪些？

（1）疫苗种类的选择。当前市场上销售的疫苗种类繁多，名目杂乱，商品名称更是五花八门。要严格依据国家重大动物疫病强制免疫计划以及当地养禽场疫病流行情况选择适合本场的疫苗种类。做到不盲目选择、不跟风，依据实验室科学数据合理选择。

①疫苗厂家的选择。选择的疫苗生产企业应为经过 GMP 质量认证并通过农业部门批准备案的有信誉的品牌企业。

②疫苗种类选择。疫苗种类的选择要视情况具体分析：第一，国家强制免疫重大动物疫病必须强制免疫，做到"应免尽免，不留空挡"；第二，虽然疫苗种类很多，但是各自具有不同的优缺点，如，弱毒苗产生抗体快（一般 7 d 产生抗体），免疫期长，但是弱毒苗可能存在隐性感染、大剂量注射导致免疫麻痹、散毒或带毒隐患，在未出现过此病的地方要谨慎接种；灭活苗安全隐患小，但是免疫效价相比弱毒苗较低、产生抗体晚且免疫期短；亚单位疫苗相比之下更安全，副作用小但生产工艺复杂、价格高；基因工程苗免疫原性较差，需要添加佐剂使用，价格昂贵；第三，要运用实验室技术，在免疫注射前最好采集血液检测隐形带毒或处于潜伏期的病原体；定期检测免疫抗体效价水平来判断保护力，做到心中有数。

③是否选择多联苗或多价苗。这要按照自己养鸭场及附近养禽场近期(近些年)流行病学调查情况决定。

④要综合考虑免疫成本及性价比。并非疫苗接种种类越多越好,要考虑畜禽免疫应答能力水平、应激及价格等因素,该免的必须要免,可免可不免的原则上不免。

(2)疫苗质量的保证。确保疫苗质量是免疫成功的关键环节。主要包括疫苗自身质量、储存、运输和使用各个环节。疫苗自身质量主要由生产企业把关,主要通过提高企业的职业道德、社会责任和综合素质严格生产管理流程,做到疫苗安全有效。有条件的鸭场可以选择不同生产厂家和同一厂家生产的不同批次疫苗送科研院所进行检测来优中选优,或通过平行试验、对照试验的抗体滴度水平来作出判断。疫苗储存运输时必须避光、防止高温高热、冻结现象,根据疫苗种类具体实施。一般情况下,冻干苗在-25～-18℃保存,灭活苗和佐剂在 2～8℃保存,稀释液常温保存等。疫苗的使用一定要在有效保质期内,疫苗瓶一经打开要当天使用完,夏天暴露在外应在 2 h 内用完。

(3)接种过程注意事项。

①接种前的准备工作。

疫苗的准备。根据当天防疫计划、防疫数量准备相应疫苗和稀释液(炎热季节外出免疫时最好是准备半天的使用数量且要有保温设施,以防止长时间高温降低疫苗的防疫效果);查看疫苗瓶有无破损、失真空、冻结等现象;查看疫苗是否在保质期内。

防疫器械、消毒药品及应急药物准备。

了解被免鸭群用药情况,免疫前 7 d 至免疫后 10 d 内禁用抗菌药及饮用消毒药。

掌握被免疫鸭群健康状况。病鸭、弱鸭暂时不免,检出隔离,待健康后补免。当发生疫情需要紧急免疫时必须全免。

②疫苗的存取和稀释。使用疫苗前详细阅读使用说明书,一般采用"用多少领取多少,随用随稀释"的原则进行,充分保证疫苗

的有效性;疫苗稀释液尽可能选择与疫苗同一生产厂家的产品,严禁使用热水或含有消毒剂的饮用水稀释。为减少应激,保证疫苗的使用效果,在注射前要使疫苗恢复至室温后进行接种。

(4)特殊情况处理。免疫后 7 d 内须隔离饲养,防止在未产生免疫力之前因野外强毒感染而引起发病。7 d 后免疫的雏鸭已产生免疫力基本上可抵抗强毒的感染而不发病。当发生注射针头折断时必须立即设法快速拔出折断针头。避免使用弯曲或带倒刺针头。5%左右的鸭在接种疫苗后,有精神萎靡、食欲减退情况,一般 1~3 d 可自愈,在此期间一定要加强饲养管理。任何疫苗的接种都可能导致个别死亡现象,要严格按照说明书规范操作。

多种疫苗同时接种。总体要求按免疫程序操作,一般一次只接种一种疫苗,间隔 7 d 以上再接种另一种疫苗。不提倡一次接种多种疫苗,更不准把两种以上的疫苗混合在一起接种。确实需要同时注射多种疫苗时,一定要有实验数据作为支撑,且要求分点多次缓慢注射。

178. 给鸭接种疫苗的方法有哪些?

按照疫苗的种类、鸭的日龄、健康状况等选择最适当的途径进行接种,常用的接种方法有以下几种:

(1)注射法。此法需要每只进行保定,使用连续注射器可按照疫苗规定剂量进行肌肉或皮下注射,此法虽然有免疫效果准确的优点,但也有捕捉费力和产生应激等缺点。注射时,除应注意准确的注射量外,还应注意质量,如注射时应经常摇动疫苗并使其均匀。注射用具要做好预先消毒工作,尤其注射针头要准备充分,每群每舍都要更换针头,健康鸭群先注,弱鸭最后注射。

①皮下注射。一般在鸭颈背中部或低下处远离头部,用大拇指和食指捏住颈中线的皮肤并向上提起,使其形成一囊,注意一定捏住皮肤,而不能只捏住羽毛,确保针头插入皮下,以防疫苗注射到体外。

②肌肉注射。以翅膀靠肩部无毛处胸部肌肉为好，应斜向前方进针，以防插入肝脏或胸腔引起事故；也可在腿部注射，以鸭大腿内侧无血管处为最佳。

（2）饮水法。本法为活毒疫苗的常用方法之一，既能减少应激，又节省人力，但疫苗损失较多，由于雏鸭的强弱或密度关系也会造成饮水不均，免疫程度不齐的缺点，所以需要放置充分的饮水器，使雏鸭都能充分地得到饮水。使用此法应注意：

①饮用水避免酸、碱及化学物质（如氯离子）的影响，免疫前后24 h不得饮用消毒水，最好用蒸馏水或深井水，同时在水中加入脱脂奶粉0.25%～0.5%。

②饮水免疫前，要给鸭断水2～4 h，根据季节、气候掌握，而后要保证在1～2 h内将稀释的疫苗全部饮完，同时应避免强光照射疫苗溶液。

③饮水器用清水冲洗，擦洗干净，数量充足。

（3）滴鼻滴眼法。雏鸭早期免疫的活毒疫苗用此法。用滴瓶向眼内或鼻腔滴入1滴（约0.03 mL）活毒疫苗。滴鼻时，为了使疫苗很好地吸入，可用手将对侧的鼻孔堵住，让其吸进去。滴眼时，握住鸭的头部，面朝上，将一滴疫苗滴入面朝上的眼内，不能让其流掉。一只一只免疫，防止漏免。

（4）气雾法。将活毒疫苗按喷雾规定稀释，用适当粒度（30～50 μm）的喷雾器在鸭群上方离鸭只0.5 m处喷雾。在短时间内，可使大群鸭吸入疫苗获得免疫。

在做喷雾前，要关掉风机、门窗，免疫后大约15 min，重新打开。本法由于刺激呼吸道黏膜，所以避免在初次免疫时使用。尤其可疑有呼吸道疾病的鸭群，容易引起慢性呼吸道疾病症状。

（5）刺种法。此法为鸭痘疫苗接种时使用，展开鸭的翅膀，用接种针在鸭的翼膜无血管处穿刺，病毒在穿刺部位的皮肤增殖产生免疫。

179. 弱毒冻干苗(活疫苗)与灭活苗(死疫苗)有何区别?

(1)弱毒冻干疫苗为低毒力的活的病原微生物,而灭活疫苗是无毒力的死的病原微生物。

(2)弱毒疫苗接种后,其病原微生物要在体内复制、增殖进而刺激机体产生抗体,灭活疫苗不需也无法在体内复制、增殖。

(3)弱毒活疫苗既可刺激机体的细胞免疫,又可以刺激机体产生体液免疫;灭活疫苗刺激机体产生细胞免疫的能力较差。

(4)弱毒活疫苗刺激机体产生抗体速度快,维持时间长。灭活疫苗刺激机体产生的抗体慢,维持时间短。

(5)弱毒活疫苗一般采用真空冻干工艺,灭活疫苗不需要真空保存,但所使用的佐剂对疫苗免疫效果影响较大。

(6)弱毒疫苗通常需要冷冻保存,灭活疫苗(油佐剂疫苗)一般为冷藏保存。

(7)弱毒疫苗可采用点眼、滴鼻、口投、饮水、注射等多种接种方式,油佐剂灭活疫苗一般只能通过注射免疫。

180. 如何做好鸭场消毒工作?

消毒是预防鸭病的一项重要措施,鸭场应具备必要的消毒设施和建立严格而切实可行的消毒制度,定期对鸭场、鸭舍的地面、土壤、粪便、污物以及用具等进行消毒,防止鸭病的继续蔓延。

(1)常用的消毒方法。鸭场的消毒通常采用以下的方法。

①物理消毒法。清扫、洗刷、日晒、通风、干燥及火焰消毒等是简单有效的物理消毒方法,而清扫、洗刷等机械性清除则是鸭场使用最普通的一种消毒法。通过对鸭舍的地面和饲养场地的粪便、垫草及饲料残渣等的清除和洗刷,就能使污染环境的大量病原体一同被清除掉,由此而达到减少病原体对鸭群污染的机会。但机械性清除一般不能达到彻底消毒目的,还必须配合其他的消毒方法。太阳是天然的消毒剂,太阳射出的紫外线对病原体具有较强

的杀灭作用，一般病毒和非芽孢性病原在阳光的直射下几分钟至几小时可被杀死，如供雏鸭所需的垫草、垫料及洗刷的用具等使用前均要放在阳光下曝晒消毒，作为饲料用的谷物也要晒干以防霉变，因为阳光的灼热和蒸发水分引起的干燥也同样具有杀菌作用。通风亦具有消毒的意义，在通风不良的鸭舍，最易发生呼吸道传染病。通风虽不能杀死病原体，但可以在短期内使鸭舍内空气交换、减少病原体的数量。而火焰高温烧灼可以达到彻底消毒的目的，如患有鸭瘟、番鸭细小病毒病、雏鸭病毒性肝炎等传染病，其污染的垫草、粪便以及倒毙的尸体均可用火焰加以焚烧。

②生物热消毒法。生物热消毒也是鸭场常采用的一种方法。生物热消毒主要用于处理污染的粪便及其垫草，将其运到远离鸭舍地方堆积，在堆积过程中利用微生物发酵产热，使其温度达70℃以上，经过一段时间（25～30 d），就可以杀死病毒、病菌（芽孢除外）、寄生虫卵等病原体而达到消毒的目的，同时可以保持良好的肥效。

③化学消毒法。应用化学消毒剂进行消毒是鸭场使用最广泛的一种方法。化学消毒剂的种类很多，如氢氧化钠（钾）、石灰乳、煤酚皂溶液、百毒杀、漂白粉、农福、过氧乙酸、甲醛、新洁尔灭等多种化学药品都可以作为化学消毒剂，而消毒的效果如何，则取决于消毒剂的种类、药液的浓度、作用的时间和病原体的抵抗力以及所处的环境和性质，因此在选择时，可根据消毒剂的作用特点，选用对该病原体杀灭力强，又不损害消毒的物体、毒性小、易溶于水，在消毒的环境中比较稳定以及价廉易得和使用方便的化学消毒剂。有计划地对鸭生活的环境和用具等进行消毒。

（2）鸭场消毒应该注意。

①确保消毒效果。目前用于养殖场环境消毒的药物有：醛类（甲醛、戊二醛）、碱类（如火碱、生石灰）、卤素类（氯制剂有漂白粉、消毒王、灭毒威等，碘制剂有碘三氧）、过氧化物类（如过氧乙酸）、季铵盐类（如百毒杀）。消毒前先要做物理性的清扫冲洗，以防有

机物(如粪、尿、脓血、体液等)的存在,然后再进行喷洒药液消毒。

对消毒前后无差别的消毒药经提高浓度后仍无效的应予以淘汰,在检测得到有效的消毒浓度后,还应考虑消毒药的成本,经过比较计算最终获得适合本场的几种消毒药,以期轮换用药。这样,既起到了消毒效果,又降低了消毒成本,且延长了一种消毒药在本场的使用时间。

②遵循消毒顺序。鸭场消毒时要遵循先净道(运送饲料等的道路),后污道(清粪车行驶的道路);先后备鸭场区,后蛋鸭场区;先种鸭后商品鸭。鸭舍内的消毒桶严禁借用或混用。

③注意消毒次数。一般情况下,每周不少于 2 次的全场和带鸭消毒;发病时期,坚持每天带鸭消毒。

181. 鸭场消毒常用的消毒剂有哪些？使用方法是怎样的？

(1)氢氧化钠(苛性钠)。俗称火碱,对细菌、病毒和寄生虫卵都有杀灭作用,常用 2%～4%浓度的热溶液来消毒鸭舍、饲料槽、运输用具等,鸭舍的出入口可用其 2%～3%溶液消毒。

(2)氧化钙(生石灰)。石灰是具有消毒力好,无不良气味,价廉易得,无污染的消毒药,但往往使用不当。新出窑的生石灰是氧化钙,加入相当于生石灰重量 70%～100%的水,即生成疏松的熟石灰,也即氢氧化钙,只有这种离解出的氢氧根离子具有杀菌作用。有的场、户在入场或畜禽入口池中,堆放厚厚的干石灰,让鞋踏而过,这起不到消毒作用。也有的用放置时间过久的熟石灰做消毒用,但它已吸收了空气中的二氧化碳,成了没有氢氧根离子的碳酸钙,已完全丧失了杀菌消毒作用,所以也不能使用。还有的将石灰粉直接洒在舍内地面上一层,或上面再铺一薄层垫料,这样常造成雏禽或幼仔的蹄爪灼伤,或因啄食、瓶食而灼伤口腔及消化道。有的将石灰直接洒在鸭笼下或圈舍内,致使石灰粉尘大量飞扬,必定会使鸭吸入呼吸道内,引起咳嗽、打喷嚏、甩鼻、呼噜等一系列症状,人为的造成了一次呼吸道炎症。使用石灰消毒最好的方法是加水配制成10%～20%的石灰乳,用于涂刷鸭舍墙壁1～2次,称为"涂白覆盖",既可消毒灭菌,又有覆盖污斑、涂白美观的作用,一般加水配成10%～20%石灰乳液,涂刷鸭舍的墙壁,寒冷地区常撒在地面或鸭舍出入口做消毒用,石灰可自空气中吸收二氧化碳变成碳酸钙失去作用。所以应现配现用。

(3)苯酚(石炭酸)。对细菌、真菌和病毒有杀灭作用。对芽孢无作用,常用2%～5%水溶液消毒污物和鸭舍环境,加入1%食盐可增强消毒作用。

(4)煤酚(甲酚)。毒性较苯酚小,但其杀菌作用则较苯酚大3倍,可是仍难以杀灭芽孢,常用的是50%煤酚皂溶液(俗称来苏水),1%～2%溶液用于体表、手和器械的消毒,5%～6%溶液用于鸭舍或污物的消毒。

(5)复合酚(菌毒敌、农乐)。含酚41%～49%,醋酸22%～26%,为深红褐色黏稠液体,有臭味。为新型广谱高效消毒药,可杀灭细菌、真菌和病毒,对多种寄生虫卵也有杀灭作用,可用于鸭舍、用具、饲养场地和污物的消毒,常用浓度为0.35%～1%溶液,用药一次,药效可维持7 d。

同类产品有农福(复方煤焦油溶液),含煤焦油酸39%～43%、醋酸18.5%～20.5%、十二烷基苯磺酸23.5%～25.5%,为深褐色液体。鸭舍消毒用1:(60～100)水溶液,器具、车辆消毒用1:60水溶液浸泡。

(6)甲醛溶液(福尔马林)。含甲醛37%～40%,有刺激性气味,具有广谱杀菌作用,对细菌、真菌、病毒和芽孢等均有效。0.25%～0.5%甲醛溶液可用做鸭舍、用具和器械的喷雾和浸泡消毒。一般用做熏蒸消毒。使用剂量因消毒的对象而不同。使用时要求室温不低于15℃(最好在25℃以上),相对湿度在70%～90%,如湿度不够可在地面洒水或向墙壁喷水。熏蒸消毒用具、种蛋时要在密防的容器内。种蛋在孵化后24～96 h和雏鸭在羽毛干后对甲醛气体的抵抗力较弱,在此期间不要进行熏蒸消毒。种蛋的消毒是在收集之后放在容器内,每立方米用福尔马林 21 mL高锰酸钾 10.5 g,20 min 后通风换气。孵化器内种蛋的消毒在孵化后的 12 h 之内进行关闭机内通风口,福尔马林用量为每平方米314 mL、高锰酸钾 7 g,20 min 后,打开通风口换气。

(7)新洁尔灭(溴苯烷胺)溶液。一般为 5%浓度瓶装,具有杀菌和去污效力,渗透性强,常用于养鸭用具和种蛋的消毒,浸泡器械时应加入 0.5%亚硝酸钠,以防生锈,0.05%~0.1%水溶液用于洗手消毒,0.1%水溶液用于蛋壳的喷雾消毒和种蛋的浸泡消毒。

(8)过氧乙酸(过醋酸)。有醋酸气味,是一种广谱杀菌药,对细胞、病毒、霉毒和芽孢都有效,市售商品为 15%~20%溶液,有效期为 6 个月,稀释液只能保存 3~7 d,所以,应现配现用。0.3%~0.5%水溶液可用于鸭舍、食槽、墙壁、通道和车辆的喷雾消毒,鸭舍内可带鸭消毒,常用浓度为 0.1%,每平方米用 15 mL。

(9)漂白粉(含氯石灰)。含氯化合物,为次氯酸钙和氢氧化钙的混合物,有效含氯量为 25%,灰白色粉末,有氯气臭味。鸭场内常用于饮水、污水池和下水道等处的消毒,饮水消毒常用量为每立方米水中加 4~8 g,污水池的消毒则为每立方米污水中加 8 g。

(10)高锰酸钾是一种强氧化剂,常用于饮水罐、水槽和食料槽的消毒。用量 0.05%~0.2%水溶液。

(11)次氯酸钠。含有效氯量为 14%,溶于水中产生次氯酸,有很强的杀菌作用,可用于鸭舍和各种器具的表面消毒,也可带鸭进行消毒常用浓度为 0.05%~0.2%。

(12)氯胺(氯亚明)。为结晶粉末,易溶于水,含有效氯 11%以上,性质稳定,消毒作用缓慢而持久。饮水消毒按每立方米 4g使用,圈舍及污染器具消毒时,则用 0.5%~5%水溶液。

(13)二氯异氰尿酸钠(优氯净)。为白色粉末,有味,杀菌力强,较稳定,含有效氯 62%~64%,是一种有机氯消毒剂。用于空气(喷雾)、排泄物、分泌物的消毒,常用其3%的水溶液,若消毒饮水或清洁水按每立方米4g使用。

182. 在消毒管理中消毒存在哪些问题? 如何解决?

(1)消毒前不做机械性清除。消毒药物作用的发挥,必须使药物接触到病原微生物,但被消毒的现场会存在大量的有机物,如粪便、饲料残渣、畜禽分泌物、体表脱落物,以及鼠粪、污水或其他污物,这些有机物中藏匿有大量病原微生物。同时,消毒药物与有机物,尤其是与蛋白质有不同程度的亲和力,可结合成为不溶性的化合物,并阻碍消毒药物作用的发挥。再者,消毒药被大量的有机物所消耗,严重降低了对病原微生物的作用浓度,所以说,彻底的机械清除是有效消毒的前提。机械清除前应先将可拆卸的用具如食槽、水槽、笼具、护仔箱等拆下,运至舍外清扫、浸泡、冲洗、刷刮,并反复消毒。舍内在拆除用具设备之后,从屋顶、墙壁、门窗,直至地面和粪池、水沟等按顺序认真打扫清除,然后用高压水冲洗直至完全干净。在打扫清除之前,最好先用消毒药物喷雾和喷洒,以免病原微生物四处飞扬和顺水流排出,扩散至相邻的畜禽舍及环境中,造成扩散污染。

(2)对消毒程序和全进全出认识不足。消毒应按一定程序进行,不可杂乱无章、随心所欲。一般可按下列顺序进行:舍内从上到下(从屋顶、墙壁、门窗至地面,下同)喷洒大量消毒液→搬出和拆卸用具和设备→从上到下清扫→清除粪尿等污物→高压水充分冲洗→干燥→从上到下并空中用消毒药液喷雾,雾粒应细,部分雾粒可在空中停留15 min左右→干燥→换另一种类型消毒药物喷雾→装调试→密闭门窗后用甲醛熏蒸,必要时用20%石灰浆涂墙,高约2 m将已消毒好的设备及用具搬进舍内安装调试→密闭门窗后用甲醛熏蒸,必要时三天后再用过氧乙酸熏蒸一次→封闭空舍7~15 d,才可认为消毒程序完成。如急用时,在熏蒸后24 h,打开门窗通风24 h后使用。有的对全进全出的要求不甚了解,往往在清舍消毒时,将转群或出栏时剩余的数只生长落后或有病无法转出的鸭留在原舍内,这不能认为做到了"全进全出"。

183. 如何对鸭饮水进行消毒?

饮水消毒实际是对饮水的消毒,饮水消毒实际是把饮水中的微生物杀灭或控制畜禽体内的病原微生物。如果任意加大水中消毒药物的浓度或长期饮用,除可引起急性中毒外,还可杀死或抑制肠道内的正常菌群,对畜禽健康造成危害。所以饮水消毒应该是预防性的,而不是治疗性的。含氯消毒剂:指溶于水产生具有杀微生物活性的次氯酸的消毒剂,其杀微生物有效成分常以有效氯表示。这类消毒剂包括:无机氯化合物,如次氯酸钠(10%~20%)、漂白粉(25%)、漂粉精(次氯酸钙为主,80%~85%)、氯化磷酸三钠(3%~5%);有机氯化合物,如二氯异氰尿酸钠(60%~64%)、三氯异氰尿酸(87%~90%)等;无机氯性质不稳定,易受光、热和潮湿的影响,丧失其有效成分,有机氯则相对稳定,但是溶于水之后均不稳定。他们的杀微生物作用明显受使用浓度、作用时间的影响,一般来说,有效氯浓度越高、作用时间越长消毒效果越好。pH越低消毒效果越好;温度越高杀微生物作用越强;但是当有机物(如血液、唾液和排泄物)存在时消毒效果可明显下降。此时应加大消毒剂使用浓度或延长作用时间。但是高浓度含氯消毒剂对呼吸道黏膜和皮肤有明显刺激作用,对物品有腐蚀和漂白作用,一般来说,杀灭病毒可选用有效氯每升 1 000 mg,作用 30 min。但消毒过程中,易与有机物反应生成有机氯化物,产生"三致效应",危害人体健康,已引起国际社会的关注;在临床上常见的饮水消毒剂多为氯制剂、季铵盐类和碘制剂,中毒原因往往是浓度过高或使用时间过长。中毒后多见胃肠道炎症并积有黏液、腹泻,以及不同程度的死亡。产蛋鸭造成产蛋率下降。还有的按某些资料,给雏鸭用 0.1% 高锰酸钾饮水,结果造成口腔及上消化道黏膜被腐蚀,往往造成雏鸭较多的死亡。

184. 如何对鸭舍带鸭进行喷雾消毒？

带鸭消毒的着眼点不应限于鸭的体表，而应包括整个鸭舍所在的空间和环境，因许多病原微生物是通过空气传播的，不进行空气消毒就不能对此类疾病取得较好的控制，所以将带鸭消毒视为全方位消毒可能更为全面。带鸭消毒应将喷雾器喷头高举空中，喷嘴向上喷出雾粒，雾粒可在空中缓缓下降，除与空气中的病原微生物接触外，还可与空气中尘埃结合，起到杀菌、除尘、净化空气、减少臭味的作用，在夏季并有降温的作用。带畜（禽）消毒喷出雾粒直径大小应控制在 $80\sim120\ \mu m$，雾粒过大则在空中下降速度太快，起不到消毒空气的作用；雾粒过细则易被畜禽吸入肺泡，引起肺水肿、呼吸困难。做喷雾消毒的药物应选杀菌谱广、刺激性小的药物，水溶性不好、带有异味、刺激性强的消毒药物均不宜使用。喷雾用药物的浓度必须按照使用说明，不可任意加大或降低。喷雾药物用量可按每立方米空间 $100\sim300\ mL$ 计算。因每进行喷雾一次，可降低舍温 $2\sim4$℃。所以在冬、夏不同季节，是否兼作降温等不同目的，可灵活调节药液浓度或用量。带畜（禽）消毒根据情况可每 $3\sim5\ d$ 一次以至每天 $1\sim2$ 次。使用的喷雾器最好为电动或机动，压力为 $0.2\sim0.3\ kg/cm^2$，喷出的雾粒大小及流量可进行调节，用一般手动喷雾器不易达到此种要求。

185. 如何做好肉鸭的药物预防和保健工作？

（1）$1\sim6$ 日龄。进苗后，前 $3\ d$ 晚上用黄芪多糖 $100\ g$ 加电解多维加氟苯尼考对水 $800\ kg$ 混饮，可诱导机体产生干扰素，提高机体的免疫机能，迅速完善消化系统的机能，增强抵抗病毒性、细菌性疾病的能力。广谱抗生素配合黄芪/灵芝多糖或海藻硒多糖对鸭群进行净化，清理垂直携带的沙门氏菌、大肠杆菌、鸭疫里默氏杆菌等病原菌，预防脐炎、白痢；病毒性肝炎高发季节和地区配合使用鸭转移因子或者干扰素可以有效控制本病的发病率和死亡率。

(2)7～10 日龄。用硫酸壮观霉素或盐酸林可霉素预混剂（利安欣 44）拌料，添加量为 500 g 每吨全价饲料，连用 5 d，可预防传染性浆膜炎、坏死性肠炎等肠道细菌性疾病。连用 4 d 微生态配合酶制剂，预防大肠杆菌、浆膜炎、细菌性痢疾，维持肠道菌群平衡，补充外源酶减轻消化器官特别是胰腺负担，避免后期出现功能性腹泻，净化对鸭群不利的病原菌，为鸭群发挥优良的生产性能打下坚实的基础。

(3)11～14 日龄。抗生素配合病毒药预防感冒及其并发和继发症。

(4)15～18 日龄。用 10％硫酸粘杆菌素（护肠康）拌料，添加量为 1 kg/t 全价饲料，连用 3 d，可明显提高肉鸭生长速度，降低发病率，提高其饲料转化利用率。连用 4 d 微生态配合中药肠道性药物，预防大肠杆菌、浆膜炎、细菌性痢疾。

(5)19～22 日龄。抗生素及优质多维预防浆膜炎、大肠杆菌以及多病因所致的呼吸道综合征，同时补充体内维生素 A 的不足提高抵抗力及生产性能。此时应注意病毒病是否出现发病趋势。

(6)23～26 日龄。连用 4 d 微生态如双歧杆菌、乳酸杆菌、有的地方也选择光合菌等复方多菌种产品，预防大肠杆菌、浆膜炎、细菌性痢疾，净化对鸭群不利的病原菌，调理肠道，保护肠道黏膜。同时注意补充一定量的葡萄糖，缓解早期药物和生长过速及病原体产生的内毒素对肝脏的损伤。

(7)27～30 日龄。用 70％阿莫西林可溶性粉拌料，添加量为 100 g/t 全价饲料，同时黄芪多糖 100 g 对水 800 kg 混饮，连用 3 d，可有效预防传染性浆膜炎、坏死性肠炎等肠道细菌性疾病及慢性呼吸道病，同时可以提高机体免疫力，防止病毒入侵，预防浆膜炎、大肠杆菌以及多病因所致的呼吸道综合征和链球菌、葡萄球菌所致的关节炎；此期结合使用水禽干扰素，可有效预防非典型鸭瘟、流感、副粘病毒等病毒性疾病，减少死亡尖峰带来的损失。要注意干扰素有严格的种属特异性,所以要用水禽专用的。另外,在禽身上效果最理想的应该是α-干扰素。

(8)31～34 日龄。连用 4 d 微生态,最好是具有选择性吞噬病原体的蛭弧菌,利用噬菌蛭弧菌的微生物学作用,预防大肠杆菌、浆膜炎、细菌性痢疾,净化对鸭群不利的病原菌,调理肠道,保护肠道黏膜,提高饲料转化率。要注意蛭弧菌不要使用过度,合理避开抗生素的投喂。

(9)35～38 日龄。用氟硅唑咪鲜胺(菌立克)拌料,添加量为500 g/t 全价饲料,连用 5 d,可预防传染性浆膜炎、坏死性肠炎等肠道细菌性疾病及慢性呼吸道疾病。中西结合,杀灭病原菌的同时用中药调节肠道机能防治慢性细菌性肠炎,促进饲料的转化吸收,降低料肉比。

注射疫苗前 1 d,用黄芪多糖饮水,添加量为 100 g 对水800 kg 混饮,连用 5 d,可有效减少应激,不减料,提高疫苗效力,加速抗体的产生。疫苗免疫前后、天气变化、转群等应激因素出现时多维饮水;25 日龄后可使用催肥产品如脂肪乳化剂如含牛磺酸的产品,尽量避免使用胆汁酸来作为脂肪乳化剂进行催肥。

186.商品蛋鸭的预防用药程序是怎样的?

1～4 日龄。预防目的:补营养、抗应激及净化雏禽;用烟酸诺氟沙星、头孢噻呋、复合氨基酸、活性酶、免疫增强剂等复合剂(育雏乐),每 1 500 只用一瓶,连用 4～5 d。

14 日龄。预防鸭病毒性肝炎,用黄芪多糖每瓶对水 150 kg。

1～15 日龄。抗应激,提高机体免疫力,防治肠炎。用硫酸新霉素每袋对水 150 kg,重的情况可用甲磺酸培氟沙星、磷霉素钠、头孢曲松钠复合剂(菌威)每瓶对水 200～250 kg,防止浆膜炎及肠炎。

20 日龄。预防鸭的细小病毒病及肠炎。用胸腺肽、灵芝多糖、金莲花提取物或黄芩提取物、半胱胺肽等功能性免疫剂(禽疫康)每袋 1 000 g 拌料 150～250 kg,配合硫酸新霉素、氟苯哌酯、梯尼达唑、肠黏膜修复因子、排毒因子等复合剂(肠治久安)每瓶100 g 饮水 200～250 kg,连用 3～5 d。

25～30 日龄。预防鸭传染性浆膜炎。用氟苯尼考每盒对水250 kg,配合黄连解毒散拌料 300 kg。连用 3～5 d。

40 日龄。预防球虫病及细菌混合感染。用抗球虫药物连用3～4 d。

60 日龄。预防感冒及病毒性肠炎。用金银花、黄芩、连翘提取物(感毒威、蓝金清毒散)每袋 1 000 g 拌料 200 kg。

应用蛋鸭的预防用药程序应注意:

①在夏季及高温、高湿季节用金银花、黄芩、连翘提取物拌料,预防鸭传染性浆膜炎和鸭霍乱等细菌性疾病。

②在夏季高温季节注意用凉水饮水来防止热应激。

③在冬季寒冷季节用金银花、黄芩、连翘提取物预防鸭瘟、鸭流感等瘟热性疾病。

④初产期、高峰期以及产蛋后期每隔 1 个月用盐酸左氧氟沙星药物防鸭输卵管炎、肠炎以及增加蛋壳的光滑度。

⑤产蛋后定期添加虎杖、丹参、菟丝子、当归、川芎等复合剂(激蛋散)提高产蛋率并延长产蛋高峰期,种鸭还可提高受精率。用激蛋散的同时不影响免疫或用其他药物。

⑥坚持每周应用聚维酮碘等进行轮换消毒,免疫前后三天禁止消毒,得病期间坚持每天消毒一次。

187. 如何防控鸭流感?

多种家禽都能够自然感染禽流感,包括鸡、火鸡、珠鸡、野鸡、鸽、鸭和鹅等。根据疫病的临床表现和病变,各地的病名有差异,如"传染性脑炎","脑炎综合征","鸭新病","新鸭疫","类新城疫","呼吸减蛋综合征"等。

水禽对流感病毒的易流感性并非像以往教科书或资料记载仅

为带毒者而不发病。各种日龄和各种品种的鹅、鸭群均具有易感性。鸭的发病率可高达 100%,死亡率也可达 80%以上,成年鸭主要引起严重减蛋,死亡率 10%～60%不等。虽然各品种都有易感性,但对纯种番鸭的致病力比其他品种鸭和半番鸭高。一年四季均可发生,但以冬春季为主要流行季节。在应激因素、饲养环境条件差的鸭场均可引起高发病率和高的死亡率。

鸭流感病毒的致病力的差异很大,在自然情况下,有的毒株发病率和死亡率都可高达 100%。有的毒株仅引起轻度的产蛋下降,有的毒株则引起呼吸道症状,死亡率很低。

本病的潜伏期长短不一,从数小时至 2～3 d,由于鸭、鹅的种类、年龄、性别、有无并发症、病毒株和外界环境条件的不同,表现的症状有很大的差异。

以 20 日龄至产蛋初期的青年鸭(鹅)最多见,在发病群出现典型的临床经过。潜伏期很短,数小时至 1～2 d,发病后 2～4 d 出现大量死亡,表现为体温升高,食欲骤减以致废绝,饮水增加,粪便稀薄呈淡黄绿色,部分鸭出现单侧或双侧眼睛失明,角膜浑浊。番鸭以精神沉郁为主要死前症状,鹅和蛋鸭品种则在濒死期大量出现神经症状。

产蛋鸭感染后,数天内,鸭群产蛋量迅速下降,有的鸭群产蛋率由 90%以上可降至 10%以下或停蛋。发病期常有仅为正常强的 1/4～1/2 重量的小型蛋、畸形蛋。虽然蛋黄小,但肉眼看不出蛋黄和蛋清的变化。

急性死亡的患鸭皮下特别是腹部皮下脂肪有散在性出血点。肝脏肿大,质地较脆,呈淡土黄色,有出血点。脾脏肿大,表面有针头大灰白色坏死点。心脏冠状脂肪有点状出血,心肌有灰白色条状坏死灶。胰腺有灰白色坏死灶。部分病例腺胃乳头出血。十二指肠黏膜充血、出血,在空肠、回肠黏膜有间段性 1 cm 左右环状带,环状带有的病例呈灰白色、出血性或紫色溃疡带,这种特殊的病变从浆膜面即清楚可见。肾脏肿大,呈花斑状出血。脑膜充血,尤其是小脑。

患病产蛋鸭主要病变在卵巢,卵泡膜严重充血、出血,有的卵泡萎缩,蛋白分泌部有凝固的蛋清,个别病例卵泡破裂于腹腔。

本病目前没有有效的治疗方法,抗生素可以控制并发或继发的细菌感染,金刚烷胺对本病毒的复制有干扰或抑制作用。

由于本病的流行病学在很多方面(特别是传染的来源)还未搞清楚,因此在防制上只能采用一般的预防措施。要注意有些应激因素(如受冷、鸭群拥挤等)和引进带毒家禽可能激发本病的发生和传播。

尚没有可以适宜于所有地区、各种禽种的通用疫苗。应选择在流行的优势毒株,或根据流行区域存在的不同抗原型毒株,研制成多价灭活苗。商品鸭在雏鸭免疫接种 4 周后进行第二次免疫。留种的种鸭群在产蛋前 15～30 d 进行免疫,免疫种鸭群后代的雏鸭,可在 15～20 日龄进行首免,种鸭免疫后 3 个月再次进行免疫。

188. 如何防控鸭瘟?

鸭瘟又称为鸭病毒性肠炎,是鸭、鹅、雁的一种急性接触性传染病。该病以血管破损、组织出血、血液流入体腔、消化道黏膜疹性损害、淋巴细胞性器官出现病变以及实质器官发生退行性变化为特征。

(1)病原。鸭瘟病原属于疱疹病毒群的过滤性病毒。病毒存在于病鸭全身各个脏器、血液、分泌物和排泄物中。用病鸭的肝、脾、脑、血液以 1∶1 000 稀释接种于健康鸭,每只鸭按种 1 mL,则可发生典型病状。病毒经过鸭胚或细胞连续传代到一定代次后,可减弱病毒对鸭的致病力,但保持有免疫原性,利用此法可获得弱毒疫苗。病毒对鸭、鹅、鸡、鸽、火鸡、家兔及多种动物的红细胞均无凝集现象。抵抗力中等、80℃时 5 min 可杀死。在 10～20℃经 347 d 仍能使鸭发病。一般消毒药均能致弱或杀死,但需 30 min

以上。消毒剂以石灰乳、氢氧化钠、漂白粉较好,抗生素无效。

(2)流行病学。该病在自然条件下只感染鸭,其他禽类都有一定程度的抵抗力。鸭有时可个别发病,人工感染鸭能患典型鸭瘟晰死亡。15 d 的雏鸭和成鸭均能发病,以成鸭多发,呈地方性流行。一年四季均可流行,以春、夏季多见。感染途径主要有消化道、皮肤损伤、交配、呼吸道及黏膜。通过吸血昆虫叮咬也可感染。病鸭的排泄物及其尸体组织所污染的地面、水、饲料、用具、带毒鸭等都是传播的来源。

(3)症状。此病潜伏期为 3～7 d,一旦明显症状出现以后,常在 1～5 d 内死亡。突然出现大量或持续性死亡。病鸭食欲减退,极度口渴,头颈低垂,运动失调,羽毛松乱,两脚发软,鼻有分泌物,排绿色粪便呈水样,肛门周围被粪便黏着。病至后期病鸭不能站立,垂头展翅,强迫移动时,可见头、颈和全身肌肉震颤。成鸭死亡时常见肌肉丰满,成熟公鸭死亡时,有些可见阴茎脱垂。产蛋母鸭群在死亡高峰期间,产蛋数下降 25%～40%。病毒侵入体内,主要呈败血症症状,体温上升到 42～43℃,侵害黏膜及神经系统。病鸭怕光,眼睑黏着或者半闭,肿头流泪为典型的症状。小鸭发病有神经症状出现。发病率和死亡率十分接近,可达 5%～100%。①急性型。鸭的眼半闭,初流泪,以后变为黏液性,浆液性或脓样物附着于眼睑上,头部有时肿胀,间有神经症状如转圈运动,足翼麻痹。死亡的急性病的肝脏呈退行性变性。②慢性型。消瘦、关节肿大或神经症状。

(4)病理剖检。全身皮肤出血,头颈部浮肿较为严重。口、鼻孔有黄褐色液体流出。眼睑常被新液黏合,眼结膜充血或出血。头颈肿大,皮下有胶冻样浸润。胸膜有泡沫样渗出物,腹腔黏膜有黄色胶样浸润,口腔和食管黏膜的皱襞形成条状,剥离后见有出血或溃疡斑痕。严重的可见有结痂性病变,呈米粒大或黄豆大的圆形隆起,中心略凹陷,不易剥离。口腔和食管动膜的病变为该病的特征件病变。

腺胃、肌胃、脾、胰出血坏死,肝充血,表面有大小不等的坏死灶。有时在坏死灶的中心有出血点。有时在坏死灶周围有出血环包围。整个肠道黏膜呈红色充血或出血,其中以小肠、直肠较为严重。肠集合淋巴滤泡肿大或坏死,肠内容物多为褐色或灰绿色。泄殖腔黏膜病变同食管黏膜,也具有出血或充血水肿。

肛门松弛,严重时泄殖腔黏膜有黄白色痂块状物覆盖,以后变为绿色角质化痂块,用刀刮时可听到沙沙的响声。小肠卵黄柄基部可能出血,内有纤维素性蕊髓。母鸭卵巢出血充血,卵黄囊破裂形成卵黄性腹膜炎。小肠淋巴集合点处充血、出血,形成4个环状出血带,有红色和卵黄色斑块、胸腺充血肿大。病理变化以血管壁损害较大,血管壁内皮破裂,壁里的结缔组织成分略显疏松,致使血液渗出周围组织间去,使这些组织发生渐进性退行性变化。

(5)诊断。本病可根据流行病学特点、症状特征及病理剖检变化进行综合诊断。如脚软、头肿、流泪、绿色稀便、不食,胆囊肿大、皮下胶样浸润、腺胃出血、肝脏不规则的坏死灶,食管黏膜和泄殖腔黏膜充血、出血和特征性坏死性假膜等。实验动物接种,除雏鸭及鸭胚外,其他小动物和鸡不感染。鸭胚接种5~6 d剖检,可见皮肤有出血点和肝脏坏死。

(6)鉴别诊断。本病主要注意与鸭出败(鸭霍乱)、鸭沙门杆菌病、小鸭传染性肝炎和禽伤寒相区别。

①鸭出败:发病急速,病程短,常可使鸭大批突然死亡。在流行过程中能引起鸭、鹅和其他禽类发病。临床上无明显的神经和肿头现象,看不到两脚发软。

剖检鸭出败心脏严重出血,肝脏肿大不变色,表面见均匀一致针头坏死灶,而鸭瘟的肝脏坏死灶大小不一,形状不规则而且稀疏;食管和泄殖腔黏膜无假膜或坏死灶,瘢痕等鸭瘟的特征性变化。肝脏见有严重的出血、充血、水肿、肺炎。镜检可见有两极浓染的巴氏杆菌。

②鸭沙门杆菌病:鸭感染后,病程常有两种类型,幼龄鸭常呈

急性型,成年鸭多呈慢性型。

(7)预防和控制。该病没有治疗的报道,应以预防为主。保持易感禽类于无鸭瘟病毒的环境里。对新进的鸭要来自非疫区。没有与鸭瘟病毒接触过。隔离观察两周后方可放入场内。病鸭可在远离河流的地区集中焚烧或深埋。病鸭舍及其用具和运动场地等须彻底消毒,并空闲1~2个月后使用。对可疑病鸭群及疫区其他健康鸭群应立即注射疫苗,停止放牧。在14 d内不再出现病鸭时,方可在指定的地区内放牧。被污染的饲料须烧毁或消毒。饮水须消毒并经常更换,池塘水被病鸭污染后应停止放鸭下水,最少须隔1年后方可使用。在疫区应尽量做到消灭传染媒介,如蚊、麻雀、蝇等。加强饲养管理,发现疫情应严格执行封锁、隔离、消毒和紧急预防接种疫苗等综合防治措施,以防止疫情的蔓延扩大,对疫区的健康鸭群,每年需要定期注射疫苗。

189. 如何防控鸭的三周病(细小病毒病)?

(1)病原。鸭细小病毒,抵抗力极强。

(2)流行特点。只感染雏番鸭引起发病,主要侵害2~5周龄的雏番鸭,多发生于3周龄。鹅、半番鸭、鸭有抵抗力。死鸭和康复鸭是主要传染源,粪便排毒、蛋壳污染、孵房传播。本病传染性极强,雏番鸭群一旦感染,迅速传遍全群,发病率50%以上,致死率30%以上,严重危害了番鸭的饲养。本病1988年后在福建、广东、广西等省(自治区)番鸭群中广泛流行,其后随番雏鸭的流通不断扩散到其他省。

(3)症状。①精神、食欲下降,饮水增加,消瘦;②腿软、厌走;③粪便稀薄呈黄白或黄绿色,含有气泡,肛周羽毛污染;④呼吸困难,喙端发绀;⑤流泪和鼻涕;⑥死前有神经症状,倒卧一侧,双腿呈划水状;⑦耐过鸭则生长发育受阻,羽毛脱落,成为僵鸭而失去饲养价值。

(4)病变。①死鸭喙发紫,口鼻内有黏液流出,肛周污染稀粪;

②心脏变圆,心肌松弛;肝、脾、肾稍肿,胆囊充盈;③胰腺肿大,有针尖大坏死灶;④整个肠段(十二指肠和直肠)黏膜卡他性及出血性炎症,充血、出血。特征性病变是回、盲肠段内容物干涸,为坏死的肠黏膜及其分泌物所包裹形成灰黄或灰白色的栓塞物,结构与香肠相似;⑤继发感染还会出现腹水、纤维素性肝周炎、心包炎等病变。

(5)诊断。临床与病理诊断初步诊断;确诊依据病毒分离鉴定(MDPV 与 GPV 存在共同抗原)、乳胶凝集试验、免疫荧光、乳胶凝集抑制试验。

(6)防治。用番鸭细小病毒弱毒疫苗免疫雏番鸭,1 周左右产生免疫力,应注意母源抗体会干扰疫苗免疫效果。发病后可用番鸭细小病毒或小鹅瘟高免血清或蛋黄抗体治疗,每羽 0.5～1.0 mL,效果良好。

190. 如何防控鸭病毒性肝炎?

鸭病毒性肝炎是一种高度致死性、以肝炎为主要特征的幼鸭的病毒性传染病。该病死亡率高,传播迅速,对养鸭业造成巨大的危害。

(1)病原。鸭病毒性肝炎病原为一种滤过性病毒。病毒粒子的大小为 20～40 μm,能通过微孔滤膜。病毒不凝集红细胞,在外界环境中的抵抗力很强,在污染的育雏舍内能存活 2.5 个月,在潮湿的粪便中能生存 1 个多月。一般消毒药对此病毒的消毒能力不强。该病毒与人、犬病毒性肝炎在血清上无中和能力,共有 3 个血清型。

(2)流行病学。该病仅发生于幼鸭,感染区内的成年鸭不被感染。种鸭仍继续产蛋。主要发生在 3～4 月开始孵化的季节,在雏鸭群中迅速传播。

①发病原因:饲养管理不当,维生素、矿物质缺乏,鸭舍内的温度过高,饲养密度过大等为本病发生的诱因。发病率为 100%,死

亡率则差别很大。小于1周龄的雏鸭群的死亡率达95％,1～3周龄的幼鸭死亡率为50％或更低,4～5周龄的幼鸭死亡率低或仅极少死亡。

②传播途径及传染源:主要传播途径是由病鸭场引入雏鸭和接触发病的野生水禽,通过呼吸道及消化道而感染。

(3)症状。本病潜伏期短,感染后1～4 d突然发病、病雏最初表现为跟不上群,不久即停止活动,下蹲,眼半闭。见到症状后约1 h死亡。雏鸭侧卧,两脚痉挛性地踢动,头向后仰而死。在严重暴发的高潮,雏鸭的死亡之快是惊人的,很少康复,康复鸭生长迟缓。

(4)剖检变化。本病主要病变在肝脏。肝脏肿大,质地松软,极易撕裂,被膜下有大小不等的出血点,表面呈红色斑点。有些病例,肝实质中也见有坏死灶,胆囊肿大,充满胆汁。脾脏、肾脏稍肿,表面有细小出血点。肠黏膜肿胀出血,覆有黏液。脑充血、水肿、软化。有些病例有心包炎,气囊中有微黄色渗出液和干酪样渗出物。

显微病变为肝脏细胞坏死、胆管细胞增殖,严重的形成脓肿瘤样,有人认为此现象具有诊断意义。其他组织呈现炎症,脑血管周围水肿、淋巴细胞浸润形成管套。

(5)诊断。本病仅发生于3周龄以内的雏鸭,发病急,死亡率高,病鸭有明显的神经症状。剖检主要是肝的特征性变性。细菌学检查为阴性,可疑为本病。将有感染性的肝脏悬浮液或血液接种于9日龄的鸭胚尿囊腔,5～8 d后鸭胚死亡。皮下水肿,腿和腹部周围的水肿特别明显,羊水增多,胚体缩小,肝有绿色坏死。

用荧光抗体技术可早期诊断。病毒中和试验可用于病毒鉴定。利用高免血清或康复鸭血清,向胚内接种混有抗血清的病毒,鸭胚仍可正常发育,而对照鸭胚3～5 d即可死亡,并产生病毒性肝炎的典型病变。

(6)防治。用高免血清或康复鸭血清肌肉注射,1 mL/只,进行预防,效果良好。或应用高度免疫的种鸭所产的蛋的卵黄制成1∶2的生理盐水悬液注射雏鸭,是被动免疫的最好方法。加强饲养管理,供给适量的各种维生素及矿物质,严禁饮用野生水禽栖息的露天水池的水。

191. 怎样防控鸭减蛋综合征?

鸭减蛋综合征是由禽Ⅰ型副粘病毒、某些腺病毒及其他一些病原因素和营养缺乏因素(如蛋氨酸、精氨酸、维生素 E、维生素 A 缺乏等)引起的,以鸭群产蛋率急剧下降为特征的急性、低致死率的传染病。主要发生于产蛋鸭群,其传染途径既可经蛋垂直传播,也可通过呼吸道、消化道水平传播。病毒主要侵害生殖系统,经繁殖、喉头和排粪时排毒。本病尚无特效的治疗药物,在饲粮中增加维生素、鱼肝油和矿物质以利于产蛋的恢复。该病重点在于预防,在开产前接种鸭减蛋综合征疫苗可有效防治本病。

(1)症状。鸭群初期症状不期显,采食和外观无异常。后期表现精神沉抑,部分种鸭羽毛松乱,下痢;开产日龄推迟,产蛋上升缓慢及不能达到产蛋高峰,最高峰产蛋率为 75%;种蛋合格率明显下降,不合格种蛋比例上升,产畸形蛋、薄壳蛋、破壳蛋,蛋壳表面粗糙,外面布满石灰状物。畸形蛋蛋白、蛋黄正常。后来蛋形变小,蛋重变轻,蛋壳色泽变淡,蛋壳变薄、变软、粗糙。发病后期采食量有明显下降变化。

(2)剖检病变。发病初期剖检生殖系统无异常情况,后期剖检其他脏器无明显变化,主要表现为卵巢萎缩、变小,子宫和输卵管黏膜出血和卡他性炎症,输卵管黏膜肥大增厚;腔内见白色渗出物或干酪样物;还有的输卵管萎缩、腺体水肿,染色可见单核细胞浸润,黏膜上皮细胞变性坏死,病变细胞可见核内包涵体。

(3)防治。

①首先对鸭群作必要的对症治疗,即饲喂环丙沙星等抗生素类药物,减少交叉感染;调整饲料配方,补充氨基酸、多种维生素保

持其平衡。并对同批樱桃谷种鸭群作紧急接种禽腺病毒灭活苗,同时饲喂多维以减少应激,接种后观察其产蛋情况。由于我们发现与治疗及时,发病周期控制在 3 周左右,且种鸭群生产性能恢复较好,但仍不能完全恢复到发病前的水平。

②对种鸭群,从幼龄期起,坚持用"鸭产蛋下降综合征油乳剂灭活疫苗"实施合理的免疫接种程序:于 15～20 日龄接种该疫苗一次,皮下注射 0.5 mL/只,产蛋前 1 个月接种 1 次肌肉注射 1～1.5 mL/只,以后每年春末、冬初(或中秋)各接种一次,1.0～1.5 mL/只。在此免疫接种过程可以同时考虑配合免疫接种大肠杆菌灭活苗和鸭瘟疫苗,并做好常规的饲养管理与卫生消毒工作。

③控制好环境。由于此病是垂直传播,因此要严格注意从非疫区引种,杜绝 EDS76 病毒的传入,以减少发病机会。坚决不能使用来自感染鸭群的种蛋;病毒能在粪便中存活,具有抵抗力,因此要有合理有效的卫生管理措施。严格控制外人及野鸟进入鸭舍,以防疾病传播;对肉用鸭采取"全进全出"的饲养方式,对空鸭舍全面清洁及消毒后,空置一段时间方可进鸭。对种鸭采取鸭群净化措施,即将产蛋鸭所产蛋孵化成雏后,分成若干小组,隔开饲养,每隔 6 周测定一下抗体,一般测定 10%～25% 的鸭,淘汰阳性鸭,直到 100% 阴性小鸭继续养殖。

④本病治疗原则。早发现,早治疗。因本病鸭群发生率较鸡小,发病迅速且发病初期症状不明显,故一般容易被忽视而延误治疗,从而影响种鸭生产性能恢复的最佳时期,导致产蛋量不易恢复。因此在病变早期发现有利于疾病的治疗和生产性能的恢复。

192. 如何防控鸭大肠杆菌病?

鸭大肠杆通病主要引起胚胎和幼雏死亡、气囊病、肉芽肿、腹膜炎、输卵管炎、滑脂炎、脐炎等,给养禽业造成巨大损失。

(1)病原。大肠埃希菌在自然界广泛存在,常存在于禽类、动物和人的肠道内,也能在灰尘、水和土壤中发现,在皮肤、头发、羽毛中以及任何受到粪便污染的地方都能找到这种细菌。大肠杆菌是革兰阴性苗,抗原构造复杂,血清型多。一般消毒药均可杀死。

(2)流行特点。各种禽类均可感染,但以 2～6 周龄的小鸭或中鸭多发。卫生条件差、潮湿、饲养密度过大、通风不良、空气污浊常诱发本病。该病可经消化道、呼吸道、外伤接触等感染,也可经种蛋传播。

(3)症状。出壳后 1～2 周内雏鸭群中可见有的食欲不振,精神萎靡,羽毛粗乱,生长迟缓,腹部膨大,严重下痢,陆续出现死亡。2～8 周龄的鸭感染后呈败血症,常突然发生,死亡率较高,精神食欲欠佳或停食,不愿走动,喜睡。眼、鼻分泌物增加,下痢,有的喘气咳嗽。成年鸭主要症状是产蛋数下降、受精率和孵化率下降,排黄褐色胶状、腥臭的粪便。后期病鸭腹部下垂,卧地不起,肛门周围羽毛沾污大量的粪便,最后因脱水、衰竭死亡。

(4)剖检。剖检时可见幼雏脐孔愈合不良,腹部皮下水肿,卵黄吸收不全,卵黄呈黄绿色及粥样变,有特殊的异臭味。有的有心包炎,肝周炎,气囊炎等。青年鸭剖检变化以纤维素性心包炎、肝周炎、腹膜炎及肠系膜炎为主,使腹腔器官发生粘连。成年鸭的主要剖检变化是卵巢萎缩,卵子变形、变色、变性。腹腔内积有多量黄色干酪样物质,形成卵黄性腹膜炎。有的输卵管内积有大量卵黄,堵塞输卵管,有人称之为"蛋子瘟"。同时,可见纤维素性气囊炎、心包炎和肝周炎,并有特殊的臭味。

(5)防治。本病原是禽类肠道中的常驻菌群,通过粪便排出体外,污染饲料、饮水及环境。因此应该注意:①加强饲养管理,搞好卫生消毒工作,对预防本病具有重要的作用。②利用抗菌药物,如庆大霉素、恩诺沙星、氟哌酸、环丙沙星、氧氟沙星、新霉素等药物进行预防和治疗。③大肠杆菌极易产生耐药性,应注意药物的交替使用,方可收到良好的预防和治疗效果。④最好做药敏试验选取敏感的药物,能及时有效地控制疾病。⑤有条件的,可以从本场分离有代表性的菌株,制成自场菌苗用于预防接种。15～20 日龄首免,皮下注射 0.5 mL/只;25～45 日龄二免,肌肉注射 1 mL/只;产蛋前肌肉注射 1～1.5 mL/只;以后每年免疫两次。

193.如何防控鸭传染性浆膜炎?

鸭传染性浆膜炎又称传染性浆膜炎。本病为危害养鸭业最为严重的传染病之一。近年来在我国养鸭地区普遍流行,发病率可高达 60%以上,死亡率为 5%～20%。育雏卫生条件差的鸭场常有发生。

(1)病原。本病病原是鸭疫巴氏杆菌,也称为鸭疫里氏杆菌。

(2)流行特点。本病主要侵害 2～8 周龄的鸭,又以 2～4 周龄的最易感。成鸭和 1 周龄以内的雏鸭对该病有一定的抵抗力。本病一年四季均可发生,寒冷季节多发。主要通过呼吸道和消化道或趾、蹼皮肤外伤感染。除鸭外,鹅、鸡、火鸡亦可感染,但是发病较少。

(3)症状。本病的主要症状为精神迟钝,嗜睡,食欲下降甚至废绝,腿软,不愿走动或定时摇摆不稳。眼内有浆液性或黏液性分泌物,有的鼻窦肿胀。排绿色或黄绿色稀便,部分鸭出现腹部膨胀,濒死期出现神经症状,共济失调,转圈,抽搐,两腿向后伸张,呈角弓反张姿势,衰竭死亡。病程一般为 1～3 d。慢性的病例,可见小鸭头颈歪斜,遇惊吓时即发出鸣叫声,有的关节肿大,最终以消瘦、衰竭被践踏或压死。

(4)剖检。本病解剖以浆膜炎、关节炎、纤维素性心包炎、肝周炎、气囊炎、腹膜炎为特征,可见全身性浆膜炎。纤维素性心包炎时,心包增厚,心外膜表面有纤维素性渗出物,肝脏稍肿,表面有纤维素性渗出物形成被膜,气囊增厚混浊,有黄色干酪样物附着。关节腔内有混浊积液,肠黏膜充血或出血;脑膜充血,有少量的出血点,有的可见蹼关节、脚蹼下皮肤表面有伤痕。

(5)防治。

①改善育雏条件,加强饲养管理:清除地面或网上的粗糙及锐

利异物。减少外伤。注意防寒,通风换气,采用"全进全出"制。执行严格的卫生消毒剂度,减少各种应激,注意饲料营养等可大大减少本病的发生。

②药物防治:发生该病后,常用治疗药物有盐酸林可霉素,200 g/t 料。思诺沙星、庆大霉素、磺胺五甲氧嘧啶均有一定的预防和治疗效果。

194.如何防控鸭的禽霍乱?

鸭的禽霍乱为多种禽类共患的传染病,病禽表现严重的下痢急,死亡快,呈急性败血症,故又称禽出败。

(1)病原。本病内多杀性巴氏杆菌引起,其为革兰染色阴性菌。

(2)流行病学。通过消化道,呼吸道感染。春、秋季节多发,幼龄禽只对其有一定的抵抗力,多发生于 2 月龄以上的禽只。

(3)症状。临床上可分为最急性型、急性型、亚急性型或慢性型。

①最急性型:也称闪电型,鸭、鹅或鸡往往没有任何症状突然发生大量死亡,这是禽群发生禽霍乱的先兆。

②急性型病例:病鸭可见精神沉郁,反应迟钝,不愿走动,离群独立,不愿下水,强迫驱赶下水,游动慢,赶不上群。羽翅下垂,羽毛松乱,缩颈,食欲减少至废绝。渴欲增加,鼻孔有黏稠的分泌物,呼吸困难,为了将鼻孔内或喉头积存的黏液排出,病鸭常常摇头,故有人称为"摇头瘟"。病禽常剧烈腹泻,拉腥臭的灰白色、灰绿色的稀便,有时混有血液。最后瘫痪、衰竭至死亡,康复的很少。

③慢性型病例:可见关节炎症状。

(4)剖检。本病主要的剖检变化是:①肝脏稍肿,呈棕黄色,表面有数量、大小不等的灰白色的坏死处。②心包膜增厚,心包液增多,呈稻草色胶冻样,心冠状沟脂肪出血点。③十二指肠增粗,浆膜上有大小不等的出血斑点,肠壁增厚,黏膜出血严重,肿胀、脱落,内容物呈血样。④肺瘀血,呈灰紫色,全身组织器官出血。

(5)防治。除搞好日常的综合防治措施外,可给 2 月龄以上的鸭进行免疫接种。当前应用的疫苗有氢氧化铝甲醛菌苗和弱毒菌苗。2 月龄的鸭 2 mL/只肌肉注射,以后每年至少免疫 2 次;流行季节,也可结合抗菌药物进行预防和治疗,如土霉素拌料,预防量为 0.2%～0.3%,治疗量力 0.4%～0.5%,连用 3～5 d。青霉素和链霉素各 4 万 IU 肌肉注射,连用 2～3 d。中草药特效霍乱灵有良好的预防和治疗效果,而且无副作用。

195. 如何防治多雨季节蛋鸭的球虫病?

鸭球虫病是一种危害严重的寄生虫病。各日龄的鸭均可发生,以 3～5 周龄的中鸭多发,夏、秋季节发病率最高,可达 30%～50%,死亡率为 20%～60%。病愈鸭生长缓慢,耗料费工,经济损失较大。一般来说,球虫病在雨季多发,预防重点也在育雏期及育成前期,尤其是产蛋期球虫病的预防往往被养殖户忽视。一旦发病,就会给养殖户造成经济损失。

(1)发病原因。本病主要由考特兰艾美耳球虫、棕黄艾美耳球虫和鸭艾美耳球虫混合感染而致。病鸭粪便中含有很多的球虫卵,当这样的粪便污染饲料或饮水后,在适宜的外界环境中,球虫卵发育成有感染力的卵囊,卵囊被健康的鸭采食或饮入后即可发病。饲养人员,场内工作人员及外来参观人员的活动中,也会造成卵囊的传播。多数为头一年饲养蛋鸭的养殖户,对蛋鸭的饲养及疾病防治没有经验。由于鸭舍大多为塑料大棚结构,白天气温逐渐开高,舍内温度可达 15～20℃,多余水分常凝成水,鸭群常集中在较温暖的地方,因此鸭舍温度高、湿度大,很适合球虫卵囊的发育,同时存在舍内鸭群密度大、通风不良、空气污浊,几乎未用任何有关球虫病的预防药物等问题。

(2)临床症状。本病根据临床症状和病程的表现可分为急性型和慢性型。急性型,在感染后第 4 d 或网上育雏下网后 4 d 左右,出现精神不振、无食欲、缩颈、不喜欢活动、呆立、渴欲增加,后下痢,排出暗红色或巧克力色血便,慢性者症状不明显,偶见有下痢。

(3)剖检。剖检可见小肠壁肿胀,浆膜上有大小不等的出血斑点,肠内容物淡红色或鲜红色,肠黏膜表面有一层白色糠麸样坏死组织,或见肠内有棕色或粉红色胶样内容物,刮取病变处肠黏膜涂片,加盖载玻片,在显微镜下检查可见大量裂殖子或卵囊。

(4)预防。

①平时要搞好鸭舍内的环境卫生,勤铺新的垫料,定期消毒。

②处理好保温与通风的关系,尽量增加通风量。

③合理设置饮水设备,避免漏水、冒水现象发生。

④提高蛋鸭的育成率,开产前淘汰发育不良的蛋鸭,产蛋高峰后及时淘汰低产鸭。

⑤定期在饲料及饮水中添加预防药物,产蛋前可用马杜拉霉素、氨丙啉、氯苯胍等药物交替使用进行预防,产蛋期可用抗球灵(地克珠利)1 mg/kg 饮水,青霉素 1 万 IU/只,进行交替使用预防,可收到良好效果。

(6)治疗。

①全群使用抗球灵(地克珠利)饮水,剂量为 2 mg/kg 饮水,连饮 3～5 d。

②饲料中增加维生素的含量,尤其是维生素 A、维生素 K、维生素 C 的用量。

③对病情较重的,每天口服复方敌菌净片,2 片/只,连用 3～5 d。

④每天全群用百毒杀消毒两次,清除潮湿的垫料,换上新鲜干燥的垫料。

196.如何防治鸭的绦虫病?

(1)病原。鸭绦虫病的病原虫主要是剑带绦虫与膜壳绦虫。

这些绦虫都较大,一般长 10~30 cm。

(2)生活史与流行病学。绦虫的中间宿主为剑水蚤。此外淡水螺可作为某些膜壳绦虫的保虫宿主。鸭吞食了感染的剑水蚤或保虫螺易受感染,在肠内发育成成熟的绦虫;本病严重侵害 2 周龄至 4 月龄的雏禽,温带地区多在春末与夏季发病。

(3)症状与病变。感染严重时,雏鸭表现明显的全身症状、成年鸭也可感染,但症状一般较轻。病鸭首先出现消化功能障碍,排出灰白色稀薄粪便,混有白色绦虫节片,食欲减退,到后期完全不吃,烦渴,生长停滞,消瘦,精神萎靡,不喜活动,离群,腿无力,向后面坐倒或突然向一侧跌倒,不能起立,一般在发病后的 1~5 d 死亡。当大量虫体聚集在肠内时,可引起肠管阻塞;虫体代谢产物被吸收时,可出现痉挛,精神沉郁,贫血与渐进性麻痹而死。

剖检时可见小肠发生卡他性炎症与黏膜出血,其他浆膜组织也常见有大小不一的出血点,心外膜上更显著。

(4)预防。①不在死水池塘放养鸭,以免与剑水蚤接触。②经常检查,对感染绦虫的鸭群,应有计划地进行驱虫以防止散播病原。③幼鸭与成年鸭应分开饲养、放养。

(5)治疗。

①用硫双二氯酚,剂量为 200 mg/kg 体重,逐只投服,驱虫率可达 100%,可使鸭绦虫感染率与感染强度大大下降。

②用丙硫苯咪唑,剂量为 20 mg/kg 体重、逐只投服,驱虫率可达 100%;应用治疗量混料喂服,大群驱虫时,也可获得 100%的驱虫效果。

③用吡喹酮 10 mg/kg 体重,灭绦灵 60 mg/kg 体重,硫双二氯酚 200 mg/kg 体重,丙苯咪唑 40 mg/kg 体重,分别用少量面粉加水拌和,然后按剂量称取药面,做成丸剂,填塞入鸭的咽部,丙硫苯咪唑以片剂投服为宜,驱虫效果可达 98%~100%。

197.如何防治雏鸭慢性呼吸道病?

雏鸭慢性呼吸道病又名鸭窦炎,是由鸭霉形体引起的一种疾病,多发于 2~3 周龄的雏鸭,发病率可高达 80%。传染源为病鸭和带菌鸭,当空气被污染后,常经呼吸道传染,也可经污染的种蛋垂直传染。雏鸭孵出后带菌,如遇育雏舍温度过低,空气混浊,饲养密度过大及应激等,很易导致本病的发生。近年,南方不少地区饲养的雏鸭均发生此病。

(1)临床症状。病初可见一侧或两侧眶下窦部位肿胀,形成隆起的鼓包,触之有波动感;随着病程的发展,肿胀部位变硬,鼻腔发炎,从鼻孔内流出浆液或黏液性分泌物,病鸭常甩头;有些病鸭眼内积蓄浆液或黏液性分泌物,病程较长者,双眼失明;病鸭死亡较少,常能自愈,但生长发育缓慢,肉品质量下降,蛋鸭产蛋率下降。剖检病鸭眶下窦内,常见充满浆液或黏液性分泌物,窦腔黏膜充血增厚,有的蓄积多量坏死性干酪样物质;气囊壁混浊、肿胀、增厚;结膜囊和鼻腔内有黏性分泌物。

(2)防治措施。

①加强舍饲期鸭群的饲养管理,做好舍内清洁卫生、防寒保温及通风换气工作,防止地面过度潮湿及饲养密度过大等。

②鸭场实行"全进全出"制,空舍后用 5%氢氧化钠或 1:100 的菌毒灭等严格消毒。日常严格检疫,及时淘汰病鸭或隔离育肥。

③疫区内的新生雏鸭可采用以下药物防治:泰乐菌素按 500 mg/L 拌水混饮,连用 3~5 d;恩诺沙星按 25~75 mg/L 拌水混饮,连用 3~5 d;复方氟苯尼考可溶性粉按 100~200 mg/L 拌水混饮,连用 3~5 d;盐酸环丙沙星可溶性粉按 500 mg/L 拌水混饮或 100 g/100 kg 饲料混饲,连用 3~5 d;吉他霉素预混剂按 10~30 g/100 kg 饲料混饲,连用 5~7 d。

198.如何防治鸭中毒病？

（1）黄曲霉毒素中毒。

①发病原因：鸭吃了含有黄曲霉毒素的饲料。

②临床症状：本病以损害肉鸭肝脏为主要特征，病鸭的食欲逐渐减退，生长缓慢、脱毛、跛行、抽搐，死前呈角弓反张样。本病的死亡率可达100％。

③防治措施：该病无有效药物治疗，只要停喂含有黄曲霉毒素的饲料，很快就会停止发病。因此，在高温多雨季节，饲料要注意防霉。

（2）磺胺类药物中毒。

①发病原因：服用磺胺类药物时间过长，或用量过大都会引起肉鸭磺胺类药物中毒。

②临床症状：急性中毒的病鸭表现为兴奋、拒食、拉稀、痉挛、麻痹等症状。慢性病例表现为精神沉郁、食欲减少、腹泻，粪便呈酱油色。病鸭出现溶血性贫血，产蛋量减少或产软壳蛋。

③防治措施：停止喂服磺胺类药物，同时喂给1‰～5‰的苏打水。

（3）食盐中毒。

①发病原因：误食（饮）含盐量过大的饲料（饮水），均会引起食盐中毒。

②临床症状：病鸭食欲不振，渴感增强，口、鼻流出黏液，精神委顿，两脚无力，行动困难，常瘫痪，呼吸困难，鸣叫不安。

③防治措施：立即停喂含盐的饲料与饮水，给予加糖的清洁饮水，并多喂些青绿饲料。

（4）农药中毒。由于在放牧前未进行调查，也没有试放导游鸭，就将鸭群赶入放牧地，从而引起中毒。

（5）灭鼠毒饵中毒。在投放灭鼠毒饵时，由于没有按要求投放，致使牧鸭误食而引起中毒。在投药前，事先未通知放鸭户，从而造成鸭群放牧而中毒。

（6）误食腐败动物尸体。由于夏季天气热，外界气温高，湿度大，是各种畜禽死亡的高发期。畜禽病死后，由于没有按规定进行深埋、焚烧等方法处理，而是到处乱扔，又因为夏季有时出现干旱少雨，造成部分湖泊、沟塘干涸，内存有腐败的小动物尸体和变质的田螺、蚌类等，少数鸭农又不注意认真察看，就赶鸭放牧，从而使鸭误食后而引起中毒。

（7）雏鸭水中毒。雏鸭出壳后，应在 24 h 以内开食饮水，否则易引起鸭只暴饮，导致水中毒。

199. 如何防治蛋鸭的软腿病？

鸭软腿病，又称鸭瘫风。雏鸭、中鸭、成鸭均可发生。尤以在冬春的产蛋母养鸭极易发生此病，越是高产母鸭发病率越高。蛋鸭患了软腿病后，轻则造成掉蛋，重则还会死亡。

发生鸭软腿病的原因，主要是场地潮湿、鸭舍不通风。特别是舍养蛋鸭，受阳光少，运动不足，鸭群密度过大或因日粮营养不全，缺乏矿物质，尤其是钙、磷比例不恰当，缺乏维生素 D 等都易引发此病。

蛋鸭一旦发生此病，产蛋量急剧下降，精神表现沉郁，羽毛松软。两腿关节肿大。运步艰难，走路摇摆，不能站立；喜睡、身体发抖，头不能抬起。严重时常以跗关节着地或靠两翼支撑着地。因长期跗关节与两翼着地磨损发炎，两腿血行不畅变紫变冷，以至瘫痪。最后因鸭无法运动与觅食，若治疗不及时，其病情会恶化甚至死亡。

预防鸭软腿病的发生，要使鸭舍高亢、干燥、通风。勤换垫草，晴天多放牧，多接触阳光，应在其饲料中补充含钙的矿物质添加剂，以及足够的青绿饲料、维生素 D 或鱼肝油。因钙是形成骨骼和维持神经肌肉正常兴奋的必要物质。维生素 D 则有促进钙的吸收，调剂钙、磷代谢的作用。

鸭患软腿病初期，可采用肌肉注射维丁胶性钙治疗。规格为每毫升含维生素 D 500 IU、胶性钙 0.5 mL。成年鸭每次注射 1～2 mL，每天一次，连续注射 2～3 次即可治愈。也可用每片含磷酸氢钙 0.5 g 的糖钙片和每片含维生素 B 15 mg 2～3 片同时喂服，成年鸭每日一次，连服几次即可康复。如能在针刺鸭趾血管放血的同时口服鱼肝油，则治疗效果更好。

200. 如何防控鸭的异食癖？

鸭异食癖是由于物质缺乏、代谢机能紊乱、味觉异常引起的一种疾病。其临床特征为鸭只间互相追逐啄食，或几只鸭集中啄食一只鸭，或自己啄食自己的羽毛和所下的蛋等，鸭群骚乱不安，往往造成损伤，甚至死亡。

(1)诊断。

①病因。饲料营养不全，如缺少蛋白质、氨基酸（特别是含硫氨基酸）、维生素（特别是维生素 A、维生素 D 和 B 族维生素）、矿物质（特别是钠、钴、钙和磷），以及饲料过于精细，成分单一，粗纤维含量太低等，是引起本病的主要原因。

管理不善，如鸭舍通风不良、温度过高、湿度过大、光线过强、垫料不合适、饲养密度过大、运动不足、不同日龄同群混养、产蛋箱不足、破蛋未及时收集等，是本病的诱因。

各种疾病，如皮肤外伤出血，外寄生虫侵袭引起皮肤发痒，慢性消化不良，母鸭输卵管和泄殖腔脱垂等也能引起本病。

②主要症状。症状的类型很多，常见的有食羽癖、啄肛癖、啄趾癖、食蛋癖等。常见的有如下几种类型。

啄羽癖：换羽期多发，表现为互相啄食耳毛，或啄食自己的羽毛，鸭群骚乱不安，被啄鸭羽毛蓬松脱落，皮肤出血破损，背后部羽毛稀疏残缺，食欲不振。雏鸭生长发育受到影响，母鸭产蛋量减少或产蛋停止。严重时消瘦、贫血、衰竭而死。

啄肛癖：育雏期雏鸭最易发生，成年母鸭在交配后或产蛋肛门外翻，也易发生。一般多只鸭追啄一只鸭或几只鸭的肛门，造成肛门受伤出血。严重的输卵管或泄殖腔脱垂而死亡。

食蛋癖：鸭群争相啄食一只鸭刚产的蛋或母鸭啄食自己产的蛋。多发于产蛋旺季，往往由于产下的软壳、薄壳蛋被踩破，或产下无壳蛋，或偶尔打破蛋被啄食开始，以后养成癖好，在鸭群继续发生。

（2）预防。

①饲料原料要多样化，配方要科学合理。因蛋白质、钙磷不足，可添加 5％豆饼或 3％鱼粉、2％～4％骨粉或贝壳粉；因缺盐引起的可在饲料中添加 1％～2％食盐，连喂 2～3 d；因缺硫引起的可补硫酸锌或硫酸钙，每只每天 1～4 g，适当添加青绿饲料或增喂啄羽灵、羽毛粉，都能防止啄毛发生。不能单喂一种饲料，特别是一些重要的氨基酸（如蛋氨酸和色氨酸）、维生素（如维生素 A 和烟酸）和微量元素不能缺少；要增加粗纤维含量。

②饲养密度要适中，不能过分拥挤，使鸭有充分运动的场所。鸭舍应避免阳光直射和温度过高；门口要用粗布遮光，以免光线过强，夜晚照明灯以能看到饲料饮水即可，不宜太亮。减少光照，一般用 25 W 灯泡照明，鸭能看到吃食和饮水就可以了。小鸭可用红光、橙黄光，大鸭用红色或白光。要安装排气扇经常通风换气，以免粪便、垫料的有害气体浓度过大，引起鸭群啄癖。

③有啄蛋癖的鸭要隔开，喂给骨粉、蛋壳粉（或贝壳粉）及含维生素 A、维生素 D 的饲料；多放牧，早放牧；垫草厚度要适中，产蛋旺季要勤拣蛋，防止漏蛋、破蛋被抢食。

④防止啄食癖最好的办法就是初生雏鸭 8～10 日龄断喙。断喙用电热断喙器断喙最好，其优点是刀片通电加热的温度高，喙部组织烙后不易再长，且能止血。如无断喙器，也可用铁钳或剪刀代替，但只能切除上喙喙尖。还可把有恶食癖的鸭的喙在石板上磨至出血，使它由于喙部疼痛而不敢追啄其他鸭。

（3）治疗。鸭群一旦发生本病，要立即把被啄鸭隔离饲养，如被啄鸭的数量多，也应各个分开隔离饲养。具体的防治方法，要根据其发生原因而定。最主要的是改进饲养管理条件，同时可适当选用下列一种或几种药物。

①食盐。在粉料中添加 2%食盐,连用 3～4 d,对缺乏食盐引起的啄食癖有效。若长期饲喂这种含食盐量高的饲料,会引起食盐中毒。

②石膏粉。每天每只雏鸭给予 0.5～1 g,每只成鸭给予 1～3 g 内服,对啄羽癖效果很好。

③骨粉或贝壳粉。每只鸭每天内服 3～5 g,连喂 7 d。

④多种维生素。每 100 kg 饲料中加 10 g,现配现喂。

⑤饲料中加入 0.5%芥末粉,连喂 3～5 d,对啄食癖效果较好。

⑥磺胺软膏。被啄鸭的肛门和泄殖腔轻度出血,可在隔离条件下,用 0.1%高锰酸钾溶液洗患部后涂擦磺胺软膏。发生啄癖应及时分离施治,病伤处用高锰酸钾溶液洗涤或涂紫药水,待结痂痊愈后再合群。适当运动,在饲料中加入适量的天然石膏粉末,一般每只鸭每天 1～4 g。

201. 允许使用作饲料添加剂的兽药品种及使用规定是怎样的?

允许使用作饲料添加剂的兽药品种、最高用量、停药期与注意事项见表 12。

表 12　允许使用作饲料添加剂的兽药品种及使用规定

品种	最高用量 /(g/t)	停药期 /d	注意事项
盐酸氨丙琳＋乙氧酸酰胺苯甲脂(125∶8)	125＋8	7	产蛋期禁用维生素 B,大于 10 g/t 明显拮抗
盐酸氨丙淋＋乙氧酸酰胺苯甲脂＋磺胺喹噁啉	100＋5＋60	7	产蛋期禁用
硝酸胺＋甲硫胺	62	3	产蛋期禁用
盐酸氨丙啉	125	0	VBI 大于 10 g/t 明显拮抗

续表12

品种	最高用量 /g/t	停药期 /d	注意事项
氯羟吡啶	125	5	产蛋期禁用
尼卡巴嗪	125	4	产蛋期禁用,高温季节慎用
尼卡巴嗪+乙氧酰胺苯甲酯(125∶8)	125+8	9	蛋期禁用,高温季节慎作种鸡禁用
氢溴酸常山酮	3	5	产蛋期禁用水禽禁用
盐酸氯苯胍	36	7	产蛋期禁用
二硝托胺(球痢灵)	125		产蛋期禁用
拉沙洛西钠	125	5	产蛋期禁用
马杜拉霉素胺	5	5～7	产蛋期禁用,用量高于 6 g/t 时,明显抑制生长,与其他药物混用应慎重
莫能菌素钠	110	3	产蛋期禁用。禁止与泰妙菌素或竹桃霉素同时使用。
盐霉素钠	60	5	产蛋期禁用。禁止与泰妙菌素或竹桃霉素同时使用。
甲基盐霉素钠	70	5	产蛋期禁用。禁止与泰妙菌素或竹桃霉素同时使用。
甲基盐霉素钠+尼卡巴嗪(1∶1)	50+50	7	产蛋期禁用。禁止与泰妙菌素或竹桃霉素同时使用。
海南霉素钠	7.5	7	产蛋期禁用。禁止与泰妙菌素或竹桃霉素同时使用。
越霉素-A	10	3	产蛋期禁用
潮霉素-B	12	3	产蛋期禁用
杆菌肽锌	20	0	产蛋期少用
硫酸黏杆菌	20	7	产蛋期禁用
杆菌肽锌+硫酸黏杆菌素(5∶1)	20	7	产蛋期禁用
黄霉素	2	5	产蛋期禁用
北里霉素	10	2	产蛋期禁用
恩拉霉素	10	7	产蛋期禁用

续表12

品种	最高用量/g/t	停药期/d	注意事项
金霉素	50	7	高用量时,低钙(0.4%～0.55%)饲料中连用不得超5 d
土霉素	50	0	高用量时,低钙(0.4%～0.55%)饲料中连用不得超5 d
磷酸泰乐菌素	50	5	产蛋期禁用
维吉尼霉素	5	1	产蛋期禁用

202.我国允许使用的饲料添加剂有哪些种类?

我国政府为了加强对饲料添加剂的管理,农业部于 2003 年 12 月 9 日公布了我国《允许使用的饲料添加剂品种目录》(农业部公告第 318 号)。该目录共收录了允许使用的饲料添加剂共 191 种(类)。如表 13。

表 13 允许使用的饲料添加剂

类别	饲料添加剂名称	适用范围
氨基酸	L-赖氨酸盐酸盐,L-赖氨酸硫盐*,DL-蛋氨酸,L-苏氨酸,L-色氨酸	养殖动物
	DL-羟基蛋氨酸,DL-羟基蛋氨酸钙	猪,鸡,牛
	N-羟甲基蛋氨酸钙	反刍动物
维生素	维生素 A,维生素 A 乙酸酯,维生素 A 棕榈酸酯,盐酸硫胺(维生素 B_1),硝酸硫胺(维生素 B_1),核黄素(维生素 B_2),盐酸吡哆醇(维生素 B_6),维生素 B_{12}(氰钴胺),L-抗坏血酸(维生素 C),L-抗坏血酸钙,L-抗坏血酸-2-磷酸酯,维生素 D_3,α-生育酚(维生素 E),α-生育酚乙酸酯,亚硫酸氢钠甲萘醌(维生素 K_3),二甲基嘧啶醇亚硫酸甲萘醌*,亚硫酸烟酰胺甲萘醌*,烟酸,烟酰胺,D-泛酸钙,DL-泛酸钙,叶酸,D-生物素,氯化胆碱,肌醇,L-肉碱盐酸盐	养殖动物

续表 13

类别	饲料添加剂名称	适用范围
矿物元素及其络合物	氯化钠，硫酸钠，磷酸二氢钠，磷酸氢二钠，磷酸二氢钾，磷酸氢二钾，碳酸钙，氯化钙，磷酸氢钙，磷酸二氢钙，磷酸三钙，乳酸钙，七水硫酸镁，一水硫酸镁，氧化镁，氯化镁，六水柠檬酸亚铁，富马酸亚铁，三水乳酸亚铁，七水硫酸亚铁，一水硫酸亚铁，一水硫酸铜，五水硫酸铜，氧化锌，七水硫酸锌，一水硫酸锌，无水硫酸锌，氯化锰，氧化锰，一水硫酸锰，碘化钾，碘酸钾，碘酸钙，六水氯化钴，一水氯化钴，硫酸钴，亚硒酸钠，蛋氨酸铜络合物，甘氨酸铁络合物，蛋氨酸铁络合物，蛋氨酸锌络合物，酵母铜*，酵母铁*，酵母锰*，酵母硒*	养殖动物
	烟酸铬，吡啶羧酸铬(甲基吡啶铬)*，酵母铬*，蛋氨酸铬*	生长肥育猪
酶制剂	淀粉酶(产自黑曲霉，解淀粉芽孢杆菌，地衣芽孢杆菌，枯草芽孢杆菌)，纤维素酶(产自长柄木霉，李氏木霉)，β-葡聚糖酶(产自黑曲霉，枯草芽孢杆菌，长柄木霉)，葡萄糖氧化酶(产自特异青霉)，脂肪酶(产自黑曲霉)，麦芽糖酶(产自枯草芽孢杆菌)，甘露聚糖酶(产自迟缓芽孢杆菌)，果胶酶(产自黑曲霉)，植酸酶(产自黑曲霉，米曲霉)，蛋白酶(产自黑曲霉，米曲霉，枯草芽孢杆菌)，支链淀粉酶(产自酸解支链淀粉芽孢杆菌)，木聚糖酶(产自米曲霉，孤独腐质霉，长柄木霉)	使用说明书指定的动物和饲料
微生物	地衣芽孢杆菌*，枯草芽孢杆菌，两歧双歧杆菌*，粪肠球菌，屎肠球菌，乳酸肠球菌，嗜酸乳杆菌，干酪乳杆菌，乳酸乳杆菌*，植物乳杆菌，乳酸片球菌，戊糖片球菌*，产朊假丝酵母，酿酒酵母，沼泽红假单胞菌	使用说明书指定的动物
非蛋白氮	尿素，碳酸氢铵，硫酸铵，液氨，磷酸二氢铵，磷酸氢二铵，缩二脲，异丁叉二脲，磷酸脲	反刍动物

续表 13

类别	饲料添加剂名称	适用范围
抗氧化剂	乙氧基喹啉,丁基羟基茴香醚(BHA),二丁基羟基甲苯(BHT),没食子酸丙酯	养殖动物
防腐剂、电解质平衡剂	甲酸,甲酸铵,甲酸钙,乙酸,双乙酸钠,丙酸,丙酸铵,丙酸钠,丙酸钙,丁酸,丁酸钠,乳酸,苯甲酸,苯甲酸钠,山梨酸,山梨酸钠,山梨酸钾,富马酸,柠檬酸,酒石酸,苹果酸,磷酸,氢氧化钠,碳酸氢钠,氯化钾	养殖动物
着色剂	β—胡萝卜素,辣椒红,β 阿朴-8′-胡萝卜素醛,β 阿朴-8′-胡萝卜素酸乙酯,β,β 胡萝卜素-4,4-二酮(斑蝥黄),叶黄素*,万寿菊提取物(天然叶黄素)	家禽
	虾青素	水产动物
调味剂、香料	糖精钠,谷氨酸钠,5′-肌苷酸二钠,5′-鸟苷酸二钠,血根碱,食品用香料	养殖动物
黏结剂、抗结块剂和稳定剂	α 淀粉,三氧化二铝,可食脂肪酸钙盐*,硅酸钙,硬脂酸钙,甘油脂肪酸酯,聚丙烯酸树脂Ⅱ,聚氧乙烯 20 山梨醇酐单油酸酯,丙二醇,二氧化硅,海藻酸钠,羧甲基纤维素钠,聚丙烯酸钠*,山梨醇酐脂肪酸酯,蔗糖脂肪酸酯	养殖动物
其他	甜菜碱,甜菜碱盐酸盐,天然甜菜碱,果寡糖,大蒜素,甘露寡糖,聚乙烯聚吡咯烷酮(PVPP),山梨糖醇,大豆磷脂,丝兰提取物(天然类固醇萨洒皂角苷,YUCCA),二十二碳六烯酸*	养殖动物
	糖萜素,牛至香酚*	猪、禽
	乙酰氧肟酸	反刍动物

注:在中国境内生产带"*"的饲料添加剂需办理新饲料添加剂证书。

203. 目前我国政府禁止在畜禽饲料中使用的添加剂有哪些?

为了保证饲料安全、动物健康和提高食品的安全性,我国政府先后颁布了中华人民共和国《饲料和饲料添加剂管理条例》、《兽药管理条例》、《药品管理法》,以法律条文的形式对危害动物健康和食品安全的饲料添加剂提出了禁止使用的明确规定。禁止使用的饲料添加剂主要指药物性饲料添加剂、兽药等。此类添加剂可通过饲料或饮水途径进入动物机体,产生药物残留或"三致",危害人体健康。农业部、卫生部、国家药品监督管理局于 2002 年 3 月联合发布"176 号公告",公布了《禁止在饲料和动物饮水中使用的药物品种目录》,该目录中禁止在饲料中添加或在动物饮水中添加的药物包括 5 类 40 种,如下。

(1)肾上腺素受体激动剂。包括盐酸克仑特罗(瘦肉精)、沙丁胺醇、硫酸沙丁胺醇、莱克多巴胺、盐酸多巴胺、西马特罗(Cimaterol)、硫酸特布他林,共 7 种。

(2)性激素。包括己烯雌酚、雌二醇、戊酸雌二醇、苯甲酸雌二醇、氯烯雌醚、炔诺醇、炔诺醚、醋酸氯地孕酮、左炔诺孕酮、炔诺酮、绒毛膜促性腺激素(绒促性素)、促卵泡生长激素(主要含卵泡刺激 FSHT 和黄体生成素 LH),共 12 种。

(3)蛋白同化激素。包括碘化酪蛋白、苯丙酸诺龙及苯丙酸诺龙注射液,共 2 种。

(4)精神药品。包括(盐酸)氯丙嗪、盐酸异丙嗪、安定(地西泮)、苯巴比妥、苯巴比妥钠、巴比妥、异戊巴比妥、异戊巴比妥钠、艾司唑仑、甲丙氨脂、咪达唑仑、硝西泮、奥沙西泮、匹莫林、三唑仑、唑吡旦及其他国家管制的精神药品,共 18 种。

(5)各种抗生素滤渣。该类物质是抗生素类药物在生产过程中产生的工业三废。各种抗生素滤渣均不应该作为饲料原料或药物性饲料添加剂使用。

农业部又于 2002 年 4 月发布了"193 号公告",公布了《食品动物禁用的兽药及其他化合物清单》。该清单中共列出了 21 类（种）药物。除去用作水生动物杀虫剂、消毒剂的 10 种以外，尚有 11 类（种）禁用的兽药，包括：

①β 兴奋剂类：克仑特罗、沙丁醇胺、西马特罗及其盐、酯制剂。

②性激素类：己烯雌酚及其盐、酯制剂。

③具有雌激素样作用的物质：玉米赤霉醇、去甲雄三烯酮、醋酸甲孕酮及制剂。

④氯霉素及其盐、酯及制剂。

⑤氨苯砜及制剂。

⑥硝基呋喃类：呋喃唑酮（即痢特灵）、呋喃它酮、呋喃苯烯酸钠及制剂。

⑦硝基化合物：硝基酚钠、硝呋烯腙、呋喃苯烯酸钠及制剂

⑧催眠镇静类：安眠酮及制剂。

⑨性激素类：甲基睾丸酮、丙酸睾酮、苯丙酸诺龙、苯甲酸雌二醇及其盐、酯及制剂。

⑩催眠镇静类：氯丙嗪、安定及其盐、酯及制剂。

⑪硝基咪唑类：甲硝唑、地美硝唑及其盐、酯及制剂。

参 考 文 献

［1］李玉冰.现代养鸭产业技术,北京:中国农业出版社,2011.

［2］郭世宁,孔德胜.生态养鸭.北京:中国农业出版社,2011.

［3］程安春.养鸭与鸭病防治.（3版）.北京:中国农业大学出版社,2012.

［4］周海伟.养鸭实用技术,北京:中国民艺出版社,2006.

［5］岳永生.养鸭手册,北京:中国农业大学出版杜,1999.

［6］曾凡同.养鸭全书(2版).成都:四川科学技术出版社,2003.

［7］杜文兴,周俊.鸭无公害饲养综合技术.北京:中国农业出版社,2003.

［8］黄仁录,赵国先.肉鸭标准化生产技术.北京:中国农业大学出版社,2003.